# 月球的早期探索

—— 从"徘徊者"到"阿波罗"，从"月球号"到"鲁尼·考瑞特"

# Early Exploration of the Moon

## Ranger to Apollo，Luna to Lunniy Korabl

［美］汤姆·伦德（Tom Lund）　著

彭祺擘　管春磊　邢　雷　等　译

中国宇航出版社

·北京·

First published in English under the title

*Early Exploration of the Moon：Ranger to Apollo，Luna to Lunniy Korabl*

by Tom Lund，edition：1

Copyright © Springer Nature Switzerland AG，2018

This edition has been translated and published under licence from

Springer Nature Switzerland AG.

Springer Nature Switzerland AG takes no responsibility and shall not be made liable

for the accuracy of the translation.

著作权合同登记号：图字：01－2023－3256 号

**版权所有　侵权必究**

**图书在版编目（ＣＩＰ）数据**

月球的早期探索：从"徘徊者"到"阿波罗"，从"月球号"到"鲁尼·考瑞特"/（美）汤姆·伦德（Tom Lund）著；彭祺擘等译. －－北京：中国宇航出版社，2023.10

书名原文：Early Exploration of the Moon：Ranger to Apollo，Luna to Lunniy Korabl

ISBN 978－7－5159－2296－6

Ⅰ . ①月… Ⅱ . ①汤… ②彭… Ⅲ . ①月球探索－研究 Ⅳ . ①V1

中国国家版本馆 CIP 数据核字（2023）第 189596 号

| 责任编辑 | 侯丽平 | 封面设计 | 王晓武 |

**出 版<br>发 行** 　**中国宇航出版社**

| | | | | |
|---|---|---|---|---|
| **社 址** | 北京市阜成路 8 号　**邮 编**　100830 | | **版 次** | 2023 年 10 月第 1 版 |
| | （010）68768548 | | | 2023 年 10 月第 1 次印刷 |
| **网 址** | www.caphbook.com | | **规 格** | 787×1092 |
| **经 销** | 新华书店 | | **开 本** | 1/16 |
| **发行部** | （010）68767386　（010）68371900 | | **印 张** | 20.5　**彩 插**　50 面 |
| | （010）68767382　（010）88100613（传真） | | **字 数** | 499 千字 |
| **零售店** | 读者服务部　　（010）68371105 | | **书 号** | ISBN 978－7－5159－2296－6 |
| **承 印** | 天津画中画印刷有限公司 | | **定 价** | 128.00 元 |

本书如有印装质量问题，可与发行部联系调换

# 月球的早期探索

勘测者 3 号和登月舱 6 号

汤姆·伦德

谨把此书献给我的妻子芭芭拉以及我的孩子安、汤姆和科林。

# 《月球的早期探索》
# 译 者 名 单

**主 译** 彭祺擘 管春磊 邢 雷

**翻译人员** （按姓氏笔画排序）

张 田 武新峰 康金兰 强 静 蔡 琴

# 引　言

正是这些被称为"航天器"（spacecraft）的机器，使人类对月球的早期探索得以实现。它们极具独创性，代表当时科学技术的最高水平，是研究人员倾尽心力的结晶。这些在 20 世纪 60 年代设计研制的月球探测器，以其卓越的性能、极高的效率和可靠性而闻名于世。即便今天，仔细分析这些机器，详细探究它们的性能，也极具启发性，可促使科研人员认真思考如何利用现有技术获得更好的性能。

这本书的主要内容涵盖了美国和苏联早期进行的一系列月球探测工作。

美国对月球的早期探索主要是依靠徘徊者号（Ranger）、月球轨道探测器（Lunar Orbiter）、勘测者号（Surveyor）和阿波罗（Apollo）计划来实现的，从徘徊者号撞击月球拍摄照片，到阿波罗系列载人登月和探索任务，这些任务都令人印象深刻。

俄罗斯是当时苏联的主要实体，苏联探测器的研制主要来自俄罗斯人的努力。俄罗斯对月球早期探索的探测器主要包括月球撞击探测器、月球飞越探测器、月球着陆器、月球轨道器、月球采样返回探测器和功能强大的月行者（Lunokhod）号月球车。这些探测器中的前五个都被简单地命名为"月球"（Luna），后面跟着一个数字以示区分。不过，俄罗斯的载人登月飞船并没能完成其载人登月任务。

本书作者参与了勘测者号和阿波罗计划的着陆雷达研制任务，并承担了重要职责。因此，在那些开创性的岁月里，他对所有的航天计划不仅具有浓厚的兴趣，而且都有深入的了解。这本书的写作，不仅带他重温了那些令人振奋的时光，也使他个人留存的许多材料得以展现给世人。

对于美国来说，早期的航天计划发生在航空业飞速发展的时候。当时，SR - 71"黑鸟"侦察机能够毫不费力地带着两名机组人员以 $Ma = 3.2$ 的速度在 80 000 ft[①] 的高空巡航，完成超过 3 000 mile[②] 的航程；高超声速飞机 X - 15 则能以 $Ma = 6.7$ 的速度飞行，达到 354 000 ft 的高度，飞到大气层边缘。在那个时代看来，阿波罗计划的艰难挑战似乎并非不可逾越。

月球探索的顶峰是阿波罗 17 号任务，在这次任务中，训练有素的地质学家哈里森·施密特（Harrison Schmitt）对月球进行了深度的探索。施密特和任务指令长吉恩·塞尔

---

① 1 ft＝0.304 8 m。

② 1 mile＝1.609 3 km。

南(Gene Cernan)乘坐着具有强大越野功能的沙地月球车,在月球表面行驶了 21 mile,并经常停下来进行考察。图 1 是哈里森·施密特博士正在检查月球表面的一块巨石。

图 1　地质学家哈里森·施密特正在检查月球表面的一块巨石(NASA 照片)

在度量单位方面,美国早期为探月计划研制的探测器硬件采用的大都是英制单位;只有一个例外,那就是在美国月球轨道探测器中使用的是公制单位。而在俄罗斯,探测器硬件的尺寸都以公制单位表示。作者在英文原书中对这些惯例和例外的表述都与当时的真实情况保持一致。

# 目 录

# 第 1 章　月球的环境

站在地球上抬头仰望，月球是夜空中最引人注目的天体。今天，人们之所以对月球了解甚多，很大一部分要归功于本书中讨论的这些探测器所进行的探索。

下面将介绍一些关于月球的有趣事实，为后文讨论月球探测器奠定基础。

月球是地球的卫星，其绕地球公转的周期约为 27.3 个地球日。月球的公转轨道是椭圆形的，远地点距地球中心 405 504 km，近地点距地球中心 363 396 km。近地点是月球最接近地球的位置，远地点则是它在公转轨道上离地球最远的位置。月球绕地球公转的轨道平面与地球黄道面（地球围绕太阳公转的轨道平面）偏离约 5.15°，月球的自转轴倾角（与垂直于月球轨道平面的夹角）可达到 6.68°。

有趣的是，月球的自转周期与公转周期相等，因此月球总是同一面朝向地球。由于地球跟月球之间的引力，出现了"潮汐"现象。地球引力也导致月球表面出现了潮汐隆起。这种情况使得从地球到月球正面的探测器之间可以保持通信，而地球各地的深空通信设施可以实现这种持续的通信。

月球的赤道直径为 3 476.2 km，而地球的赤道直径则为 12 756.2 km。月球的平均密度约为地球的 60%，月球表面的重力加速度为 1.62 m/s²，而地球表面的重力加速度则为 9.80 m/s²。由于在月球上的重力只有在地球上的六分之一，因此即使阿波罗号的航天员身负重达 139 lb[①] 的生命保障设备，依然可以轻松地在月球表面移动。

月球环绕地球的公转周期为 27.3 天，被称为恒星周期（sidereal period）。由于地球带着月球绕太阳旋转，月球必须自转超过 360°，才能使太阳出现在月球天空中的同一高度。因此，在月球上，从这次日出到下一次日出需要 29.5 个地球日（708 h）。这就意味着，一个月球日由 354 h 的光明和 354 h 的黑暗组成。并且，由于月球基本上没有大气层，因此，在这个星球上，亮与暗之间的转变是非常突然的。

美国月球勘测轨道器上的红外辐射计对月球表面的温度进行了详细测量。结果显示，在月球赤道附近，其表面温度在月球的正午时分测量约为 117 ℃，在月夜最冷的时间测量约为 -179 ℃。

图 1-1 和图 1-2 展示了月球正面（近地侧）和背面（远地侧）的照片。这些图片是根据 NASA 月球勘测轨道器拍摄的照片拼接组合而成的。

月球正面的地表布满了低洼的月海（maria）和崎岖不平的月陆（highland）。之所以将月海称为"玛丽亚"（maria），是因为古代天文学家将月球上那些黑暗、光滑的地表看作海洋，maria 是 mare 的复数，而 mare 在拉丁语中是"海"的意思。月海相对平滑，通常被认为是熔岩流的结果。月海通常是平坦的，或是有轻微的起伏，其间有许多小陨石

---

① 1 lb＝0.454 kg。

图 1-1　月球勘测轨道器拍摄的月球正面照片（NASA 照片）

图 1-2　月球勘测轨道器拍摄的月球背面照片（NASA 照片）

坑。而月陆地区则布满许多直径超过 20 km 的大陨石坑。月球背面的地表布满了明显的陨石坑，只有几块小片的月海。

与地球一样，月球也有壳、幔、核等分层结构，即由月壳、月幔和月核组成。月壳是月球的外层，NASA 的数据表明，月壳的厚度在 70～150 km 之间。月核由一个半径约 240 km 的富含铁的固态中心核、90 km 厚的熔融层和 150 km 厚的部分熔融层组成。月幔则是从部分熔融的月核顶部延伸到月壳底部的部分，由上部刚性层和下部熔融层组成。

地球和月球的一个重要区别是，月球的铁芯只占月球质量的 1%～3%，而地球的铁芯占地球质量的 32.5%。

几个世纪以来，人们一直在猜测月球的起源。今天，最广为人们接受的理论是：大约 45 亿年前，一颗与火星质量相当的新生行星撞击了地球，而月球正是这次撞击的产物，由撞击天体的残余物和地球的碎片组成了月球。这种暴力的创造模式被称为"撞击论"。其他有关月球的起源理论也曾被提出，但大多数因与不断发现的新的科学事实不相符而被"抛弃"。"撞击论"有一个强大的支撑事实，那就是，阿波罗任务从月球带回的岩石样本与地球上的岩石具有几乎相同的化学成分，甚至三种氧同位素的比例也相同。

目前一种较受关注的形成理论认为，地球与撞击天体之间的碰撞非常剧烈，以至于撞击天体与地球的上地幔和地壳都蒸发了。来自撞击天体和地球的蒸发物质在一定范围内弥散得很均匀，这些物质在原地球残余的地核部分的周围凝结，形成了一个新的地球，而月球则由外围区域的小卫星凝结而成。

人类对月球的起源保持着痴迷，相关的讨论和研究一直在持续。

那么，月球究竟是由什么物质构成的呢？这个古老的问题，正是美国和苏联在 20 世纪 60 年代和 70 年代初向月球发射的一系列精巧的早期探测器所探求的目标。当这段早期探索期结束，全世界对月球的构成终于有了较好的认识。

阿波罗任务实现了 6 次载人登陆月球，总共带回了 842 lb 月球岩石和土壤，以便在地球上进行分析。而苏联进行了 3 次成功的无人着陆和采样返回任务，共从月球三个不同地点带回了约 0.8 lb 的宝贵样本。

阿波罗任务返回样本的化学成分因采集地点不同而有所差异，按重量计算，月球表面两种最常见元素的含量分别是氧 43% 和硅 20%。相比之下，平均而言，地球的地壳中两种最常见元素的含量分别是氧 46.6% 和硅 27.7%。

哈米什・林赛（Hamish Lindsay）在其有关阿波罗月面实验装置的文章中写到，早期的月球被一片深岩浆海洋所覆盖。现在的月球陆地是由漂浮到月球表面的低密度岩石形成的。这些岩石的主要成分是长石，它是一种富含钙和铝的矿物。

在漫长的时光中，冷却的岩浆海洋受到巨大的小行星的频繁撞击，留下了充满熔岩的巨大盆地。这些盆地，现在称为月海，由富含镁和铁的玄武岩组成。

数百万年来，月球表面的岩石由于反复遭受彗星和小行星的撞击而变得粉碎。这些碎屑或月壤是非常细的粉末，曾经有人担心月球探测器在着陆时可能会在粉末中沉没相当深的距离，但事实证明并非如此。

# 参 考 文 献

［1］ Boyle Rebeca. What Made the Moon? New Ideas Try to Rescue a Troubled Theory, https：//www. quantamagazine. org.

［2］ Earth's Moon，NASA Science website.

［3］ Lindsay Hamish. ALSEP Apollo Lunar Surface Experiments Package，Apollo Lunar Surface Journal， 2008.

［4］ Taylor S R. The Origin of the Moon：Geochemical Considerations，Proceedings of the Origin of the Moon Conference，October 1984.

［5］ Williams David R. Moon Fact Sheet，NASA Science website.

# 第 2 章　徘徊者号月球拍摄任务

徘徊者（Ranger）项目的设计目的是向月球发射一个探测器，并在其撞击月球时拍摄一系列月球表面的照片。在历经多次失败后，这个项目最终还是成功了，传送回了高质量的月球图片。

图 2-1 所示为徘徊者号"模块 3"系列探测器的工程模型照片。

图 2-1　徘徊者号"模块 3"系列探测器模型（NASA 照片，见彩插）

## 2.1　美国早期太空探索

在徘徊者号之前，美国还启动过一个收集月球信息的项目——先驱者号（Pioneer），经历了一段坎坷的历史。这里做一简要介绍，让读者对早期太空探索经历的曲折有所感受。

"先驱者"计划于 1958 年 3 月开始，由当时新成立的高级研究计划局（ARPA，Advanced Research Projects Agency）管理。不论过去还是现在，ARPA 都是国防部的一个机构。先驱者计划的目的是发射探测器，在其飞越月球时收集有关月球的信息，包括拍摄月球背面的照片。

　　这是一个相当杂乱无章的计划，涉及美国空军发射的 3 个探测器和美国陆军发射的 2 个探测器。空军使用的是雷神弹道导弹第一级和先锋液体推进剂导弹第二级。而陆军使用的是朱庇特-C 弹道导弹第一级和由喷气推进实验室（JPL）研发的固体推进剂上面级。空军的探测器是由空间技术实验室开发的，陆军的探测器是由喷气推进实验室开发的。

　　1958 年 8 月，先驱者系列由美国空军实施首次发射，这是美国首次尝试月球任务，也是世界首次对地球以外轨道任务所做的尝试。先驱者 0 号（Pioneer 0）在发射后不久，就发生了爆炸，任务失败。

　　由于火箭上面级的问题，美国空军随后两次发射先驱者 1 号和先驱者 2 号都失败了。

　　先驱者 3 号，是由美国陆军系统实施的第一次发射，也由于第一级火箭提前关机而失败。

　　1959 年 3 月，美国陆军实施第二次发射，即先驱者 4 号任务，获得成功，这也让先驱者 4 号成为首个脱离地球引力的美国探测器。不过，由于计算失误，先驱者 4 号以 37 000 mile 的距离越过月球，而不是计划中的 20 000 mile。在经历了连续 4 次失败（先驱者 0 号至先驱者 3 号）之后，即使此次探测器与月球的距离约是预期距离的 2 倍，但这份成功还是令人欣慰的。先驱者 4 号没有携带相机，因为它优先关注于获取有关地球周围辐射带和月球附近辐射的数据，并成功进行了辐射测量。

　　先驱者号之后的徘徊者号从项目伊始就充满了争议，围绕着项目的研究范围和飞船将要进行的实验，各方意见不一。同时，它正是当时新成立的美国国家航空航天局（NASA）实施的第一个探月计划。NASA 正是在本书中提到的早期探测器的陪伴下成长起来的，回顾它的早期历史颇为有趣。

## 2.2　NASA 的早期历史

　　20 世纪 50 年代，美国国内几个组织纷纷开展了与太空有关的项目。美国海军研究实验室正在研发先锋（Vanguard）卫星，美国陆军和美国空军正在研发洲际弹道导弹（ICBM），ARPA 正在致力于重型火箭项目以及月球轨道探测器。美国国家航空咨询委员会（NACA）正在支持空气动力学各个阶段的研究，并对搭载火箭发动机可飞到太空边缘的 X - 15 载人飞机进行了试验飞行。X - 15 的飞行高度为 354 000 ft，马赫数可达到 6.72。

　　就在这样的历史背景下，一个提议产生了——将所有的太空计划合并纳入一个非官方管理的组织，将陆军和空军的太空活动中与军事应用不直接相关的部分都纳入其中。艾森豪威尔总统支持这个提议，而国会接受了这项任务，于是，NASA 成立了。

　　成立 NASA 的法案由参议院多数党领袖林登·约翰逊（Lyndon Johnson）和众议院多数党领袖约翰·麦考马克（John McCormack）提出。约翰逊和麦考马克都是民主党人，而艾森豪威尔总统是共和党人，他们都支持成立 NASA 的提议，代表了共和党、民主党这两个党派对同一国家项目的支持，这种统一放在今天是罕见的。1958 年 7 月 29 日，艾森豪威尔总统签署法案，以法律形式宣布 NASA 的正式成立。

成立 NASA 也被认为是美国对苏联蓬勃发展的太空计划的一种回应。1957 年 10 月，苏联将人类第一颗人造卫星送入地球轨道，这使他们的太空计划举世瞩目。随后，苏联的太空计划延伸到月球，并在 1959 年接连发射了月球 1 号、月球 2 号、月球 3 号探测器，其发展势头让美国必须得做出回应。

新的 NASA 组织包括历史悠久的 NACA、兰利航空实验室、艾姆斯航空实验室、刘易斯飞行推进实验室、位于亨茨维尔的陆军弹道导弹局和喷气推进实验室。NACA 的人员和项目成为新组织 NASA 的核心。

新成立的组织由位于华盛顿特区的 NASA 总部领导。NASA 总部的第一届高管是 NASA 首任局长基思·格伦南（Keith Glennan）博士和副局长休·德莱顿（Hugh Dryden）博士。

NASA 总部最初位于坐落在华盛顿特区拉斐特广场上的多利麦迪逊大厦。从 1958 年到 1961 年，NASA 总部一直占据着这座历史悠久的建筑。1959 年 4 月，这栋房子的宴会厅还被用来向媒体介绍第一批航天员。后来，NASA 总部搬到了联邦办公楼 FOB-6 和 FOB-10B 的更大区域。现在，它被安置在 E 街的一座新大楼里，就在国家广场的南边。建筑物如图 2-2 所示。

图 2-2　位于华盛顿的 NASA 总部（NASA 照片，见彩插）

早期各中心的主要负责人见表 2-1。

**表 2 - 1　早期各中心的主要负责人**

| 中心 | 第一负责人 |
| --- | --- |
| 马歇尔航天飞行中心 | 沃纳·冯·布劳恩<br>（Wernher von Braun） |
| 兰利研究中心 | 亨利·里德<br>（Henry Reed） |
| 艾姆斯研究中心 | 史密斯·德弗兰斯<br>（Smith DeFrance） |
| 戈达德航天飞行中心 | 哈里·戈特<br>（Harry Goett） |
| 飞行研究中心 | 保罗·拜科勒<br>（Paul Bikle ） |
| 刘易斯研究中心 | 爱德华·夏普<br>（Edward Sharp ） |
| 喷气推进实验室 | 威廉·皮克林<br>（William Pickering） |
| 发射运营中心 | 库尔特·德布斯<br>（Kurt Debus） |

## 2.3　徘徊者项目概述

徘徊者项目的最初目标是通过探测器上的几台科学仪器收集关于月球的信息，并获得月球表面的近距离照片。当探测器向着月球的方向撞击时，一系列的照片将被拍摄下来并传回地球。在前 5 次徘徊者任务失败后，计划的方向发生了改变，舍弃了一些科学实验，只专注于获取月球表面的高质量特写照片，以支持即将到来的阿波罗计划。之前设计的一些相当复杂的科学仪器，都被从探测器上拆除了。

徘徊者项目于 1959 年 12 月正式开始，当时 NASA 总部指派喷气推进实验室进行 7 次月球探测飞行，并计划在 1961 年和 1962 年进行这些飞行。喷气推进实验室需要设计和研制各种徘徊者号探测器。1960 年 2 月，喷气推进实验室公布了徘徊者号探测器的设计概念。

NASA 总部最初的徘徊者项目最高管理者是航天飞行项目主任亚伯·西尔弗斯坦（Abe Silverstein）、月球和行星项目主任埃德·科特赖特（Ed Cortright），而月球飞行系统主管奥兰·尼克斯（Oran Nicks），是航天飞行计划办公室"徘徊者"项目的实施负责人。

喷气推进实验室的徘徊者项目最初的总负责人是月球项目主任克利福德·卡明斯（Clifford Cummings）、徘徊者项目主管詹姆斯·布克（James Burke）以及徘徊者项目副主管戈登·考茨（Gordon Kautz）。从 NASA 报告 SP - 4210 的相关描述来看，他们都是能力卓越和精力充沛的人。

NASA 成立伊始，有关 NASA 总部和喷气推进实验室之间的管理关系一直存在争议——因为 NASA 总部试图把他们的意志强加给具有独立意识的喷气推进实验室，而喷气推进实验室非常抵触总部给出的技术方向。项目实施 3 年后，徘徊者项目的"模块 3"取得了成功；与此同时，喷气推进实验室和 NASA 总部的管理层发生了变化，有关管理问题的争议也随之减少。《月球撞击：徘徊者项目的历史》（*Lunar Impact：A History of Project Ranger*）一书的作者卡吉尔·霍尔（Cargill Hall）在书中详细叙述了其中的故事。

该项目中，探测器按阶段被分为不同"模块"（Block）。

"模块 1"包含探测器和运载火箭以及两者集成的试验，其行动将限于地球轨道。"模块 1"计划进行两次飞行，包含 2 个探测器——徘徊者 1 号和 2 号，它们携带了 10 台科学仪器以及太阳能电池板和探测器稳定设备。按照设定，它们将在近地点约 37 500 mile、远地点约 685 000 mile 的椭圆轨道上绕地球飞行，并进行科学测量。沿着这一轨道，探测器会飞经月球背面，然后返回地球附近。每次任务预计持续约 5 个月。

根据原计划，"模块 2"由 3 个探测器组成，即徘徊者 3 号、4 号和 5 号，它们将前往月球，并在下降时拍摄照片。"模块 2"探测器会比"模块 1"探测器携带更少的科学仪器，但它还携带一个相机和一个小型着陆器（月球撞击舱）。着陆器将与主探测器分离，并使用反向火箭减速，以实现安全着陆。着陆器的科学仪器外部包有软木，以提高安全着陆的概率。着陆器内唯一的科学仪器是一个地震仪，可用于测量月球地震；它还包含一个小型信号发射器，用于将地震测量值传回地球。

"模块 3"由 4 次探测任务组成，分别是徘徊者 6 号、7 号、8 号和 9 号，探测器的配置取决于"模块 1"和"模块 2"探测器的飞行结果。

1961 年 8 月，"模块 1"的首个探测器——徘徊者 1 号发射。计划的绕地球停泊轨道飞行已经实现，但是在阿金纳 B 重新点火进入更高轨道时发生故障，任务失败，探测器停留在近地轨道上。徘徊者 1 号执行了它本身所有的任务，但轨道很快就降低了，它在重返大气层时燃烧殆尽。徘徊者 2 号于 1961 年 11 月发射，但在阿金纳 B 点火上升时再次失败，探测器再度烧毁在地球大气层中。

"模块 2"探测器的首发——徘徊者 3 号，于 1962 年 1 月发射。遗憾的是，它未能达到预期的轨道，偏离了月球 22 860 mile。徘徊者 4 号于 1962 年 4 月发射，它的轨道朝向月球，但电子故障导致探测器对来自地球的指令失去了反应。紧接着，徘徊者 5 号于 1962 年 10 月发射升空，但太阳能电池板电路短路，只剩下电池供电，很快耗尽了能量，导致探测器失去作用。

对连续 5 次失败，NASA 很快成立了调查委员会，对项目的各个方面、各个要素进行调查，并呼吁对徘徊者项目进行全面改革，进一步强调项目的可靠性和质量控制，关键功能的额外冗余也被纳入调查之中。

体育比赛中，往往存在球队失利便解雇失败教练的惯例，与此类似，在经历了一连串失败后，喷气推进实验室月球项目主任克利福德·卡明斯和徘徊者项目主管詹姆斯·布克被替换掉了。随后,罗伯特·帕克斯(Robert Parks)成为喷气推进实验室月球和行星项目主任,哈里斯·舒尔西耶(Harris Schurmcier)成为徘徊者项目主管。

为了支持即将到来的阿波罗计划,徘徊者项目的方向在"模块3"任务发生了改变,决定专注于拍摄月球表面。原本设计在"模块2"探测器上的科学仪器和着陆器被淘汰,取而代之的是一组相机。"模块3"包括4个探测器:徘徊者6号、7号、8号和9号。这些探测器都携带着一组由6台相机组成、功能非常强大的拍照系统,可在探测器下降过程中和即将撞击时拍摄月球表面。

图2-1展示了徘徊者号"模块3"探测器模型的照片。摄像头的观察口位于照片中所示的锥形垂直结构上方的一个开口中。在探测器主体背后的照片中,可以看到一个大型可操纵抛物面天线的上边缘。

"模块3"探测器携带的6个相机具有不同的视野和分辨率。最后一张照片将在月球表面几千英尺的高度、撞击前不到一秒钟时拍摄。这些照片几乎是实时传输到地球上的。

徘徊者6号于1964年1月发射。运载火箭是来自美国空军的阿特拉斯(Atlas)火箭,采用阿金纳B上面级。最初,飞行的各个方面看起来都很好,探测器在距离目标点19 mile的范围内抵达了月球。然而,当摄像头打开时,只接收到噪声。后来,问题的根源被探明,原来在发射后不久,当探测器仍处在地球高层大气中时,摄像头无意中打开了大约1 min,这导致其高压电源出现电弧并被烧毁。

1964年7月,徘徊者7号发射,任务终于获得圆满成功。当探测器降落在月球"云海"地区(Mare Nubium,月球正面云海盆地中的一块古老的低地,是月球上七大月海之一)时,共向地球传送了4 308张高质量照片。第一张月球表面的照片是在探测器距离月球表面1 311 mile时拍摄的,照片继续拍摄,直到探测器下降至距离月面约1 440 ft的高空时,记录下了最后一张照片,其分辨率约为1.6 ft。

1965年2月发射的徘徊者8号也取得了巨大成功。它传回了7 137张宁静海地区(Sea of Tranquility)的高质量照片。

从徘徊者8号拍摄的照片中,可以明显看出,阿波罗飞船很有希望找到合适的着陆点,这的确对勘测者5号和阿波罗11号飞船选择宁静海作为着陆点产生了影响。事实上,阿波罗11号的航天员正是在距离徘徊者8号撞击地点仅44 mile的地方建立了宁静海基地。

徘徊者9号也很成功,它在1965年3月发射,传回了5 814张关于阿方索斯陨石坑地区(Alphonsus crater)的高质量照片。

徘徊者项目研发、飞船发射和运营支持的总成本约为1.7亿美元。

## 2.4 徘徊者发射,飞向月球

徘徊者号探测器由阿特拉斯LV-3/阿金纳B运载火箭从佛罗里达州的肯尼迪航天中心发射,并飞向月球。该探测器将太阳能电池板折叠起来,抛物面天线折叠在探测器下方，并安装在阿金纳 B 上面级的整流罩内。图 2-3 显示了 1965 年 2 月徘徊者 8 号发射时的照片。

图 2-3　1965 年 2 月，徘徊者 8 号发射（NASA 照片，见彩插）

阿金纳 B 位于照片中飞行器的上部，它一直延伸到阿特拉斯火箭第一级的前整流罩。阿金纳 B 发动机喷嘴向下延伸，越过照片中的黑色圆柱形区域，进入阿特拉斯火箭发动机的整流罩内部。整个运载火箭大约有 100 ft 高。

阿特拉斯火箭直径为 10 ft，阿金纳 B 直径为 5 ft。包括徘徊者号"模块 3"探测器在内的整个飞行器在发射时的质量约为 276 800 lb。

阿特拉斯火箭 LV-3 第一级由通用动力公司建造。阿特拉斯火箭发射时使用了 5 个发动机：2 个助推火箭，1 个主发动机和 2 个调姿发动机。所有的发动机都采用燃烧火箭推进剂-1（RP-1），这是一种高度精炼的煤油，将液氧作为氧化剂。

2 个助推火箭各产生 150 000 lb 的推力，主发动机产生 57 000 lb 的推力，2 个调姿发动机各提供 1 000 lb 的推力。这是在海平面上计算的推力水平，在真空中推力将会更大。发射时的总推力约为 359 000 lb，远高于火箭总质量 276 800 lb。

助推火箭安装在万向节上，使每个发动机可以相对于阿特拉斯中心线以俯仰 5°和偏航 5°的角度旋转。旋转式助推火箭用于在发射后将飞船转向预先设定的轨迹。随着飞行器高度和速度的增加，轨迹呈弧形，从发射时的垂直方向逐渐向水平方向倾斜。

在升空约 145 s 后，强大的助推火箭关闭，并连同相关的燃料泵一起被丢弃。此时，飞船距离地面约 36.4 mile。阿特拉斯火箭的主发动机和调姿发动机继续燃烧，直到飞船飞到离地球约 92 mile 的高空、接近轨道速度时，发动机关机。

主发动机也装有伺服机构，它可以围绕中心线以俯仰 3°和偏航 3°的角度旋转。当助推火箭点火时，它沿着中心线推进，在助推火箭烧毁并被丢弃后，依靠它进行火箭转向。

阿特拉斯火箭的调姿发动机可以定位在俯仰 140°和偏航 50°范围内。这种定位能力使运载火箭能够滚动到所需的方向，并能够控制俯仰和偏航。

阿特拉斯运载火箭的推进剂（燃料和氧化剂）总量约为 114.8 t。其中，约 74.6 t 用于助推器点火，其余 40.2 t 用于维持飞行和调姿的发动机使用。

阿金纳 B 上面级是由洛克希德导弹和航天公司建造的。其中一台发动机以二甲基肼为燃料，以烟化硝酸为氧化剂。两种材料在相互接触时便会点燃。该发动机由贝尔航空公司开发和制造，其型号为"贝尔 8091"。该发动机在真空中可产生 16 000 lb 的推力，可以在轨道上关闭再重新启动两次。阿金纳 B 携带约 6.1 t 燃料和氧化剂，总燃烧时间为 240 s。阿金纳推进剂和设备区域直径为 5 ft，长 23.7 ft。

下面将介绍徘徊者 8 号的发射以及随后进行的推进和制动，以及它是如何撞击月球上的目标点的。

1965 年 2 月 20 日，徘徊者 8 号从佛罗里达州的卡纳维拉尔角发射升空。阿特拉斯火箭的 3 个引擎均正常燃烧。在适当的时间，控制人员发出助推火箭切断（BECO）命令，并丢弃助推火箭。主发动机的转向指令由位于卡纳维拉尔角的大型数字计算机生成，并通过无线电链路发送至阿特拉斯。计算机还确定了切断主发动机的适当时间，并在适当的时间将这一结果传送给阿特拉斯。

装有探测器的阿金纳 B 上面级在发射 7 min 后，在 115 mile 的高空围绕地球建立了一个停泊轨道，此时飞船的速度约为 17 500 mile/h。发射 21 min 后，阿金纳 B 被点燃，燃烧 90 s 后，将阿金纳/徘徊者号送入撞击月球的进入轨道。此时飞船的速度约为 24 475 mile/h。

随后，徘徊者号与阿金纳分离。太阳能电池板已经展开，探测器的纵向轴线指向太阳。定位由稳定系统通过来自太阳传感器的输入控制的气体喷流执行。然后，部署高增益天线，探测器绕纵轴滚动，直到地球传感器检测到地球并发出信号让飞船停止滚动，进而锁定地球的方向。然后，天线在铰链上旋转，使其与地球对齐。

在距离地球约 99 440 mile 时，为了使撞击月球的地点接近预设目标，探测器进行了中途修正。探测器首先被定位在一个高度，在这个高度，徘徊者号通过发动机进行必要的修正。发动机工作了 59 s 执行修正，产生了 50 lb 的推力。

中途修正的参数计算得很好，其结果是，修正后的探测器在宁静海初始目标点 14 mile 范围内精确地撞击了月球。考虑到发射时月球距离地球超过 224 000 mile，这一精度实属不易，值得称赞。

### 2.4.1　深空跟踪网络

利用深空网络（Deep Space Network，DSN）进行轨道测量是引导探测器接近月球上目标撞击点的关键。

任务控制中心的操作人员能够通过使用来自该网络的输入，非常准确地确定探测器的轨道，并发送指令进行中途修正以优化轨道。

由位于加利福尼亚州戈德斯通干湖、澳大利亚岛礁湖（一个干涸的湖床）和南非约翰内斯堡附近山谷的观测站组成的深空网络，在徘徊者号探测器飞行时，对探测器保持着密切的跟踪。这 3 个观测站可以从不停旋转的地球上持续跟踪探测器并与其通信。每个观测站都有一个直径为 26 m 的大型抛物面天线，可以非常精确地控制天线的方位和仰角，以跟踪探测器。一旦探测器进入太空，从探测器接收到的无线电信号就被用来自动定位天线来跟踪探测器。

上行命令由一个 10 kW、890 MHz 的发射机发送给探测器，该发射机为大天线供电。徘徊者号有一个应答器，可锁定上行信号的相位，用遥测数据对其进行调制，并将其转换为 960 MHz，以便传输回地球。锁相过程可以非常精确地测量通信链路的双向多普勒频移，从而还可以非常精确地测量探测器与地面天线之间的相对速度。通过这种精确的速度测量和天线角度测量相结合，可以准确地确定探测器轨迹。

## 2.5　徘徊者号探测器的配置

"徘徊者"项目的"模块 1""模块 2"和"模块 3"探测器大不相同。最终，"模块 3"几艘探测器成功地发回了月球表面的高质量照片，而"模块 1"和"模块 2"探测器却因为各种原因在任务中失败了。本书将不再介绍"模块 1"和"模块 2"这些探测器的细节。

### 2.5.1　徘徊者号"模块 3"

图 2-4 和图 2-5 展示了徘徊者号"模块 3"探测器的两个视图。"模块 3"探测器没有"模块 1"或"模块 2"探测器复杂。唯一携带的科学有效载荷是一组 6 台功能强大的相机。

探测器的基本框架是一个 5 ft 宽的六角形结构，框架顶部安装了一个用抛光铝包覆的截断锥形结构。这座锥形塔的底部直径 27 in，顶部直径 16 ft，塔顶安装了一个圆柱形的全向天线。相机就安装在锥形塔内，塔侧的开口为其提供了一个观察窗（图 2-4 和图 2-5）。

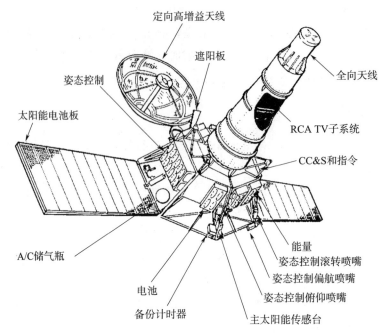

图 2-4 徘徊者号"模块 3"探测器顶部视图（NASA 图）

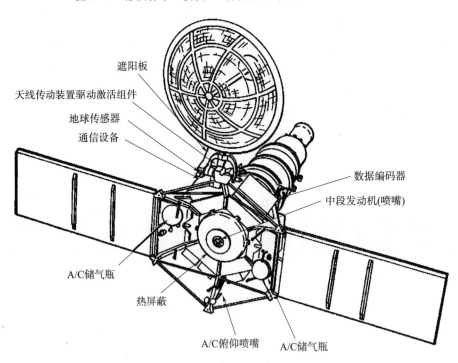

图 2-5 徘徊者号"模块 3"探测器底部视图（NASA 照片）

在探测器的顶部视图中，相机被标记为 RCA TV 子系统。探测器包含 2 个独立的相机通道，即 F 通道和 P 通道。每个通道都有独立的电池、电源、相机控制电子设备和信号发射器。2 节电池、2 个电源和 2 套相机电子设备安装在锥形塔内。

　　矩形的铰链式太阳能电池板，宽 28.9 in，长 60.5 in。2 个电池阵列的总跨度为 15 ft。探测器的总高度为 11.8 ft。太阳能电池板可为探测器产生约 200 W 的电力。在太阳能电池板完成部署之前，有 2 个电池（每个电池的容量为 1 000 W·h）可用作备用电源。每个相机通道都有一个 1 200 W·h 的电池，能够为相机、相机控制电子设备和 60 W 的信号发射器提供 9 h 的电力。

### 2.5.2　徘徊者号 "模块 3" 的摄像头

　　徘徊者号 "模块 3" 探测器的主要目的是拍摄月球表面的照片，以确定阿波罗载人飞船是否可以在该地域着陆。为此，科学家们在飞船上安装了一组 6 台相机。图 2-6 所示照片显示了 6 台相机的镜头。

图 2-6　徘徊者号 "模块 3" 探测器 6 台相机的镜头视图（NASA 照片，见彩插）

这 6 台相机各有不同的视野、不同的观察角度和不同的扫描时间。所有相机使用的光导摄像管都是一样的。它的直径为 25.4 mm，这形成了一个边长为 11 mm 的正方形光栅，可以用于具有足够边距的图像。

相机镜头的图像聚焦在光导摄像管的表面。摄像管的内表面涂有一种硫化锑和氧硫化锑（ASOS）的光电导材料。光电导材料最初是通过扫描光栅图案中的电子束来充电的。位于管面正前方的狭缝式快门被打开几毫秒，将图像呈现给光电导表面。

用电子束再次扫描表面，与电子束位置的图像亮度成正比的电荷电流流过负载电阻器。随着波束的移动，负载电阻上产生的变化电压被放大，成为视频信号。相机分为两个通道，即全扫描或 F 通道和部分扫描或 P 通道。对于全扫描相机，电子束扫描了光导摄像管表面上 11 mm×11 mm 的区域；对于部分扫描相机，电子束扫描了 2.8 mm×2.8 mm 的区域。

F 通道中有 2 个全扫描相机，分别标记为 A 和 B。在 2.5 s 内，表面 11 mm×11 mm 区域的图像被进行了 1 150 行扫描，扫描完成。在这台相机 2.5 s 的扫描时间内，另一台相机上的图像被擦除，光电导表面为另一张图像做好准备。通过将表面暴露在闪光灯的高强度闪光下，旧图像被擦除。然后，用一束偏离焦点的电子束扫描表面，使其充满电荷。随后，快门打开 5 ms，在感光表面呈现出新的图像。一个画面的总帧时间为 2.56 s，因此同一相机连续两帧之间的间隔约为 5.12 s。

A 相机配备了一个 25 mm 焦距 $f/0.95$ 的镜头，使相机的视野达到 25°。B 相机配备了 76 mm 焦距 $f/2.0$ 的镜头，使相机的视野达到 8.4°。

P 通道包括 4 个分别标记为 P1、P2、P3 和 P4 的部分扫描相机。P 通道摄像管表面的扫描光栅为 2.8 mm×2.8 mm。光栅被进行了 300 行扫描，在 0.2 s 内扫描完成，快门只打开了 2 ms。更短的扫描时间使得照片可以在撞击前以更接近月球表面的位置进行拍摄，同一台相机的帧间总时间为 0.84 s。

相机 P1 和 P2 配备有与 B 相机相同的 76 mm 焦距 $f/2.0$ 镜头，相机 P3 和 P4 配备与 A 相机相同的 25 mm 焦距 $f/0.95$ 镜头。由于光栅面积较小，P1 和 P2 相机的视野为 2.1°，P3 和 P4 相机的视野为 6.3°。

所有相机的视野都集中在探测器 $X$-$Z$ 平面的 0.5°范围内。相机组的基准轴与 $+Z$ 轴偏移了 38°。

## 2.6　徘徊者的飞行

"模块 1"的 2 次飞行并不成功，"模块 2"的 3 次飞行也不成功。在徘徊者号连续 5 次飞行任务失败后，喷气推进实验室认为，必须要有所改变，于是他们制定了新的项目目标和新的管理方案。

随后的"模块 3"探测器没有那么复杂了，而且有了更高的冗余度。科学有效载荷仅由 6 台相机组成。

徘徊者号"模块 3"系列的探测器 7 号、8 号和 9 号的飞行都很成功，并拍摄了数千张高质量的月球表面照片。照片从距离月球 1 500 mile 外的位置开始拍摄，直到探测器撞击月球。在距离月面 2 000 ft 以下拍摄的照片的分辨率约为 1 ft。这些照片为设计阿波罗登月舱的着陆地点提供了重要的帮助。

徘徊者号"模块 3"系列飞行摘要如下。

### 2.6.1　徘徊者 6 号飞行

1964 年 1 月 30 日，徘徊者 6 号从卡纳维拉尔角发射，此时距离上一次徘徊者发射已经过去了 14 个月。徘徊者 6 号的发射和进入月球轨道进展顺利。与阿金纳 B 分离的徘徊者 6 号成功展开了太阳能电池板和高增益天线，并在锁定太阳和地球后在太空中稳定下来。从所有迹象来看，这个完好的探测器正在向月球加速驶去。中途修正使预测的撞击点距离目标位置在几英里以内。

当探测器接近月球时，相机被切换到预热阶段。几分钟后，相机将自动打开，并经由两个 60 W 功率的发射器向地球传输图像。不过，直到徘徊者 6 号探测器撞击月球，人们都没有收到任何照片。

对故障的分析显示，在助推火箭与阿特拉斯分离的时候，相机意外开启了 67 s。助推器的标称分离时间为起飞后 145 s，标称高度为 190 000 ft。而徘徊者 6 号上的助推火箭在升空后 140 s 从阿特拉斯上分离，此时可能对应的高度略低于 190 000 ft。事实证明，这是在高压电路中最容易发生电弧的高度。

例如，在海平面上，大气压力是 760 mmHg，两个相距 1 cm 的球形导体之间的电弧所需电压约为 3.3 万 V。而在 0.6 mmHg 的大气压力下，1 cm 间距电弧所需的最小电压降至 327 V。对于标准大气，该压力发生在约 170 000 ft 的高度。当大气压力因海拔升高而进一步降低时，击穿所需的电压迅速降低。在 250 000 ft 以上的高度，1 cm 间距的击穿电压高于实际电压限制。

喷气推进实验室的工程师得出结论，高压电源很可能在接近 170 000 ft 的临界高度打开时发生电弧并失效。当时典型的相机使用大约 300 V 的电子束加速电压。电源内部的最大电压会更高。

悬而未决的问题是：在抛掉助推火箭的时候，是什么打开了电源。研究人员花了好几个月才找到答案。经确定，在抛掉助推火箭时释放了大量的燃料和氧化剂。照片显示，这种释放经常引起爆炸燃烧。由此产生的等离子体沿着运载火箭向上移动，经过了阿金纳 B 上的脐带电缆插座。在测试期间，测试人员通过一系列插针连接脐带电缆插座，来实现对相机的控制。其中一根插针的电压为 20 V，它距离一个只需要 3 V 电压就能启动摄像头的敏感插针只有约 0.25 in。脐带电缆插座有一个金属盖，但它不是密封的。由此研究人员得出结论，助推火箭分离时，等离子流进了插座，穿过了插针之间的缝隙，意外打开了相机。

早期的太空探索伴随着许多失败，且往往是由于出乎人们预料的、不寻常的原因。徘徊者 6 号就经历了这一不可预见的事件，最终导致任务失败。

### 2.6.2　徘徊者 7 号飞行

1964 年 7 月 28 日，徘徊者 7 号从卡纳维拉尔角发射。火箭发射、绕地球轨道飞行和进入地月转移轨道，都进行得很顺利。中途修正也很成功，徘徊者 7 号在"云海"（Mare Nubium）中距离预定目标仅 8 mile 的地方成功实现撞击。

原本，在打开相机之前，它还计划执行一个末端机动，使相机参考轴与速度矢量对齐。这将使探测器下降时拍摄的图片能够进一步与相机参考轴对齐，以避免在低空拍摄的照片出现模糊。然而，考虑到目前探测器飞行的轨道参数和状态可以实现拍摄任务，为了尽量降低任务的风险，人们没有尝试末端机动。

在向月球降落的过程中，徘徊者 7 号总共拍摄了 4 308 张照片。第一张照片是在撞击前 16 min 56 s 拍摄的，当时飞船在 1 311 mile 的高空。沿相机参考轴的倾斜范围为 1 520 mile。徘徊者 7 号宝贵的第一张照片如图 2-7 所示。这幅图像记录了上下跨度约 224 mile 的画面。

图 2-7　徘徊者 7 号拍摄的第一张月球表面照片

　　A 相机拍摄的最后一张全扫描照片是探测器在月球上空 3.6 mile 处，也就是撞击前 2.5 s 拍摄的，如图 2-8 所示。图片中月球表面标识的中间的十字线和它正上方的十字线之间的距离是 1 970 ft。向地球传输这张照片的过程因探测器与月球的撞击而中断，这导致照片的右侧没有完全被接收，出现了噪点。

　　在撞击前 0.6 s、高度约为 4 800 ft 的位置上，P4 部分画幅相机拍摄到最后一张照片。最后一张照片的分辨率约为 1.6 ft。

图 2-8　徘徊者 7 号的 A 相机在撞击前拍摄的最后一张照片

### 2.6.3　徘徊者 8 号飞行

　　徘徊者 8 号于 1965 年 2 月 17 日从卡纳维拉尔角发射。同徘徊者 7 号一样，它的发射、绕地球轨道飞行和进入撞击月球的轨道都进行得很顺利。

　　中途修正是成功的，徘徊者 8 号撞击了月球，距离预定的宁静海目标只有 14.3 mile。在飞行的早期阶段，探测器曾短暂丢失过数据。虽然原计划通过末端机动使相机参考轴与速度矢量对齐，以减少图像的模糊，但最终，人们还是决定放弃这种冒险，没有进行末端机动。

徘徊者 8 号总共拍摄了 7 137 张照片并传回地球。第一张照片是在撞击月球前 23 s 拍摄的,此刻它距离月球 1 560 mile。最终,探测器降落在未来的阿波罗 11 号着陆点正北面的宁静海。

图 2-9 中显示了徘徊者 8 号 B 相机在撞击前 4.5 s、高度 5.1 mile 处拍摄的最后一张全扫描照片。图像上中间的十字线与正上方的十字线之间的真实距离为 1 312 ft。

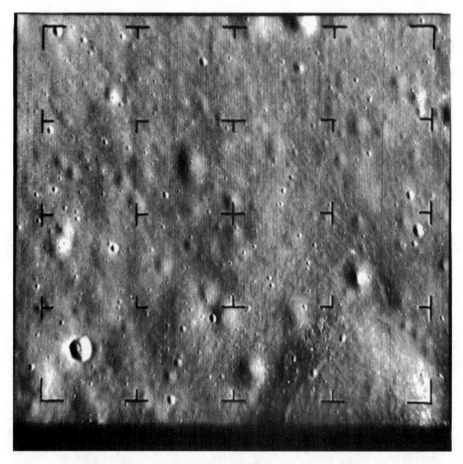

图 2-9 徘徊者 8 号撞击月球前,B 相机拍摄的最后一张全扫描照片(NASA 照片)

### 2.6.4 徘徊者 9 号飞行

1965 年 3 月 21 日,徘徊者 9 号从卡纳维拉尔角发射。徘徊者 7 号和徘徊者 8 号已经拍摄过月球的大部分区域,为了扩大数据库,徘徊者 9 号的目标是月球高地地区的阿方索斯陨石坑。最终,徘徊者 9 号撞击月球的实际位置距离它的目标位置阿方索斯陨石坑只有 2.7 mile。

在探测器距离月球约 4 475 mile 的高度时,NASA 开始执行将相机的参考轴与速度矢量对齐的末端机动。这次行动是成功的,低空照片模糊的情况减少了。

图 2-10 展示的是 A 相机在阿方索斯陨石坑上空 251.4 mile 处拍摄的照片。火山口的中心峰非常明显。NASA 表示，徘徊者 9 号的最后一张照片提供了 0.3 m 的分辨率。

尽管徘徊者号计划的开始并不顺利，但最后的 3 个探测器都成功地传回了高质量、高分辨率的月球表面照片。这些照片在为阿波罗号选择着陆点时提供了重要支撑。

图 2-10　徘徊者 9 号在阿方索斯陨石坑上方 251.4 mile 处用 A 相机拍摄的照片（NASA 照片）

# 参 考 文 献

［ 1 ］ Dick Steven J. 50 Years of NASA History，http：//www. gov/50th ＿ magazine/historyLetter. html.

［ 2 ］ Hall R Cargill. Lunar Impact：The NASA History of Project Ranger，Dover Publishing，2010.

［ 3 ］ Heacock Raymond L. Lunar Photography：Techniques and Results，Kluwer Academic Publishers，articles. adsabs. harvard. edu.

［ 4 ］ Jet Propulsion Laboratory report Ranger IX Photographs of the Moon，December 1965.

［ 5 ］ Jet Propulsion Laboratory report Ranger VIII Photographs of the Moon，August 1964.

［ 6 ］ Liepack O. International Astronautical Congress，IAA － 98 － IAA. 2. 3. 08，The Ranger Project，September 1998.

［ 7 ］ NASA － NSSDA/COSPAR ID：1962 － 001A，Ranger 3.

［ 8 ］ NASA － NSSDA/COSPAR ID：1964 － 041A，Ranger 7.

［ 9 ］ NASA － NSSDCA ID：ABLE 1 Pioneer 0，PION 2 Pioneer 2.

［10］ NSSDCA/COSPAR ID：1958 － 008A Pioneer 3，1959 － 013A Pioneer 4.

［11］ Ulivi Paolo and Harland David M. Lunar Exploration：Human Pioneers and Robotic Surveyors，Springer － Praxis，2004.

# 第3章 月球轨道探测器月球拍摄任务

美国"月球轨道探测器"计划的目的是在月球轨道上拍摄阿波罗计划登月地点的详细照片。从 1966 年 8 月至 1967 年 8 月,该计划在此期间将 5 个探测器送入月球轨道,拍摄了月球的地形。这 5 次发射均获得成功,每一次摄影任务都取得了较大成功,所拍摄一些照片的分辨率高达 1 m。

其中,有 2 个探测器被定位飞行到月球的极地轨道,当月球在探测器的轨道平面下旋转时,它们拍摄下了月球正面和背面几乎完整的图像。

月球轨道探测器的工程模型照片如图 3-1 所示。

图 3-1 月球轨道探测器的工程模型(NASA 照片,见彩插)

月球轨道探测器的前 3 次任务拍摄了"阿波罗"飞船可能的着陆地点,其轨道靠近月球赤道,其近月距离(最低海拔)约为 40 km。后 2 次任务是在月球的高空极地轨道上进行的,拍摄了月球正面和背面几乎整个表面的照片。

许多高质量的月球地形照片对阿波罗号的着陆地点选择有很大帮助。照片的覆盖范围比徘徊者号带回的照片要大得多。

## 3.1　月球轨道探测器计划的背景

1957 年和 1958 年，苏联和美国相继开始进行航天飞行，人们都意识到，从绕月飞行的探测器拍摄的高分辨率照片可以获得大量关于月球的知识。除了照片之外，关于月球引力场、宇宙辐射和粒子的信息将告诉我们更多关于月球的信息，也许还有关于原始地球本身的信息。

NASA 要求喷气推进实验室对探索月球多阶段计划的收益和需求进行深入研究。由阿尔伯特·希布斯（Albert Hibbs）领导的研究小组于 1959 年 4 月向 NASA 提交了一份报告，其中一项建议是，在绕月轨道放置一颗卫星，以拍摄高分辨率的照片。

NASA 将新月球轨道探测器计划的责任和管理交给了兰利研究中心。

1961 年 5 月 25 日，肯尼迪总统在国会联席会议上激动人心的讲话改变了美国航天计划的游戏规则。演讲包含以下声明：

"我认为，这个国家应该致力于在这十年结束之前实现人类登月并安全返回地球的目标。在这个时代，没有哪个太空项目会如登月一样，给人类留下深刻印象；没有哪个太空项目会如登月一样，对人类太空探索的漫长征程发挥至关重要的作用；当然，也没有哪个太空项目，会如登月一样，任务如此艰巨，花费如此高昂。"

国会和全国人民都同意了这一挑战，美国举国朝着有史以来最伟大的阿波罗登月计划大步迈进。徘徊者计划改变了目标，以便为即将到来的阿波罗登月计划带来最大收益。月球轨道探测器计划将致力于提供阿波罗潜在着陆点所需的高分辨率地形照片。

NASA 兰利研究中心确定月球探测器的具体要求。1963 年 8 月，他们向潜在的承包商发布了一份轨道探测器招标书，5 家航空航天公司提交了相应的建设提案。1963 年 12 月，波音公司宣布赢得了这项合同。

1964 年 4 月，波音公司和兰利研究中心的代表签署了一份价值 8 000 万美元的合同。月球轨道探测器计划包括 5 次探测器飞行，并将采用阿特拉斯/阿金纳 D 作为运载火箭。

NASA 月球轨道探测器项目的关键人员是 NASA 总部的奥兰·尼克斯（Oran Nicks）和 NASA 兰利研究中心的克利福德·尼尔森（Clifford Nelson）和詹姆斯·马丁（James Martin）。尼尔森是月球轨道探测器的项目经理，马丁是业务经理。

波音月球轨道探测器项目办公室由罗伯特·海尔伯格（Robert Helberg）领导，他是一位具有工程学背景的出色的管理人员。波音月球轨道探测器团队的其他主要管理人员包括首席工程师乔治·哈格（George Hage）和业务经理卡尔·克拉夫特（Carl Krafft）。

## 3.2　月球轨道探测器计划概述

兰利研究中心对月球轨道探测器的任务要求为：确定探测器拍摄的每一张照片的高度以及拍摄区域在月球坐标系内的位置。除了照片之外，探测器还需要确定月球引力场的性质，并测量微流星体通量、高能粒子和伽马辐射。照片应具有足够的分辨率，以显示高度为 50 cm、底部为 2 m 的锥体，并在 7 m 见方的区域上显示出 7°以上的坡度。

波音公司计划由伊士曼柯达公司制造出一个三轴稳定的探测器和一个摄影系统，该系统类似于美国空军已经在阿金纳航天器上使用的伊士曼柯达系统。

波音公司一共研制了 8 个月球轨道探测器。其中 3 个用于地面测试，5 个被送往月球轨道。图 3-1 给出了月球轨道探测器工程模型的照片。

探测器高 2.08 m，太阳能电池板展开长为 3.76 m。从图中左侧高增益天线边缘到右侧全向天线末端的距离为 5.21 m。整个飞船重约 387 kg。

通过对太阳跟踪器（锁定太阳）和恒星跟踪器（锁定卡诺普斯星）的数据的确认，探测器在三个轴的方向上保持稳定。当探测器机动时，三轴惯性系统提供稳定的输入。

该探测器拥有一个强大的摄像系统和三项科学实验设备。在这些仪器中，摄像系统被认为是最重要的。伊士曼柯达公司制造的摄像系统相当巧妙。它使用非常精细的颗粒胶片，能在同一卷胶片的不同部分上同时从两个镜头捕捉图像。胶片被冲洗、固定并存放在卷轴上。

随后，这些图像被一个精细的扫描光点读取，并将生成的视频数据传输到地面。其中一个镜头的焦距为 610 mm，可以提供高分辨率照片。另一个镜头的焦距为 80 mm，可以提供更宽的角度和中等分辨率的照片。从图 3-1 的月球轨道探测器工程模型照片中，可以看到两个相机的镜头。这些镜头位于探测器中心附近，有一扇门部分遮住了它们。

探测器上的其他实验包括收集月球信息、测量月球附近的宇宙辐射和微流星体通量。实际上，"selenodetic"一词的意思是"月面测量的"。这个词源于古希腊语中月亮女神赛琳娜"Selene"。

当探测器绕月球运行时，可以通过跟踪探测器获得月球信息。探测器携带了一个发射器，可以精确测量从地球到探测器的距离和距离变化率。这些数据可被用来确定月球引力场的变化。

通过 20 个长 188 mm、高 37 mm 的加压半圆柱体，探测器可以测量微流星撞击通量。当一颗微流星体撞击其中一个薄壁半圆柱体时，气压将消失，一个电气开关将关闭，并标明这一事件。

辐射由两个碘化铯辐射测量仪测量。一个测量仪用每平方厘米覆有 0.2 g 铝的盖子屏蔽，另一个测量仪则用每平方厘米覆有 2.0 g 铝的盖子屏蔽。探测器由阿特拉斯/阿金纳 D 运载火箭从地球发射。阿金纳 D 第二级是阿金纳 B 的标准化版本，阿金纳 B 用于发射徘徊者号探测器。

1966 年 8 月 10 日，月球轨道探测器 1 号从卡纳维拉尔角发射升空。发射和中途修正都进展顺利，探测器被发射到月球赤道附近的轨道上。共传回 42 张高分辨率照片和 187 张中分辨率照片。

月球轨道探测器 2 号于 1966 年 11 月 6 日发射，月球轨道探测器 3 号于 1967 年 2 月 5 日发射。两次任务都成功传回了高质量的照片。月球轨道探测器 2 号传回了 602 张高分辨率和 208 张中分辨率照片，月球轨道探测器 3 号传回了 427 张高分辨率照片和 149 张中分辨率照片。前三个月球轨道探测器被指定为阿波罗任务勘测飞船着陆点，它们在近月球赤道轨道上飞行，对于研究人员较为感兴趣的区域，其近月高度约为 40 km。

月球轨道探测器 4 号和 5 号则被放置在近极轨道上，它们能够拍摄几乎全部的月球表面，包括月球鲜为人知的背面。月球轨道探测器 4 号于 1967 年 5 月 4 日发射，月球轨道探测器 5 号于 1967 年 8 月 1 日发射。月球轨道探测器 4 号传回了 419 张高分辨率照片和 127 张中分辨率照片。月球轨道探测器 5 号传回了 633 张高分辨率照片和 211 张中分辨率照片。

## 3.3　发射并进入月球轨道

月球轨道探测器由阿特拉斯 SLV - 3/阿金纳 D 运载火箭从佛罗里达州的卡纳维拉尔角向月球发射。该探测器将太阳能电池板和天线都折叠起来，安装在阿金纳 D 上层的鼻锥中。以下，我们将以月球轨道探测器 4 号飞行期间的事件为例，进行描述。图 3 - 2 显示了 1967 年 5 月，月球轨道探测器 4 号发射的照片。

月球轨道探测器由阿特拉斯 SLV - 3 送入太空，这是用于徘徊者号发射的阿特拉斯 LV - 3 的标准化版本，而阿金纳 D 型是与阿金纳 B 型相似的标准化版，阿金纳 D 型对火箭发动机的喷管进行了改进。

在发射升空后 5 min 10 s，所有阿特拉斯发动机关闭，运载火箭在椭圆形地球轨道上以 5 646 m/s 的速度飞行，轨道长半轴为 4 422 km，短半轴为 3 873 km。

在与阿特拉斯分离后，阿金纳火箭继续点火 2 min 32 s，进入了绕地球的高停泊轨道。在停泊轨道上绕飞了 20 min 43 s 后，阿金纳再次点火 1 min 28 s，将载有月球轨道探测器的火箭送入地月转移轨道。进入地月转移轨道后，月球轨道探测器与阿金纳分离。

与阿金纳分离后，月球轨道探测器展开了太阳能电池板，并部署了全向和高增益天线。然后，它进行了机动，使纵轴与太阳对准，并用恒星跟踪器滚动锁定了卡诺普斯星。

这样，月球轨道探测器便在太空中稳定下来，朝着与月球会合的方向巡航。研究人员在地球上精确地确定了探测器的轨道，并建立了中途修正的参数，使探测器能够顺利进入绕月的极地轨道。

发射后 17 h 35 min，探测器进行中途修正。探测器被操纵到正确的方向，以便通过点火进行速度修正。随后，它进行了 78° 滚动，然后进行了 67° 俯仰。然后，地球发出了 60.85 m/s 的速度变化指令。点火成功，修正足够精确，无须进行第二次中途修正。

在发射后 88 h 44 min 后，月球轨道探测器 4 号终于可以接近月球，它进行了一次减速操作，使探测器得以被月球引力场捕获，进入月球极地轨道。这项操作需要通过滚动 -29.47° 和俯仰 -96.13° 将探测器操纵到正确的方位，随后命令速度降低至 659.62 m/s。控制人员通过火箭发动机燃烧约 502 s 来实现这一速度增量。

减速操作将探测器置于绕月球的椭圆轨道上，近月点高度 2 706 km，远月点高度 6 114 km，与月球赤道的倾角为 85.5°。当月球在轨道探测器的平面下旋转时，探测器所处的这种近极地轨道几乎可以拍摄到整个月球。

图 3-2  阿特拉斯/阿金纳 D 发射月球轨道探测器 4 号（见彩插）

## 3.4  月球轨道探测器的细节

月球轨道探测器的设计如图 3-3 所示。该探测器高 2.08 m，太阳能电池板跨度达 3.76 m，从高增益天线边缘到全向天线尖端长度为 5.21 m，总重（包括燃料）为 380 kg。

　　探测器的主要结构由 3 层甲板组成，主要部件都安装在这 3 层甲板上。中甲板和下甲板之间由管状的桁架结构支撑，上甲板由位于贮罐之间的上部结构模块支撑。大多数主要部件安装在下甲板上，安装在探测器另一侧的下甲板上的部件包括 2 个电池、命令解码器、多路复用器编码器和行波管放大器（Traveling Wave Tube Amplifier，TWTA）。

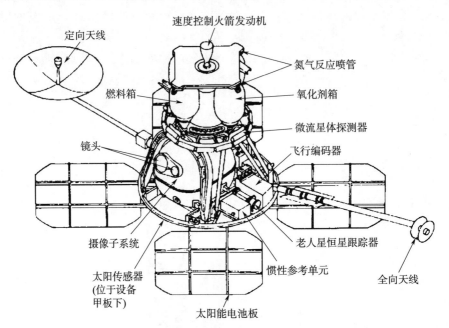

图 3-3　月球轨道探测器设计图（NASA 图片）

　　月球轨道探测器的简化框图如图 3-4 所示。

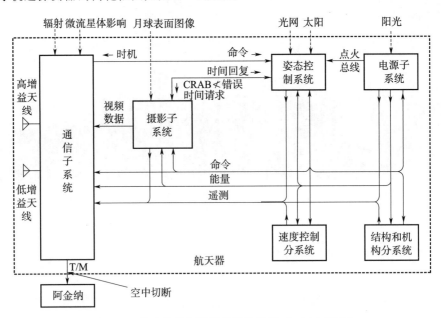

图 3-4　月球轨道探测器的简化框图（NASA 图片）

### 3.4.1　摄影子系统

独特的摄影系统是基于胶片的。在当时，要想从绕月飞行的探测器上获得高分辨率照片，使用细颗粒胶片是唯一可行的方法。它依据的事实是，在一小片摄影胶片上可以存储大量的信息。月球轨道探测器使用的胶片是为航空摄影专门设计的 70 mm 宽的伊士曼柯达 SO-243 胶卷。

胶片的一个边缘预先记录了帧数、九级灰度和分辨率图。这张胶卷的颗粒非常细，照片的分辨率非常高。由于颗粒较细，胶片的感光度不高。一般来说，这属于低速胶片。对于在太空中使用而言，这是一个优势，因为它对宇宙辐射相对不敏感。

图 3-5 展示了摄影子系统的示意图。摄影子系统包含 2 个带快门的镜头，快门同时工作，将图像投射到胶片的不同区域。一个镜头的焦距为 610 mm，可提供高分辨率照片；另一个镜头焦距为 80 mm，负责提供中等分辨率照片。

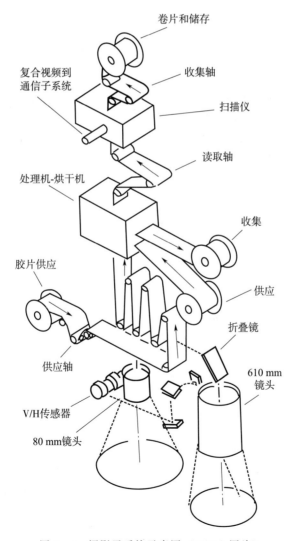

图 3-5　摄影子系统示意图（NASA 图片）

610 mm 镜头使用焦平面快门,80 mm 镜头使用镜间快门。2 个镜头的 $f$ 值都是 5.6。控制人员通过地面指令,可以设定快门速度为 0.01、0.02 或 0.04。

对于高分辨率镜头,胶片上的图像尺寸为 55 mm×219 mm;对于中分辨率镜头,图像尺寸为 55 mm×60 mm。在 46 km 的摄影高度上,高分辨率镜头拍摄到的月球面积相当于 4.2 km×16.6 km,中分辨率镜头拍摄到的面积相当于 31.6 km×37.4 km。高分辨率图像被放置在照片的中心。在 46 km 的摄影高度上,高分辨率照片的等效分辨率为 0.98 m,中分辨率照片的等效分辨率为 7.6 m。

NASA 文件 SP-206《月球轨道探测器月球摄影图集》指出,从照片中恢复的角度分辨率可以测得,高分辨率照片为 4.4 秒弧,中等分辨率照片为 34 秒弧,从 46 km 的高度上得到的地表分辨率分别为 0.98 m 和 7.6 m。

SP-206 的图表显示了胶片上的图像格式和 2 个镜头的视场,如图 3-6 所示。图中左上角的矩形显示了视场,右上角的细节显示了预先记录在胶片边缘的信息。

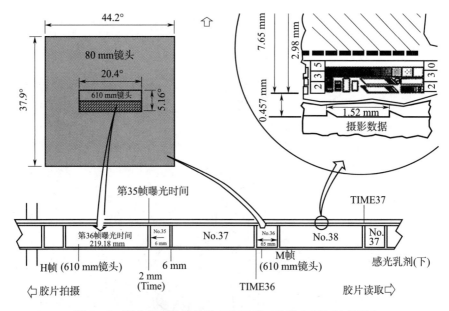

图 3-6 两个镜头的胶片格式和视场(改编自 NASA 图片)

在前 3 次月球轨道探测器的飞行任务中,当快门在相对较低的高度和较高的速度下打开时,由于图像运动,可能存在图像模糊的问题。通过以与图像移动相同的速度移动胶片,这种模糊能被最小化。操作人员通过将胶片紧贴在压板上进行移动,而压板则通过机械连接到超高速度(V/H)传感器上进行移动。V/H 传感器是一个光学跟踪器,它可以通过 610 mm 镜头观察,并进行物理移动以跟踪运动的图像。

胶片曝光后,会从压板上释放出来,并移到相机存储循环系统中,该系统由一个多滚轴循环系统组成,可容纳长达 20 ft 的胶片。这个容量足够大,足以存储多对照片的序列。从地球上可以发出指令,安排 1、4、8 或 16 张照片通过自动序列排列。多重序列可导致照片按行进方向重叠。

当相机存储滚筒装满时，或者当地面操作人员想要处理胶片时，相机胶片就被移动到处理机-烘干机中，在那里它被压在柯达液载转印胶片上。在液载胶片上涂上含有膜处理溶液的明胶层。两张胶卷被紧紧地压在一起，围绕着一个滚筒，大约 3.4 min，让处理溶液显影，并将图像固定在相机胶卷上。整个显影过程中的温度被严格控制在 30 ℃ 左右。

在显影和固定之后，将液载胶片与相机胶片分离，并绕在卷取卷轴上。将已显影的（冲洗好的）相机胶片移到干燥器滚筒中，在 35 ℃ 的温度下烘干 11 min。干燥后，胶片通过扫描仪移动到一个供卷取和存储的卷轴上。

在为任务拍摄完所有照片后，读取曝光胶片，并将产生的视频数据传输到地球。这个过程的第一步是切割液载胶片，这样曝光胶片就可以通过扫描仪向后移动。在读取过程中，胶片输出卷轴用作收回卷轴。

胶片被移回扫描仪以便读取。用一个直径只有 6.5 μm 的光点（1 mm 是 1 m 的百万分之一）来扫描曝光胶片。扫描光点是由扫描电子束撞击涂有磷的旋转滚筒而产生的。滚筒旋转是为了避免电子束产生过高的热量。产生的光点通过扫描透镜聚焦到胶片表面直径 6.5 μm 的亮点上。

扫描电子束使光斑沿平行于胶片移动的方向移动了 2.67 mm。在单行扫描结束时，电子束在回扫过程中被遮蔽。扫描镜头在扫描过程中垂直移动，以完全覆盖胶片上 55 mm 宽的图像。当垂直扫描到达图像底部时，胶片向前推进 2.54 mm，扫描镜头的运动方向逆转，光栅扫描再向上移动到胶片顶部。

如此扫描的每个"帧"由 16 359 行光栅组成，覆盖了胶片上 2.67 mm×55 mm 的区域。高分辨率和中分辨率的图像加上图像之间的间隔在胶片上覆盖的总宽度约为 198 mm，覆盖这段长度需要 117 个帧。扫描和读取一个帧所需的时间为 22.02 s，因此，扫描和读取高分辨率和中分辨率的图像所需的时间约为 43 min。

透过胶片照射的扫描光斑被图像暗度变化所调制，这种变化会被光电倍增管捕获。光电倍增管将调制后的光点转换成变化的电压，成为视频信号。对胶片相当慢的扫描产生了大约 230 kHz 的视频带宽，该带宽很容易被远程通信子系统容纳并传输到地球。

## 3.4.2　通信子系统

通信子系统将来自地球的命令传送给探测器，并将照片视频和工程数据传回地球。它还可以从地球到探测器进行精确的距离和速率测量。

通信子系统的简化框图如图 3-7 所示。

低增益全向天线用于接收来自地球的命令和传输遥测数据。高增益天线主要用于传输摄像机的视频和探测器的遥测参数。低增益天线是一个双锥盘型天线，安装在 2.08 m 长的悬臂末端，以尽量减小探测器对天线方向图的影响。

高增益天线是一个长 0.91 m 的抛物面型的反射器，可在各向同性辐射器上提供 23.5 dB（系数为 234 倍）的增益。天线的波束宽度为 10°。当从月球上看时，地球的覆盖角度约为 1.8°，因此整个地球很容易被 10° 的波束宽度所覆盖。

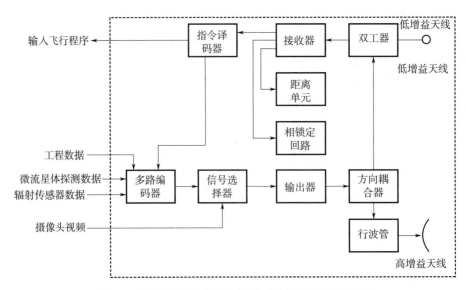

图 3-7　通信子系统的简化框图(改编自 NASA 图形)

高增益天线安装在 1.3 m 长的吊杆上,吊杆与定位器相连。定位器可以以 1°增量将天线绕吊杆轴线旋转 360°。这种旋转可使天线能够在探测器绕月飞行和月球绕地球公转时持续定位地球。

来自地球的命令被低增益天线捕获,并通过双工器传到接收器。双工器允许从同一天线进行接收和发送。地面上行链路通信频率为 2 116.38 MHz,探测器的发射频率为 2 298.33 MHz。

接收器的数据输出到指令解码器,该解码器将上行链路信息解码为探测器的一系列命令。接收器输出的一部分被施加到相锁定回路,该相锁定回路能够锁定载波频率。相锁定信号被转换为 2 298.33 MHz,以便传回地面。这些信息被地球上的地面站用来测量通信信号的双向多普勒频移,这些多普勒信息可被用来对探测器进行非常精确的速率测量。

通过在上行链路载波上发送二进制相位调制伪随机码,可以精确确定探测器的距离。该代码由通信子系统解调并重新发回地球。通过测量发射的伪随机码序列和从探测器接收回来的伪随机代码序列之间的时间延迟,可以准确地确定到探测器的距离。

多路复用编码器将模拟和数字输入数据转换为 50 bit/s 的串行不归零(NRZ)数据流。每个数据帧由 128 个 9 位字组成,它们来自科学仪器和探测器工程数据的输出。科学仪器数据包括来自 20 个微流星测量仪和 2 个辐射测量仪器的数据。

50 bit/s 遥测数据流与来自摄影扫描器的视频信号一起被施加到信号选择器。信号选择器接收到来自地球的指令,选择单独遥测的形式或遥测加视频的形式,应用于激励器。激励器的输出在 2 298.33 MHz 下处于约 0.5 W 的功率水平。激励器输出到定向耦合器上,定向耦合器将 0.48 W 功率导向双工器和低增益天线,将 0.02 W 功率导向行波管(TWT)放大器。

TWT 放大器放大了来自激励器的视频加遥测信号，并将放大后的信号施加到高增益天线，以便传输到地面。TWT 放大器的 RF 增益为 27 dB（系数为 500 倍），在 2 298.33 MHz 下的输出功率约为 10 W。

### 3.4.3　电源子系统

探测器的主要电力来源是太阳能电池板。当太阳能电池板没有完全展开时，探测器中自带的电池在太阳能电池板完成展开之前和探测器机动期间提供电力。4 个太阳能电池板中的每一个都包含 2 714 个太阳能电池，面积达到 1.14 $m^2$。

月球轨道探测器 4 号上的太阳能电池板在地月转移阶段产生了 393 W 的总功率，此时太阳能电池板垂直于太阳。在这一阶段，探测器需要大约 115 W 的功率，其余的功率通过设计用于散热的电阻元件。分流调节器用于控制发送到负载电阻器的功率量，并将输出电压保持在约 30.5 V。

在发动机工作期间，探测器总负荷最高会达到 260 W，这是因为定位万向节火箭发动机的致动器使用了电力。在读取胶片和打开行波管放大器的情况下，探测器的总负载为 206 W。

月球轨道探测器 4 号和 5 号的电池充电电流被限制在 1 A 左右，因为这些探测器保持在极地轨道上，其太阳能电池板总是处于太阳的照射中。而月球轨道探测器 1 号、2 号和 3 号在月球近赤道轨道上飞行，其部分飞行轨道的太阳光照会被月球遮挡，在此期间需要电池供电。探测器上的电池充电电流被限制在 2.85 A，在阳光照射期间恢复对电池的充电。

### 3.4.4　速度控制子系统

探测器装有一个带有伺服机构的液体推进剂发动机，可产生 45 kg 的推力。在中途修正过程中，启动发动机来为探测器加速，并将探测器送入月球轨道。它还被用于修正或改变轨道参数。推进剂使用四氧化氮作为氧化剂，以 Aerozine-50 作为燃料。Aerozine-50 是肼和偏二甲肼各占 50% 的混合物。

燃料和氧化剂分装在两个涂有特氟隆的贮箱中。当发动机点火时，加压氮气被注入 4 个贮箱，迫使燃料和氧化剂通过截止阀进入发动机。燃料和氧化剂的混合物在接触时会自燃。

通过关闭燃料和氧化剂的注入，发动机可以停止燃烧。发动机在两个轴上固定，以便在点火期间保持探测器的正确方向。

根据携带的推进剂量，探测器可获得的总速度变化量可达到 1 000 m/s。在月球轨道探测器 4 号的飞行中，中途修正过程中所需的速度变化为 60.8 m/s，这是通过 52.7 s 的发动机点火完成的。进入月球轨道需要 659.6 m/s 的速度变化，一共需要 501.7 s 的发动机点火才能完成。

### 3.4.5 姿态控制子系统

在探测器前往月球和在月球轨道飞行期间,它依靠姿态控制子系统保持稳定方位。姿态控制子系统还对探测器进行定向,使探测器通过发动机点火进行中途修正后,沿正确方向进入月球轨道。

定向是由位于探测器上的氮气喷流进行的。氮气喷流由来自姿态控制子系统的信号控制。探测器发射时,氮气就储存在一个压力为 4 000 lb/in$^2$ 的增压气瓶中。

在月球旅行过程中,探测器的姿态由气体喷流控制,并根据太阳和来自卡诺普斯恒星跟踪器的输入保持探测器姿态。纵轴与太阳对齐,恒星追踪器锁定在卡诺普斯星。

姿态控制子系统的关键元件是惯性参考单元(IMU)。该装置包含 3 个斯佩里(Sperry)SYG - 1000 速率积分陀螺仪,每个陀螺仪可用于俯仰、偏航和滚转。它还包含一个脉冲积分摆(PIP)加速度计,该加速度计与探测器的纵轴对齐。发动机也与纵轴对齐。

当太阳或卡诺普斯星不在视线范围内时,如被月球遮挡或探测器机动时,IMU 可提供一个姿态参考。PIP 加速度计则提供了速度增量的测量,用于标记发动机点火的关闭时间。

PIP 加速度计由斯佩里(Sperry)公司制造,型号为 16PIP。在该装置中,通过向扭矩器施加电流脉冲,将钟摆质量保持在零位。脉冲频率由 200 Hz 的时钟设置,每个时钟周期都会检测到钟摆与零位的偏移,并选择通过扭矩器电流脉冲的方向,将钟摆移回零位。扭矩脉冲平衡了由于加速度导致的摆锤运动,每个脉冲对应于加速度计 0.1 ft/s 的速度增量。

SYG - 1000 速率积分陀螺仪在角速率模式或角度误差模式下工作。在角速率模式下,扭矩器平衡了角速率引起的陀螺力,通过扭矩器实现平衡所需的电流,可对角速率进行测量。根据太阳传感器和卡诺普斯星传感器的输入,当探测器姿态稳定时,角速率模式用于向控制回路提供速率数据。

在角度误差模式下,陀螺仪是开环操作的,通过对速率输出进行积分来获得与初始值的角度偏差。当其中一个或两个参考丢失时,角度误差模式被用于记录太阳和卡诺普斯星对准的正确姿态。

## 3.5 月球轨道探测器的飞行

从 1 号到 5 号,月球轨道探测器的所有 5 次飞行都取得了成功,并向地球传回了月球表面的高质量照片。月球轨道探测器 1 号、2 号和 3 号的主要任务是拍摄阿波罗计划的潜在着陆点。为此,探测器被推入月球的近赤道椭圆轨道,在可能的着陆点区域上空约 40 km 的高度进行拍摄。月球轨道探测器 4 号和 5 号的主要任务是从极地轨道拍摄月球几乎所有的表面区域。

除了摄影，探测器还测量了宇宙辐射和月球附近微流星体撞击的频率，也通过从地球上密切跟踪探测器获得了月球引力场变化的数据。

### 3.5.1　月球轨道探测器 1 号的飞行

1966 年 8 月 10 日，月球轨道探测器 1 号从卡纳维拉尔角发射升空。运载火箭是阿特拉斯 SLV-3，上面级为阿金纳 D。发射和准备工作进展顺利，火箭发射升空，将阿金纳和轨道飞行器送入停泊轨道。在地球轨道运行 33 min 后，阿金纳再次点火，并成功将阿金纳和月球轨道探测器送入地月转移轨道。

随后，月球轨道探测器与阿金纳分离，并展开了太阳能电池板、全向天线和高增益天线。探测器被捕获对日定向，并开始搜寻卡诺普斯星。最初，卡诺普斯星追踪器无法实现锁定，因为这颗恒星的表观亮度远高于计划。于是，地球上的控制人员将星跟踪器锁定在月球上，作为滚动参考。探测器姿态稳定后，转入月球巡航阶段。

在升空 28 h 34 min 后，月球轨道探测器 1 号进行了中途修正。修正效果很好，不需要第二次修正。期间，探测器过热成了一个问题，为了解决这一问题，探测器在朝向月球的过程中偏离太阳线 36°，并持续了几个小时。

当探测器接近月球时，进行了一次减速机动。这使得月球的引力场捕获了探测器并将其拉入月球轨道。最初，探测器椭圆轨道的远月点距月球 1 867 km，近月点距月球 189 km，探测器轨道面与月球赤道面倾角为 12°。

来自月球轨道探测器 1 号的第一张照片拍摄于 8 月 18 日，拍摄高度距离月面 246 km。这一波拍摄，月球轨道探测器 1 号拍摄了 16 张高分辨率照片和 4 张中等分辨率照片，并完成了胶片显影、定影和干燥。在地球上收到的中分辨率照片质量很好，但高分辨率照片被严重污染。经确认发现，是 V/H 传感器与高分辨率镜头的快门不同步造成的，该传感器本应移动胶片以适应运动图像。然而，在飞行中 V/H 传感器和高分辨率镜头快门之间的同步问题无法纠正，因此任务期间所有在低空拍摄的高分辨率照片都模糊了。

为了完成计划中的拍摄，轨道被降低到 58 km。图 3-8 显示了用中分辨率镜头从 51 km 高空拍摄的照片。拍摄照片时，探测器几乎正处于月球的赤道上空，纬度为 0.58°，经度为 -36.4°。图 3-8 这张照片记录的实际月面宽度约为 35 km，其中的大陨石坑的直径约为 8 km。

计划中的摄影任务于 8 月 29 日完成。总共曝光了 205 帧，其中 38 帧在初始轨道上，167 帧在较低轨道上。这些照片的内容包括 9 个潜在的阿波罗着陆点、11 个月球背面区域和 2 张地球的照片。

### 3.5.2　月球轨道探测器 2 号的飞行

月球轨道探测器 2 号于 1966 年 11 月 6 日从卡纳维拉尔角发射升空。它的发射、进入地球轨道以及进入地月转移轨道都进展顺利。探测器展开了太阳能电池板和天线，锁定了太阳和卡诺普斯星，从而稳定地奔向月球。

图 3-8　由月球轨道探测器 1 号拍摄的月球表面中分辨率照片（NASA 照片）

发射后约 44 h，发动机短暂点火，进行中途修正。发射后约 92 h，发动机点火令探测器减速，使其被月球引力场捕获，探测器被送入月球轨道。初始轨道的远月点距月球 1 850 km，近月点距月球 196 km，探测器轨道面与月球赤道的倾角为 12°。

地球上的深空站对探测器进行了跟踪，以确定探测器在初始轨道上运行时月球引力场的变化。在完成 33 圈轨道运行后，轨道参数发生了变化，将拍摄任务的近月距降低到 49 km。

摄影于 11 月 18 日开始，按照计划，共拍摄了 20 个地点。在月球轨道探测器 1 号任务中一直存在的 V/H 传感器的同步问题，此次则表现良好，V/H 传感器同步效果很好，月球轨道探测器 2 号拍摄出的中分辨率和高分辨率照片的质量都很高。

　　虽然哥白尼陨石坑不属于原计划的拍摄地点，但月球轨道探测器 2 号还是为其拍下了一张照片。图 3-9 显示了这张时机难得的照片。媒体称这张哥白尼的照片是 20 世纪最伟大的照片之一。这张照片是在飞船距离陨石坑约 240 km 时，由 610 mm 的镜头以倾斜角度拍摄的。

图 3-9　月球轨道探测器 2 号高分辨率镜头拍摄的哥白尼环形山中央部分（NASA 照片）

　　该陨石坑约 100 km 宽。照片显示，从火山口底部隆起的山丘高约 300 m。

　　月球轨道探测器 2 号返回了关于月球表面的 602 张高分辨率照片和 208 张中分辨率照片。

### 3.5.3　月球轨道探测器 3 号的飞行

月球轨道探测器 3 号于 1967 年 2 月 5 日从卡纳维拉尔角发射升空。任务的目的是为阿波罗任务潜在的登月地点进一步拍摄照片，月球轨道探测器 1 号和 2 号拍摄的照片显示，这些地点都很有希望。月球轨道探测器 3 号任务还将增加人们对月球引力场变化的了解，这些发现对阿波罗任务来说同样具有重要意义。

探测器的发射、进入地球轨道和进入月球轨道都取得了成功。月球轨道探测器 3 号与阿金纳分离，并展开了太阳能电池板和天线。它首先对日定向，在发射约 7 h 后，通过捕获卡诺普斯星而变得完全稳定。发射后约 37 h，发动机短暂点火，进行了精确的中途修正。探测器于 2 月 8 日抵达月球附近。随后，它启动了发动机，进行了约 9 min 的点火，使探测器减速，以便被月球引力捕获并进入环月轨道。

月球轨道探测器 3 号初始轨道的远月点高度为 1 802 km，近月点高度为 210 km，与月球赤道的倾角约为 21°。在大约 4 天的时间里，从地球上跟踪飞行器的飞行约 25 圈，获得了月球引力场变化的数据。然后飞控人员将轨道降低到 55 km，以便进行摄影。

2 月 15 日，月球轨道探测器 3 号在东南部的特兰基利塔提斯岛上空拍摄了它的第一张照片。截至 2 月 23 日，它共拍摄了 211 帧照片，并开始了胶片的读出和向地球的传输。这些照片质量非常高，总体上比月球轨道探测器 1 号和 2 号拍摄的照片要好。不幸的是，在读取了 139 帧胶片后，胶片推进电机出现故障，剩余的 72 帧已拍摄的胶片无法读取。

阿波罗 11 号首次载人登月时，"宁静海"被选为着陆地点。月球轨道探测器的照片有助于着陆地点的选择。图 3-10 显示了用中分辨率镜头在 50 km 高度拍摄的宁静海的照片。照片记录的范围约为 34.2 km×40.7 km。照片的中心在月球坐标系中纬度为 0.51°、经度为 24.21°。阿波罗 11 号的着陆地点位于纬度 0.674°、经度 23.473° 的位置，这使它稍微偏离了照片的左侧，距离照片中心点 4.98 km。

月球轨道探测器 3 号拍摄的月球背面中分辨率照片如图 3-11 所示。齐奥尔科夫斯基环形山是照片中心附近的突出特征。这张照片是探测器在 1 463 km 高空的轨道上拍摄的。探测器的定向使得照片（图 3-10）主点（中分辨率照片的中心）位于经度 127° 和纬度 -24° 的位置上。

月球轨道探测器 3 号共计发回了 427 张月球高分辨率照片和 149 张月球中分辨率照片。

### 3.5.4　月球轨道探测器 4 号的飞行

1967 年 5 月 4 日，月球轨道探测器 4 号从卡纳维拉尔角发射升空，进入地球轨道和地月转移轨道都进展顺利。

探测器展开了太阳能电池板和天线，锁定了太阳和卡诺普斯星，并朝着月球飞行。

发射后约 17 h 35 min，发动机短暂点火，进行了中途修正。发射后约 88 h 44 min，发动机再次启动，令探测器减速，使其被月球引力场捕获，并进入近月球极轨道。

图 3-10　月球轨道探测器 3 号拍摄的宁静海照片（NASA 照片）

　　探测器初始轨道的远月点高度为 6 111 km，近月点高度为 2 706 km，与月球赤道的倾角为 85.5°。这次任务的目的是通过 610 mm 镜头拍摄一系列照片以绘制月球表面的地图。当月球在轨道平面下旋转时，所产生的垂直条带照片将被传回地球，并通过处理组装成一张连续的地图。

　　5 月 11 日的第 6 圈轨道飞行时，摄影工作正式开始。图 3-12 显示了在测绘过程中连续拍摄的两张高分辨率照片。这些照片是从 2 724 km 的高度拍摄的，此刻探测器在月球坐标系中的纬度为 14.4°、经度为 82.7°。照片记录的宽度约为 249 km。

图 3-11　月球轨道探测器 3 号拍摄的月球背面照片,靠近照片中心的是齐奥尔科夫斯基环形山(NASA 照片)

　　月球轨道探测器 4 号的测绘摄影工作于 5 月 11 日的第 6 圈轨道飞行时开始,并于 5 月 25 日的第 35 圈轨道飞行时结束。NASA TM X - 3487 表明,在这段时间内,月球近侧约 99％的区域都被月球轨道探测器 4 号绘制下来,图像的分辨率超过了最佳地球望远镜摄影的 10 倍。

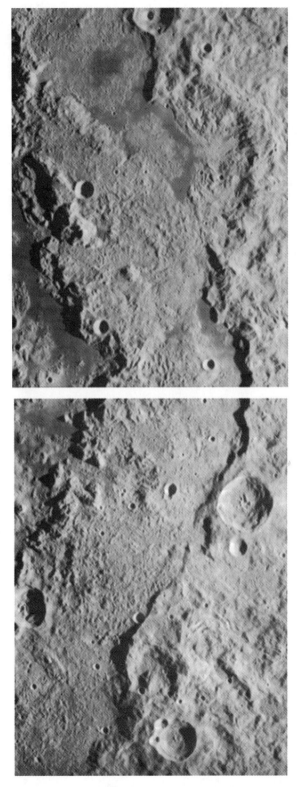

图 3-12　月球轨道探测器 4 号拍摄的高分辨率照片（NASA 照片）

### 3.5.5　月球轨道探测器 5 号的飞行

月球轨道探测器 5 号于 1967 年 8 月 1 日从卡纳维拉尔角发射升空,其发射、地月转移、中途修正和进入月球轨道都进展顺利。月球轨道探测器 5 号标志着所有这些复杂的操作已经连续 5 次成功,这表明了美国航天计划尤其是探月能力的日益成熟。

该探测器于 8 月 5 日进入月球初始轨道,远月点高度 6 023 km,近月点高度 195 km,轨道面与月球赤道的倾角为 85°。探测器在将远月点保持在 6 023 km 的同时,将近月点降低到 100 km,并在月球的近侧和远侧拍摄了一系列照片。

最终,月球轨道探测器 5 号拍摄了 5 个阿波罗任务登月地点,36 个有科学价值的地点,23 个位于月球背面的地点。月球轨道探测器 5 号共计发回了 633 张月球高分辨率照片和 211 张月球中分辨率照片。

5 个月球轨道探测器的联合成像结果是,月球近侧和远侧的 99% 的照片,在选定区域的分辨率最高精度达 1 m。地球上总共收到了 2 180 张高分辨率和 882 张中分辨率的月球照片。

# 参 考 文 献

[ 1 ]　NASA Technical Memorandum NASA TM X – 3487，Destination Moon：A History of the Lunar
　　　　Orbiter Program，1977.
[ 2 ]　NASA－NSSDCA/COSPAR ID：
　　　　1966 – 073A，Lunar Orbiter 1.
　　　　1966 – 100A，Lunar Orbiter 2.
　　　　1967 – 008A，Lunar Orbiter 3.
　　　　1967 – 041A，Lunar Orbiter 4.
　　　　1967 – 075A，Lunar Orbiter 5.
[ 3 ]　NASA report NASA CR – 1054，Lunar Orbiter IV，June 1968.
[ 4 ]　NASA report NASA SP – 206，Lunar Orbiter Photographic Atlas of the Moon，1971.
[ 5 ]　The Lunar Orbiter，Boeing report for NASA，April 1966.

# 第 4 章　勘测者月面着陆任务

　　勘测者探测器是月球着陆器中的先行者，也是载人阿波罗月球着陆器的领航者。图 4-1 展示了洛杉矶休斯飞机公司附近海滩上的勘测者号工程试验模型。勘测者号由美国休斯飞机公司研发制造，集多种性能于一身，结构较紧凑，有 3 个着陆腿，最大间距约 14 ft，高约 10 ft，一根垂直桅杆支撑着太阳能帆板和高增益阵列天线。

图 4-1　勘测者探测器工程模型（NASA 照片，见彩插）

## 4.1　勘测者计划概述

　　勘测者计划由 NASA 总部空间科学与应用办公室总领，喷气推进实验室主管，项目经理是沃克·吉布森（Walker Giberson），沃克的上级则是登月项目主任克利福德·卡明斯，沃克需要向克利福德汇报计划情况。

　　喷气推进实验室负责主管勘测者探测器系统、跟踪和数据系统以及任务操作系统。NASA 路易斯研究中心（The Lewis Research Center）则主管"宇宙神-半人马座"运载火箭系统。休斯飞机公司于 1961 年 1 月从竞标者中赢得与 NASA 合作的机会，负责设计建造勘测者探测器，喷气推进实验室对该项目进行监督。利奥·斯图曼（Leo Stooman）是休斯飞机公司勘测者计划的经理，谢尔·沙龙（Shel Shallon）是勘测者计划中的一名科研人员，本书的作者会定期向谢尔报告进度。

　　勘测者计划旨在验证探测器能够在月表非常接近预定地点处软着陆，最终的目标是为雄心勃勃的阿波罗计划铺平道路。就在勘测者号成功着陆几年后，美国就靠着阿波罗计划，史无前例地将航天员送上月球。除了验证软着陆技术、证明月面可供航天器着陆外，勘测者计划开展的各项试/实验还提供了关于月壤性质的宝贵科学数据。

　　勘测者探测器在月面着陆点周围拍摄了成千上万张特写和全景电视图像，让远在地球家园的我们得以一睹月球真实面貌。图 4 - 2 是一张特写图像，展示了勘测者 1 号着陆腿在月面着陆时产生的月面凹陷。

图 4 - 2　勘测者 1 号着陆腿致使月面凹陷（NASA 照片）

1966 年 5 月至 1968 年 1 月,共计向月球发射了 7 个勘测者号。其中勘测者 1、3、5、6 及 7 号这 5 次任务成功实现软着陆,并传回了宝贵的科学数据。2 和 4 号任务未能顺利着陆:一次由于姿控火箭发动机故障,另一次是由于制动火箭发动机点火后失联。勘测者计划中选择的着陆点多在阿波罗计划的潜在着陆点附近,阿波罗 12 号的着陆点距离勘测者 3 号不到 600 ft。

勘测者号由"宇宙神-半人马座"火箭送往月球,探测器与火箭分离后,绕月球轨道飞行,最终降落月面。

在勘测者号接近月面时,依靠制动火箭进行减速。高度标记雷达探测到距离月面的斜距约 60 mile,随后发出信号启动制动火箭,制动火箭点火并分离。在飞行控制子系统的控制下,3 台姿控发动机产生巨大推力帮助勘测者号软着陆。飞行控制子系统能够精准控制着陆的关键在于着陆雷达能够提供月面距离和三轴向速度数据。

NASA 月球和行星项目(Lunar and Planetary Program)负责人奥兰·尼克斯(Oran Nicks)在文章中回忆,勘测者号面临的最大挑战正是"着陆"。他写道:"着陆系统的三个重要组成部分是:1)在接近月面时进行减速的高性能固体火箭发动机;2)支持调整推力、旋转和姿态定向的液体推进姿控发动机;3)能够测距并探测相对于月球的垂直和横向运动的着陆雷达系统。"

图 4-3 展现了 5 次勘测者号任务的着陆点,有 4 次降落在阿波罗计划进行勘测的着陆区域内。阿波罗号在月球上的着陆区域为纬度±5°,经度±45°。勘测者 7 号实现了最后一次着陆,位置恰巧在月球高地的一个具有科考价值的区域内。

图 4-3　勘测者 1、3、5、6 及 7 号着陆位置(NASA 照片)

降落月面后，勘测者号的电视摄像机抓拍到了着陆腿的特写图像，并全景拍摄周围地形。着陆腿冲击月面产生的凹陷，加上着陆腿上应变计的读数，确定月面具有足够的硬度支撑，能够承受"阿波罗"登月舱等较重的大型航天器，不会深陷其中。

电视摄像机拍摄了海量照片，成功软着陆的 5 个勘测者探测器累计传回了大约 87 000 张图像。

勘测者 3 号和 7 号还各装有一个土壤取样器，通过挖取月表土壤，帮助我们深入了解月壤性质。

勘测者计划投资总计约 4.69 亿美元。相较于阿波罗计划，投入的经费不算太多，期间也遇到了种种挑战。

该计划的成本并没有反映出工程师们和其他参与者为了推进计划，不辞辛苦，无偿加班了无数小时，本文作者就是这些工程师中的一员。计划结束时，大家收到了一份证书，作为付出努力的补偿。证书上有一张勘测者 1 号在月面阴影的照片。证书的内容如下：

> 当我们的子孙后代回顾人类探索太空的历史时，航天器在月球表面的软着陆将是一个最重要的里程碑……提升人类的技术能力，让世人第一次能够近距离观察月球。

> T. J. 伦德作为勘测者团队的一员，参与了这一场激动人心的冒险，并为成功实现计划目标做出了贡献……为人类的行星之旅铺平了道路。

## 4.2　勘测者飞行任务

### 4.2.1　发射与中途修正

勘测者号由"宇宙神-半人马座"二级运载火箭自美国佛罗里达州肯尼迪角送往月球。收起的着陆腿附在"半人马座"二级火箭上的前锥体中。图 4-4 呈现了 1966 年 5 月勘测者 1 号发射情景。"半人马座"二级火箭位于探测器的上部，向下延伸至火箭侧面的整流罩末端。装载勘测者号后，整个火箭重达 325 000 lb。

为提升发射勘测者 5、6 和 7 号的火箭性能，火箭进行了改进设计。改进后的"宇宙神-半人马座"火箭距前锥体 117 ft，前锥体直径 10 ft。

"宇宙神"一级火箭由 5 台煤油和液氧发动机提供推力：2 台助推发动机、1 台主发动机和 2 台姿控发动机。2 台助推发动机推力均为 168 000 lb，主发动机推力为 58 000 lb，2 台姿控发动机推力均为 670 lb。发射时总推力为 395 000 lb，略高于火箭本身 325 000 lb 的重量。在发射约 2 min 36 s 后，助推发动机和燃油泵与火箭分离，主发动机和姿控发动机持续工作。

"宇宙神"一级火箭配有一台自动驾驶仪，其中包含提供姿态基准的陀螺仪和一台在运载火箭刚发射时启动飞行程序的编程器。调整 5 个万向节发动机的角度，能够控制火箭姿态。2 台助推发动机用于控制俯仰角、偏航角和滚转角，姿控发动机用于辅助控制滚转角。在助推期间，主发动机保持在中心位置。2 台助推发动机分离后，"宇宙神"火箭自

图 4-4　1966 年 5 月勘测者 1 号发射（NASA 照片，见彩插）

动驾驶仪接收来自"半人马座"二级火箭的惯性制导系统的转向指令，借助万向节支撑发动机控制火箭姿态。

　　"半人马座"二级火箭有 2 台发动机，液氢为燃料，液氧为氧化剂。每台发动机能产生 15 000 lb 的推力。发动机安装在万向节上，以便控制"半人马座"的俯仰角、偏航角和滚转角。"半人马座"还配有 14 台推力恒定、方向固定的过氧化氢反应发动机，用于在主发动机关闭后控制火箭。其中 6 台发动机被分为两组，每组 3 台，安装在火箭的两侧。每组有一台 6 lb 推力的发动机用于控制俯仰角，两台 3.5 lb 推力的发动机用于控制偏航角和滚转角。发动机都是单独控制的。此外，"半人马座"有 4 台 50 lb 推力和 4 台 3 lb 推力的发动机，其推力与火箭飞行方向相反。这些发动机在点火前快速调整推进剂姿态，实现与航天器的分离。

下文简要回顾了勘测者 7 号初始飞行和中途事件的时间脉络，便于读者了解勘测者号降落在月面预定位置的技术，以及对推力、姿态和速度的权衡，最终实现在选定地点的软着陆。

火箭升空后不久，方位角从 105° 调整为 102.9°，随后进行俯仰机动，直至助推发动机关闭。俯仰角共调整了 72°。升空后约 64 s，火箭速度达到 1 225.08 km/h。

升空后约 2 min 32 s，"半人马座"惯性制导系统检测到加速度为 5.7g，助推发动机接收关闭命令并熄火，然后与火箭分离，主发动机和姿控发动机继续工作。期间"半人马座"制导系统负责控制主发动机的角位置，俯仰角调整了 8°，自发射后总共调整了 80°。

发射 3 min 46 s 时抛弃翻盖式整流罩，露出勘测者探测器。"宇宙神"的主发动机和姿控发动机在发射后约 4 min 9 s 关闭。随后 2 s，"半人马座"与"宇宙神"分离。

接着，"半人马座"发动机点火，直至惯性制导系统确定飞行器接近所需的停泊轨道。勘测者 7 号发射时，发动机工作时间约为 5 min 33 s。"半人马座"制导系统在工作过程中发出额外的俯仰指令，直到发射 9 min 53 s 后，在地球上方 90 n mile 的高度进入停泊轨道。于停泊轨道飞行 22 min 26 s 后，"半人马座"发动机重启。发动机点火 116 s，将探测器送入月球转移轨道。

发射 35 min 15 s 后，勘测者 7 号探测器在前往月球的途中与"半人马座"分离，分离前展开勘测者 7 号的着陆腿和全向天线桅杆。

就在勘测者探测器与"半人马座"分离后，太阳能帆板平面调整至垂直于探测器的纵向或 Z 轴。探测器进行首次翻滚，调整偏航角与太阳大致对齐，启动太阳识别程序。与探测器 Z 轴对齐的太阳传感器，在发射后 44 min 29 s 锁定目标。之后探测器借助太阳传感器提供的校正信号保持 Z 轴与太阳对齐。

在与太阳对齐后，恒星跟踪器跟踪恒星"老人星"（Canopus），获取勘测者 7 号的三轴姿态参考数据。之所以选择跟踪老人星，因为它是从地球上看到的第二亮的恒星，而且几乎与地球和太阳在一条线上。地面人员将勘测者号设置为绕 Z 轴旋转，直至以老人星为结尾的一系列恒星出现在恒星跟踪器的视野中。来自恒星跟踪器的转向信号控制探测器滚动，保持探测器的 −X 轴与老人星在探测器 X-Y 平面上对齐。探测器在与太阳和老人星对齐后向月球航行。

通过控制系统调整俯仰、偏航和翻滚使探测器对齐，该控制系统利用氮气为 3 对电控气体喷射器提供动力。3 对气体喷射器安装在着陆垫附近的探测器腿上。研究人员提前设计了对轨迹中途修正，目的是将着陆点调整为预定地点。在发射后 16 h 16 min 左右，通过调整探测器方向，调控姿控发动机推力，准备中途修正。探测器正确定向，3 台姿控发动机收到点火指令。燃烧时间为 11.4 s,速度变化为 11.13 m/s。中途修正完成后,探测器接到指令回到与太阳和老人星对齐状态。

### 4.2.2　追踪航天器

为了将航天器从地球转移到预先选择的月面着陆点,其中一个要素是跟踪航天器,以确定其轨道。轨道是通过地球周围若干位置上的深空(基)站(Deep Space Stations)形成的深空网络(Deep Space Network)跟踪设施准确确定的。在勘测者 7 号任务期间,以下深空站被定为主要站点:

1)靠近加利福尼亚州巴斯托的戈德斯通深空通信中心(Goldstone Deep Space Communications Complex)的 DSS11;

2)位于澳大利亚铁宾比拉(靠近堪培拉)的 DSS42;

3)位于西班牙罗夫莱多(靠近马德里)的 DSS61。

肯尼迪角的 DSS71、戈德斯通的 DSS14 和 DSS12 以及南非约翰里斯本附近的 DSS51 为此次任务提供支持和备份。戈德斯通的 DSS14 深空站配备了直径 64 m 的天线,作为支持戈德斯通 DSS11 的备份,在着陆时采集遥测数据。

这些深空站,除肯尼迪角的 DSS71 外,都有直径 85 ft 的抛物面天线用于追踪勘测者号。通过天线指向角和多普勒频移信息,精准确定航天器的轨迹。发射信号的多普勒频移能精确到几分之一赫兹(每秒周期),可以非常准确地测量勘测者号的距离和速度。跨月轨道的初始计算使用了天线跟踪角以及来自两台 DSS 设施的双向多普勒频移信息。随着探测器离地球越来越远,天线的小指向误差变得越来越突出,仅能依靠多普勒频移数据进行轨道计算。

勘测者探测器支持 S 波段转发器功能,接收 DSS 发射的信号,将其移频,然后重新发射。来自转发器的信号由 DSS 天线接收,并提取双向多普勒频移。根据从两个 DSS 站收集的双向多普勒信息,结合站点之间的距离数据,计算轨道。

### 4.2.3　轨道转移及着陆

发射 17 h 后,中途修正完成,勘测者号进入了约 48 h 到达月球的滑行阶段。这段时间内进行轨道测量,目的是确认着陆点接近理想位置,是否需要进行二次中途修正。在此阶段,深空网络多次申请并接收到来自勘测者号的工程数据。在滑行阶段尾声,温控舱内的加热器运行了一段时间,并启动其他各种设备进行预热。

下文将介绍勘测者号降落阶段的关键事件。事件时间以自地球发射后的时间计算(时:分:秒)。在降落的最后 3 min 内,时间将以 s 为单位计算,确保最终下降期间的距离和速度与计划数据保持一致。

65:52:55,即在制动火箭发动机点火前大约 40 min,探测器的 Z 轴与速度矢量对齐。与速度矢量对齐后,发送命令将勘测者号翻滚−16.5°,调整到着陆时所需的方向。

高度标记雷达(altitude marking radar)生成标记,表明倾斜距离在 66:32:10 时已达到距月面 60 mile 的高度。启动 3 台姿控发动机以稳定勘测者号，随后主制动发动机点火。在启动制动发动机前，勘测者号的速度约为 8 900 ft/s。发动机运转 43 s 后熄火。

66：32：15，制动火箭发动机点火，启动雷达高度计和多普勒速度传感器（radar altimeter and Doppler velocity sensor）。3 台速度传感器光束全部实现锁定，并在 32 s 后的 66：32：47 生成可靠的操作信号。雷达高度计于 66：33：15 锁定月面。

66：33：09，制动火箭发动机熄火后，弹出发动机外壳。外壳遮挡了速度传感器光束 1，导致失去锁定信号，但几秒钟后重获月面信号。

锁定月球返回信号时测量的速度表明，纵向或 $Z$ 轴速度（$V_Z$）高于遥测 800 ft/s 的读数上限。$X$ 轴速度（$V_X$）约为 0，$Y$ 轴速度（$V_Y$）约为 $-4$ ft/s。随着制动火箭继续燃烧，$Z$ 轴速度下降，并在着陆前约 159 s 降至 800 ft/s 以内。此时，$X$ 轴速度已提升到 $-50$ ft/s，$Y$ 轴速度提升到 $-80$ ft/s，主要由于制动火箭燃烧引起了横向速度。

雷达高度计和多普勒速度传感器的信息被传递到飞行控制子系统。着陆前 143 s 启动雷达高度计和多普勒速度传感器。此时，雷达高度计和多普勒速度传感器显示 $Z$ 轴速度为 452 ft/s，$X$ 轴速度为 $-60$ ft/s，$Y$ 轴速度为 $-125$ ft/s。倾斜距离测量值大于读数上限 40 000 ft。当时估计倾斜距离约为 41 500 ft。飞行路径矢量与地面垂直线约 18.1°。

利用雷达高度计和多普勒速度传感器的速度数据，飞行控制子系统在 3 s 内将 $X$ 轴横向速度基本降至 0，将 $Y$ 轴速度降至 $-10$ ft/s，并在 13 s 内基本降至 0。这些速度调整动作使探测器的纵轴与速度矢量对齐，使游标发动机的推力轴与速度矢量对齐。

随着横向速度分量降至 0 并沿纵轴施加推力，勘测者号实现"重力转弯"，纵轴迅速与重力矢量对齐。

斜距与纵向速度的预编程降落轨迹由四条连接的直线段组成（图 4-5）。姿控发动机的推力增加，以降低勘测者号的速度，并使其按照预编程的轨迹降落。雷达高度计和多普勒速度传感器测量的勘测者号轨迹也绘制在图表上，并显示为直线段下方的曲线。该图显示，勘测者号降落轨迹与四段预编程的轨迹基本吻合。

以下给出了在勘测者号降落时从遥测数据记录的速度分量 $V_X$、$V_Y$ 和 $V_Z$ 以及倾斜范围，图片由喷气推进实验室提供。

随着勘测者号继续下降，飞行控制子系统控制姿控发动机的推力，以保持 $Z$ 轴速度在 460～480 ft/s，横向速度为 0，直到倾斜距离减小到约 20 000 ft。在该范围内探测器进入降落轨迹第 1 拦截段。此时纵向速度为 464 ft/s。拦截发生在着陆前约 95 s。之后勘测者号沿着预编程的轨迹前进。

雷达高度计在 1 000 ft 的倾斜距离（高度）上生成了一个标记，称为 1 000 ft 标记。在 1 000 ft 标记处调整雷达高度计模式，将距离数据的比例因子增加 10 倍、将 FM 波形斜率增加 10 倍，让测距精度更高。在 1 000 ft 处，纵轴速度约为 110 ft/s，横向速度分量为 0。勘测者号使用雷达高度计和多普勒速度传感器提供的距离和速度信息继续按照预编程的降落轨迹下降，直至距离降低到 50 ft，速度低至 10 ft/s。然后调整推力，以保持从 40 ft 高度到 14 ft 标记的垂直速度为 5 ft/s。

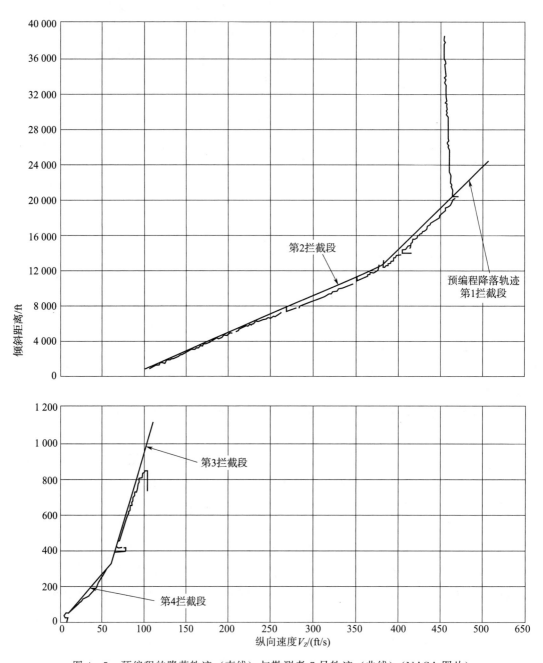

图 4-5　预编程的降落轨迹（直线）与勘测者 7 号轨迹（曲线）（NASA 图片）

　　当雷达高度计和多普勒速度传感器识别到 14 ft 的标记点，姿控发动机关闭，勘测者号在月球引力的作用下着陆月面。勘测者 7 号着陆时的垂直速度增加到 12.4 ft/s。本次着陆时间为自地球发射后 66 h 35 min 35 s。

　　3 个着陆腿触地时间差在 0.05 s 内。勘测者号着陆，$Z$ 轴与垂直方向成 3.17°，$X$ 轴与月球北面顺时针成 290.2°。着陆点的月球坐标为南纬 40.92°、西经 11.45°。

在勘测者号降落期间，由着陆雷达测量的倾斜距离、$Z$ 轴、$Y$ 轴和 $X$ 轴速度如图 4-6~图 4-9 所示。有趣的是，在着陆雷达开始提供数据后，$Y$ 轴和 $X$ 轴速度（横向速度）从相当高的数值迅速降为 0。勘测者 7 号以 12.4 ft/s 的速度完美实现三点着陆。而就在着陆前 200 s，它还在以约 8 900 ft/s 的速度飞向月球。

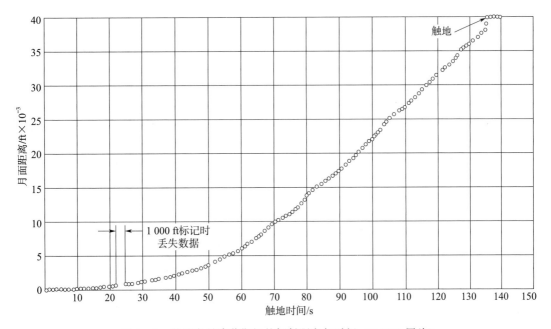

图 4-6　勘测者号降落期间的倾斜距离与时间（NASA 图片）

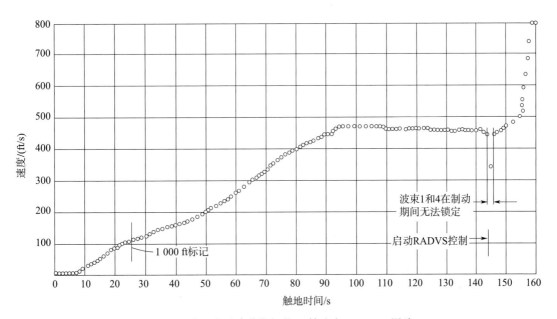

图 4-7　勘测者号降落期间的 $Z$ 轴速度（NASA 图片）

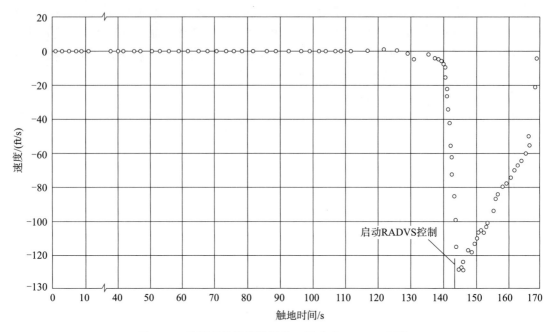

图 4-8 勘测者号降落期间的 Y 轴速度（NASA 图片）

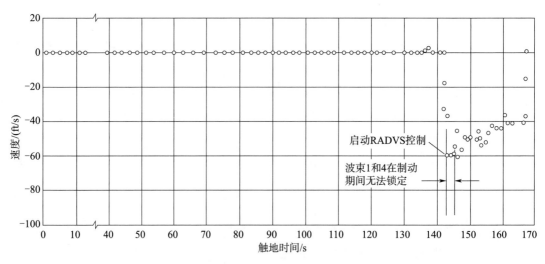

图 4-9 勘测者号降落期间的 X 轴速度（NASA 图片）

## 4.3 勘测者号的机械配置

图 4-10 为坐落于洛杉矶休斯飞机公司附近海滩上的勘测者探测器工程模型。

左侧桅杆顶部突出的矩形板是太阳能帆板，右侧的矩形板是高增益平面阵列天线。三个着陆腿的脚垫直径为 14 ft，借此能够推断出勘测者号的尺寸，太阳能帆板到天线阵列的桅杆顶部约 10 ft，能够推断出勘测者号的高度。

图 4-10　海滩上的勘测者号工程模型（NASA 照片，见彩插）

　　勘测者号的框架由铝管制成，带有支架和安装装置，方便其他设备连接到管子上。框架的重量（包括组件的安装装置）约为 83 lb。较大的太阳能帆板尺寸约为 44 in×49 in，天线阵列的尺寸为 39 in×39 in。着陆腿在连接到结构的地方铰接，以便在连接到"半人马座"运载火箭的前锥体内折叠起来。着陆腿支柱内含液压减振器，以减小勘测者号着陆时的冲击。如果着陆腿在着陆时全部偏转，框架下方的三个可压碎的蜂窝块还可以保护勘测者号。

　　图 4-11 为探测器侧视图，显示了其机械配置，标明了主要部件。

　　两个全向天线在发射期间连接到"半人马座"运载火箭前锥体内向上倾斜的吊杆上，然后在勘测者号与"半人马座"分离之前展开。

　　高增益平面阵列天线和太阳能帆板均由天线/太阳能帆板定位器支撑。在勘测者号的滚转轴上旋转的桅杆和平面阵列天线都朝向地球，太阳能帆板朝向太阳。定位器在停留月面期间定期进行调整，以确保太阳能阵列朝向太阳，而平面阵列天线朝向地球。

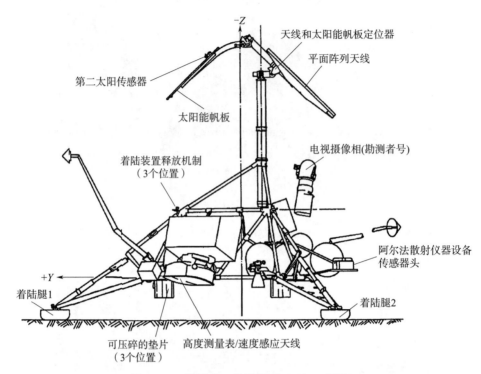

图 4 - 11　勘测者 7 号侧视图（NASA 图片）

有三个热控隔层（A、B 和 C），隔层内的导热板上安装了不同的电子系统。导热板的作用是将电子设备产生的热量分配到整个绝缘隔层。勘测者 5 号、6 号和 7 号增设了隔层 C，以容纳增加的 α 散射仪器设备。

热隔层内有一台加热器和一个热控系统，用于将 A 隔层的温度维持在 40～125 ℉ 之间，B 隔层的温度维持在 0～125 ℉ 之间。三个热隔层的加热器在勘测者号降落阶段前几个小时打开，使勘测者号在经过长时间飞行后调整至适宜的温度。热控系统由一系列热激活机械开关组成。这些开关控制每个隔层顶部和外部辐射表面之间的传导路径，以将隔层内的温度维持在指定范围内。

## 4.4　推进装置

一枚 Z 轴反推火箭将勘测者号的速度由 8 900 ft/s 降至 460 ft/s。三台姿控火箭发动机将勘测者号与速度矢量对准，进一步减速以实现软着陆。

### 4.4.1　制动火箭发动机

固体推进剂制动火箭由美国奇柯尔（Thiokol）公司开发。制动火箭安装在勘测者号底部中央。支架上装有火工品，其点火后能够让制动火箭与勘测者号分离。高度标记雷达利用紧固装置安装在发动机喷管出口处，紧固装置在火箭点火时，能够借助气压使雷达分离。

火箭外壳为直径 36.8 in 的球体。喷管插入壳体中，以缩短 $Z$ 轴的外形尺寸。从图片上看，喷管插入外壳约 15 in，超出外壳约 15 in。喷管出口处直径约 25 in。固体火箭的燃料是羧基/端接聚丁二烯，储存在球形壳体内部。推进剂重 1 300 lb，火箭组件的总重量约为 1 445 lb。制动火箭推力约为 900 lb。

对于勘测者号任务而言，当制动火箭在 60 mile 的倾斜距离内点火时，勘测者号的速度约为 8 950 ft/s。制动火箭点火约 43 s 后熄火时，勘测者号速度降到约 400 ft/s。

### 4.4.2　姿控发动机

得益于三台姿控发动机的推力，才能实现对勘测者号速度和姿态的准确控制。发动机进行了上述的中段速度校正。通过可调节发动机，再加上雷达高度计和多普勒速度传感器所测距离和速度，实现了对勘测者号的顺利控制，让其从制动火箭熄火后的高速飞行调整为软着陆前的预编程速度与高度轨迹。齐柯尔化学品公司（Thiokol Chemical Corporation）生产的姿控发动机如图 4 - 12 所示。

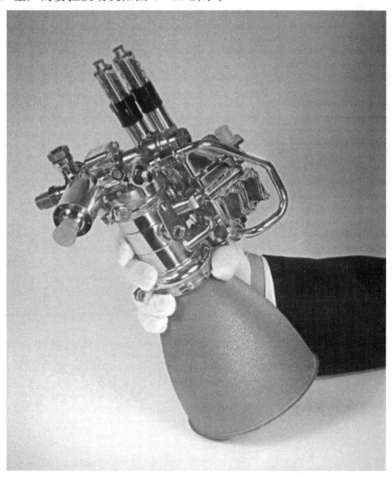

图 4 - 12　勘测者号姿控发动机（齐柯尔公司照片，见彩插）

三台姿控发动机安装在勘测者号底部三条着陆腿的接触点上,发动机编号与着陆腿编号相对应。姿控发动机 2 和 3 的推力轴与勘测者号的 $Z$ 轴平行。姿控发动机 1 是不固定的,以使其推力轴在勘测者号的 $X$ - $Y$ 平面内偏转±6°,可绕 $Z$ 轴旋转。

通过节流阀将每台发动机的推力控制在 30~104 lb 之间。安装在发动机安装支架上的应变计可测量每台发动机产生的推力。应变计读数被传回地面。通过对发动机推力的差动控制来调整俯仰角和偏航角,这样就能控制勘测者号的姿态了。姿控发动机 1 的推力轴偏转可以调整滚转角。

发动机的燃料是一甲基肼一水合物,氧化剂是四氧化二氮和一氧化氮的混合物。燃料和氧化剂接触时会自燃。每台发动机的推力由一个节流阀和一个截止阀控制,截止阀安装在发动机的燃料和氧化剂管路中。

每台发动机都有独立的燃料箱和氧化剂箱。燃料箱和氧化剂箱为球形,直径约为 9.6 in,内部装有特氟龙气囊,通过对氦气加压,气囊膨胀,迫使燃料和氧化剂流出,进入发动机。用于给气囊加压的氦气装在一个直径约 35.56 cm 的球形罐中。氦气罐阀门打开时,压力通常会调至约 2 207.46 kPa。

勘测者 7 号携带了 73.7 lb 可用燃料及 108 lb 氧化剂,推进剂总计 181.7 lb。预计着陆后剩余 12.3 lb 可用燃料及 17.4 lb 可用氧化剂。调节发动机,以保持勘测者号的 $Z$ 轴与速度矢量对齐。按预先计划好的着陆程序控制勘测者号以约 470 ft/s 的速度下降,直到达到 20 000 ft 的倾斜距离。在此倾斜距离内,探测器进入预定速度与高度下降轨迹的第一拦截段。本章前文给出了勘测者 7 号预先规划的轨迹和飞行轨迹图。

勘测者号相对于月球表面的倾斜距离和速度由雷达高度计和多普勒速度传感器测量,并传至飞行控制子系统。姿控发动机的推力由闭合伺服回路控制,该回路将勘测者号的速度与测量范围内的预编程值进行比较。发动机的推力不断调整,以使勘测者号速度与下降剖面中的速度相匹配。

为了让勘测者号与月球垂直线对齐,以进行着陆,设计了一个简单而"优雅"的程序。给速度矢量施加推力,勘测者号"重力转向",月球引力的牵引使飞行路径与重力矢量对齐。

## 4.5 勘测者探测器的功能

勘测者探测器的功能框图如图 4 - 13 和图 4 - 14 所示。该图来自 NASA 技术报告 32 - 1262《勘测者 6 号任务报告》。作者将 NASA 框图一分为二,放大图中内容,更易于阅读。

下文就主要子系统进行简述。

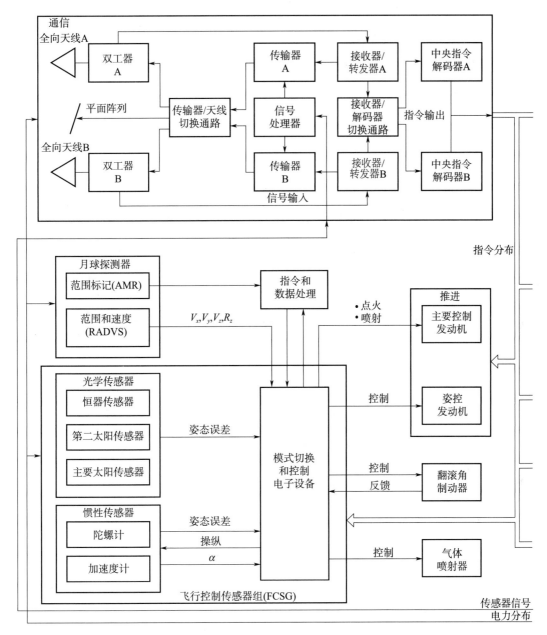

图 4 - 13　勘测者 6 号探测器的功能框图（NASA 图片）

## 4.5.1　通信子系统

通信子系统对勘测者号任务至关重要。勘测者号及其仪器设备的大多数操作完全依赖于地面指令。通信子系统接收并解码地面命令，向地球传输工程数据和电视图像，并在应答器模式下实现接收信号的连续返回，以便从地球进行双向多普勒测量，确定飞行轨迹。

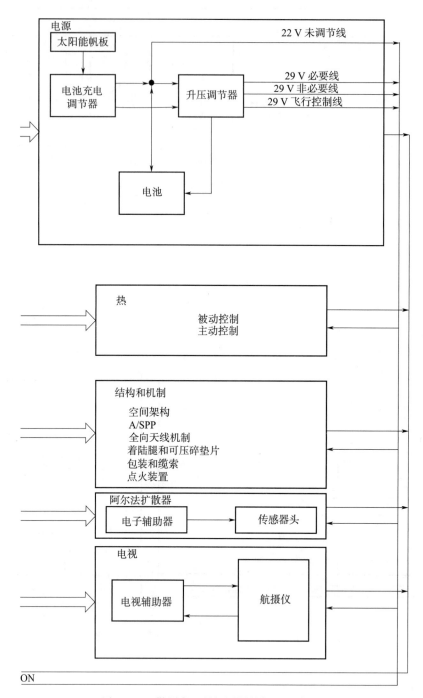

图 4 - 14　勘测者 6 号探测器的框图(续上)

通过使用双冗余发射器、接收器、命令解码器和全向天线,可靠性有了显著提升。

通信子系统在 S 波段运行,上行频率 2 113 MHz,下行频率 2 295 MHz。双工器支持锥形全向天线同时收发信号。

勘测者号配有一架可控的高增益平面阵列天线，用于向地球传输宽带、600 线路电视信号。平面阵列天线的增益为 27 dB（比各向同性辐射器高 500 倍），波束宽度为 6°。从月球上看，地球与月球的夹角约为 1.8°。因此整个地球都在高增益阵列天线波束宽度的覆盖范围内。

锥形全向天线具有心形天线模式，心形天线的零点朝向勘测者号。通过在两架各向同性天线之间切换，可以在 40% 的球形覆盖范围内获得 0 dB 的天线增益（等于各向同性辐射器的增益），在 95% 的球形覆盖范围内获得 −2 dB 的天线增益。每台接收器都连接至一架全向天线。任何一台发射机都可以切换到三架天线中的任何一架。

#### 4.5.1.1　传输器与接收器

下文简述了传输器与接收器功能。接收器保持开机，随时接收地面命令。传输器可处于"开"或"关"两种状态。

（1）传输器

这两台传输器的输出功率可为 0.1 W 或 10 W，支持传输窄带工程数据或宽带科学数据和电视图像。飞往月球期间，传输器也可以在连贯模式下工作，在接收接收机锁相振荡器输入信号的同时，进行双向多普勒跟踪。

传输器包含两个工作频率为 19.125 MHz 的压控晶体振荡器。其中一个振荡器通过电视的宽带数据调频。另一个振荡器通过窄带调频数据信道进行调频，或相位调制数据信道进行相位调制。

来自振荡器的调制信号通过选择开关被反馈至总倍率为 120 的倍频器。倍频器输出的标称频率为 2 295 MHz。在应答器模式下，传输器倍频器输入端的选择开关将倍频器连接到一个压控振荡器，该振荡器是接收机锁相环路的一部分，标称频率也为 19.125 MHz。

每台传输器都有一台行波管放大器，在 2 295 MHz 时的输出功率为 10 W。可以通过关闭行波管并调整到旁路将输出功率降至 0.1 W，同时大大降低传输器功耗。传输 600 线电视数据则会使用大功率模式。

（2）接收器

两台接收器为双超外差型接收器，由两个参考频率驱动两个混频器产生不同的中间频率。在 19.125 MHz 标称频率下，压控晶体振荡器为接收器提供了频率基准。接收器可以在锁相环路功能和自动频率控制功能之间切换，可以选择任一环路控制振荡器。

振荡器的输出被应用到倍增器/放大器链，该链将振荡器频率放大 108 倍至 2 065.5 MHz。该频率与输入的 2 113 MHz 上行链路信号混合，得到 47.5 MHz 的中间频率。中频信号被过滤和放大，并应用到第二个混频器中，该混频器的参考频率为 38.25 MHz，由 19.125 MHz 振荡器频率乘以 2 获得。由此产生的 9.25 MHz 第二个中频被放大，并应用到限幅器中，再之后是鉴别器。

鉴别器输出产生直流分量，当接收器切换到频率控制操作模式时用其调谐压控振荡器。鉴别器输出还生成了地面指令的副载波频率，副载波频率信号被传送到中央命令解码器。

在地月飞行过程中,接收器可以被切换到锁相工作模式,该模式下,参考振荡器由锁相环滤波器控制。振荡器产生的连贯信号被反馈至传输器,以便在地球上对航天器进行双向多普勒跟踪。

#### 4.5.1.2 指令解码子系统

探测器的许多关键操作都由地面通过远程通信系统进行指挥。指令解码子系统在探测器中对指令进行解码。地面指令为 24 位曼彻斯特编码字形式。

24 位指令的前 4 位用于同步。第 5 至 14 位中,5 位用于传达位置信息,标识需要控制的子系统,还有 5 位用于补码位置。位置及其补码允许对信息进行错误检查。最后 10 位是指令内容。在指令位中,10 位均用于传输定量信息,例如探测器定向指令。对于单个操作的直接指令,例如打开子组件电源,10 位中有 5 位为指令内容,另外 5 位为指令补码。

中央指令解码器解码接收器发出的数据信号,并将指令语言发送到位于航天器主要子系统中的相应命令解码器。有 8 台这样的单独命令解码器,为单独的子系统提供命令指令。

还有两台备份的中央指令解码器,任何一台备份中央解码器都可以切换连接到两个备份传输器的输出端。因此,在接收器或中央指令解码器故障时,仍能处理从地球发送给探测器的指令。

#### 4.5.1.3 信号处理子系统

信号处理子系统收集并处理来自航天器上工程传感器和科学仪器的数据,并将信息以适当形式发送回地球。总共有 261 个不同的参数可以通过遥测手段传回地面。

将遥测的工程信号分为 6 组,分别对应于任务的不同阶段。这些组被称为数据模式。数据模式由地面控制。例如,模式 6 包含在航天器降落阶段要遥测的信号。它由 47 个不同的模拟信号和 74 个不同的数字信号组成。模式 6 数据信号来自飞行控制子系统、电源子系统、高度标记雷达、雷达高度计和多普勒速度传感器以及姿控发动机参数。

模拟工程信号被应用于两个换向器中的一个,换向器依次对每个信号进行采样,保持足够长的时间,以便由模数转换器进行处理。其中一个位于工程信号处理器单元中的换向器可以接收 100 个模拟信号,另一台位于辅助工程信号处理器单元中的换向器可以接收 120 个模拟信号。工程信号处理器单元处理航天器的基本信号,辅助工程信号处理器处理特殊信号。

工程信号处理器和辅助工程信号处理器的输出信号传输至中央信号处理器。中央信号处理器有两台模数(A/D)转换器、求和放大器和时钟定时功能。

另有两台备份的 A/D 转换器。地面指令控制能够通过开关选择使用其中哪一台 A/D 转换器。A/D 转换器将每个经交换的模拟信号转换为一个 10 位数字,再额外添加 1 位,用于奇偶校验。总共 11 位数字被传递至副载波振荡器。

二进制或离散逻辑工程信号被组合成 10 位数字,并在计划好的时间段内直接传递至副载波振荡器。

数字语言可以根据选择的比特率切换到 6 台子载波振荡器中的任何一台。副载波振荡器是电压控制振荡器，其中输出频率与施加的控制电压成比例。通常同时使用 550 bit/s 的数据速率与 3.9kHz 下运行的副载波振荡器。

A/D 转换器还为切换转向器等信号处理操作生成主定时信号。A/D 转换器设置的数据速率可由地面调控为 4 400、1 100、550、137.5 或 17.2 bit/s。选择的数据速率能够为地球深空仪器设施（DSIF）提供足够的信号强度，从而将错误率控制在可接受的范围内。低数据速率需要低带宽，但会导致高信噪比。

中央信号处理器和工程信号处理器的副载波振荡器所输出的信息，在两组不同的求和放大器中求和。一个求和放大器输出的信息会反馈传输器 A 和 B 的频率调制的接收信息，另一个求和放大器会反馈相位调制的接收信息。600 线模式下摄像机的视频信号被传输至传输器中的宽带压控振荡器，该振荡器对传输器接收信息进行频率调制。摄像机发出的 200 线视频信号被传输至窄带压控振荡器。

### 4.5.2　高度标记雷达

高度标记雷达（AMR）有一个重要的独特用途：当沿航天器滚转轴的倾斜距离减小到距月球表面约 96.56 km 的预设范围时，就会生成高度标记。预设范围可以调整为 83.69~112.7 km。高度标记后，终端着陆序列启动。

该序列的第一步是点燃三个姿控发动机，大约 1 s 后点燃主制动火箭发动机。姿控发动机用于在制动火箭燃烧期间控制航天器姿态。

高度标记雷达通过摩擦夹紧装置安装在制动火箭喷管的火焰喷射处，火箭点火时雷达被熊熊燃烧的气体弹出。高度标记雷达属于脉冲雷达，简化框图如图 4-15 所示。该天线是一个直径为 76.2 cm 的抛物面天线，增益为 34 dB，半功率波束宽度为 3.6°。

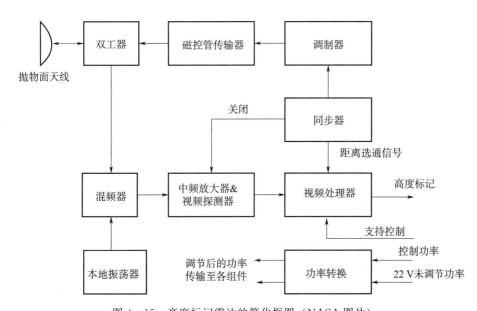

图 4-15　高度标记雷达的简化框图（NASA 图片）

磁控管传输器在 9.3 GHz 频率下产生 1.5 kW 的峰值输出功率。脉冲宽度为 3.5 μs，脉冲重复频率为 350 次/s。传输器输出信号会经过环行器和发射接收（TR）管组成的双工器。TR 管保护接收器免受通过双工器传输的泄漏脉冲的影响（图 4-15）。

调制器发出的 30 V、3.2 μs 脉冲启动了磁控管。调制器的脉冲由充当雷达主定时器的同步器控制。

来自月球表面的回波信号被天线截获，信号通过双工器传送至混频器。混频器还会接收频率为 9.33 GHz 的本地振荡器信号。频率为 30 MHz 的差分信号由中频（IF）放大器放大并整流（检测）形成脉冲视频信号。视频信号传送至视频处理器，该处理器还接收来自同步器的早期和晚期距离选通信号。

早期和晚期距离选通是在传输脉冲的时间上延迟一个预设量，就是传输脉冲和从月球表面返回到理想范围用以生成标记的时间延迟。作者的报告中没有说明距离选通的宽度，但通常它们与传输信号的脉冲宽度大致相同。距离选通允许视频信号在信号位于距离选通内的时间内通过。

两个距离选通在时间上是相邻的，回波首先出现在晚期距离选通，然后出现在航天器下降的早期距离选通。对两个距离选通输出端的视频信号进行求和与求差。视频处理器中用于生成范围标记的逻辑要求两个选通的视频信号之和超过给定水平，并且差值（早期选通信号振幅减去晚期选通信号振幅）正斜率超过零。在距离标记信号能够传送到飞行控制子系统之前，需要有一个从地面发送的启用信号。

高度标记雷达的电能来自航天器中的 22 V 不可调节的电气总线。在雷达部件所需的不同级别上，功率转换电路会产生调节功率。从地球发出的"开机"指令启动雷达的电源。

### 4.5.3　雷达高度计和多普勒速度传感器

在勘测者号降落月面期间，雷达高度计和多普勒速度传感器（RADVS）为飞行控制子系统提供沿纵轴（Z 轴）的距离和三轴速度数据。本章的"月球过渡和终端下降"部分简要描述了登月的终端阶段以及速度和距离数据的使用情况。该部分还提供了勘测者 7 号下降期间遥测回地球的距离和速度数据图。

1961 年，特莱汀·瑞安公司（Teledyne Ryan Aeronautical Company）与休斯飞机公司签订合同携手打造雷达高度计和多普勒速度传感器。作者密切参与了雷达高度计和多普勒速度传感器的开发工作，最初负责性能分析和系统参数设置，指导信号数据转换器单元的设计，并全权负责雷达相关技术。下面提供的大部分信息都来自其档案。

休斯飞机公司所需的雷达高度计和多普勒速度传感器要求提供沿滚转轴倾斜距离的速度数据，从 15.24 km 到 4.27 m，直至接触月面。测速范围为 914.4 m/s 到 0 之间。速度测量精度为 1 ft/s 的均方根和总速度的 2.0%。该规范要求进行速度测量和距离测量，在与局部垂线呈 0～45°之间控制勘测者号的姿态。

休斯规范进一步要求雷达高度计提供距离的范围是月球表面 12.19 km 至倾斜距离

4.27 m 之间。距离数据的精度为 1.22 m 的均方根和距离的 5%。

雷达高度计和多普勒速度传感器由 4 个组件组成：速度传感器天线、高度计和速度传感器天线、速调管电源和调制器，以及信号数据转换器（图 4-16）。左上的盒子为速调管电源和调制器，右下的盒子为信号数据转换器，图中较大的弯曲组件为两个天线。

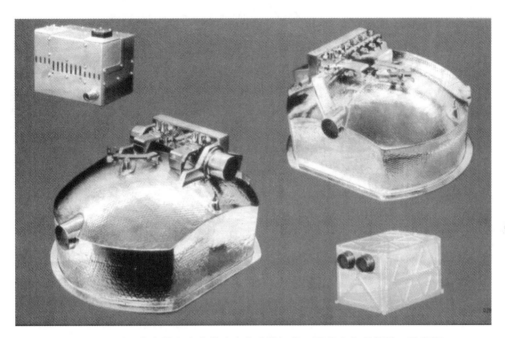

图 4-16　雷达高度计和多普勒速度传感器组件（图片由作者提供，见彩插）

天线呈抛物面型，利用隔板将其分为发射和接收两部分。每个天线产生两个发射波束和两个与发射波束对齐的接收波束。雷达高度计和多普勒速度传感器天线波束几何形状如图 4-17 所示，波束 2 和 3 来自速度传感器天线（图中标记为天线 2），波束 1 和 4 来自高度计和速度传感器天线（图中标记为天线 1）。

雷达高度计天线波束与航天器的 $Z$ 轴对齐。多普勒速度传感器波束在垂直于 $Z$ 轴的平面上的截面是一个直角三角形，其两侧平行于航天器的 $X$ 轴和 $Y$ 轴。每个速度传感器天线波束的中心与 $Z$ 轴偏离了 25°。

雷达高度计和多普勒速度传感器测量三台多普勒速度传感器天线波束发射信号的多普勒频移，根据频移计算每个波束的速度，将其转换为航天器坐标系 $X$、$Y$ 和 $Z$ 轴上的速度。

双向多普勒频移与波束沿线的速度相关，表达式为 $f_D = 2V/\lambda$，其中 $f_D$ 是多普勒频率，$V$ 是速度，$\lambda$ 是传输信号的波长。连续波（CW）传输频率为 13.3 GHz，相应波长为 0.074 ft，多普勒比例因子为 27.044 Hz/ft/s。

根据波束 1 和 2 的多普勒频率差计算沿 $X$ 轴的速度分量 $V_X$，根据波束 2 和 3 的多普勒频率差计算 $V_Y$。

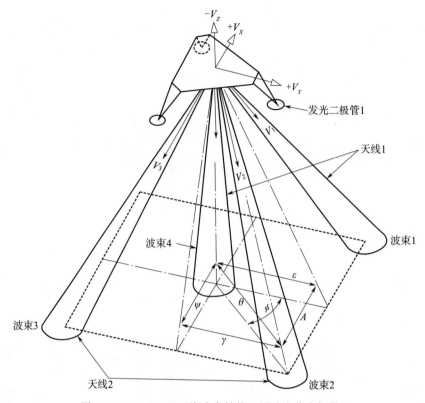

图 4 - 17　RADVS 天线波束结构（图片由作者提供）

使用线性调频信号，雷达高度计和多普勒速度传感器能够确定勘测者号沿着窄雷达高度计波束到月球表面的倾斜距离。调频形式为频率以 12.9 GHz 为中心的锯齿波。锯齿波的重复频率为 182 Hz，高度超过 1 000 ft 时，峰值间的偏差为 4.0 MHz，高度低于 1 000 ft 时偏差则为 40 MHz。发送和接收的频率差 $f_{R+D}$ 与距离时间延迟和多普勒频移呈正相关，其公式为 $f_{R+D} = 2RS/c + 2V/\lambda$，$R$ 表示距离，$S$ 为偏差率，$c$ 是光速，$V$ 是沿光束的速度分量，$\lambda$ 是发送信号的波长。

$2RS/c$ 给出的距离系数在高于 1 000 ft 时等于 1.48 Hz/ft，在低于 1 000 ft 时等于 14.8 Hz/ft。多普勒频率分量 $2V/\lambda$，等于沿天线波束 26.23 Hz/ft/s 的速度。下游信号处理消除了多普勒频率对距离频率的影响。该处理方式利用多普勒速度传感器测得 $Z$ 轴速度。

雷达高度计和多普勒速度传感器的简化框图如图 4 - 18 所示。

### 4.5.3.1　速调管电源和调制器

多普勒速度传感器和雷达高度计的传输信号来自速调管电源和调制器的速调管设备。多普勒速度传感器的传输器配备了一根双腔速调管，频率为 13.3 GHz，可产生的连续波微波功率为 8 W。雷达高度计传输器是反射速调管，中心频率为 12.9 GHz，可产生的调频微波功率为 0.4 W。反射速调管生成可变的输出频率，主要受到速调管发射元件的负电压控制。锯齿状频率调制是通过向反射元件施加锯齿状的调制负电压来实现的。

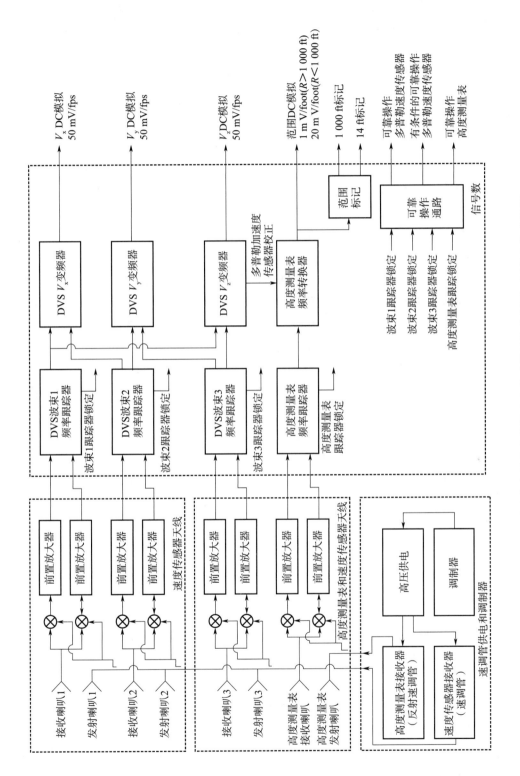

图 4 - 18　雷达高度计和多普勒速度传感器的简化框图（图片由作者提供）

速度传感器的传输器输出功率远高于雷达高度计的输出功率，原因是速度传感器需要在 50 000 ft 而不是 40 000 ft 的高度运行，速度传感器波束偏离滚转轴 25°，而雷达高度计波束位于滚转轴上。在航天器姿态为 45° 的最坏情况下，其中一个速度传感器波束与月面垂直方向成 70° 角，到表面的距离比 45° 角时长了约 2 倍。第二个原因是，月面单位表面积后向散射截面（与反射率有关）的模型显示，70° 时的值比 45° 时低约 3/4。第三个原因是，传输器输出功率被分至三个天线波束，而高度计只对着一个波束。

### 4.5.3.2　天线

勘测者号使用特殊的抛物面型天线，利用一块隔板将天线分成发射和接收两部分。隔板两侧各有两个发送馈电喇叭和两个接收馈电喇叭。速度传感器天线的发射喇叭的位置设置，可使波束偏离中心约 17.4°。天线安装在航天器上，向外发散波束，使速度传感器波束的中心与滚转轴成 25° 角。高度计和速度传感器天线的馈电喇叭与天线对准，以将雷达高度计波束与滚转轴对齐，速度传感器波束与滚转轴成 25° 角。每个天线的接收喇叭生成的天线波束与其各自的发射波束对齐，每个天线波束的宽度约为 4°。

每个接收天线波束截获的多普勒频移回波信号被一分为二，其中一个相位与另一个相位偏离 90°。这些正交信号被传输至混频器二极管与传输信号的样本混为一体。混频器的输出信号是多普勒频率的正交信号对。将正交信号对分开可以确定多普勒信号想要传递的意义。随着光束速度从闭合速率变为打开速率，相位关系会变为 180°。频率跟踪器则利用了这一特性，可以避免锁定到虚假信号，例如制动火箭被抛掷时产生的初始速度的虚假信号。

混频器输出的正交信号被传输至前置放大器，旨在将信号提高到频率跟踪器所需的水平。速度传感器前置放大器具有传感逻辑，当信号水平在下降过程中增加时，将放大器的增益从 90 dB 切换到 65 dB 或 40 dB，以避免信号失真。高度计前置放大器的调节顺序为 80 dB、60 dB 至 40 dB。

探测器速度或高达 3 000 ft/s，为了覆盖预期的多普勒频率范围，多普勒速度传感器前置放大器的半功率带通范围为几百赫兹至 82 kHz。由于天线的波束宽度有限，多普勒信号本身是一个半功率带宽高达 3 000 Hz 的频谱。前置放大器输出的宽带信号被传输至信号数据转换器中的频率跟踪器。

雷达高度计在倾斜距离低于 40 000 ft 的范围内工作，比例因子为 1.48 Hz/ft，产生的距离频率为 59.2 kHz。此外，多普勒频移高达 20 kHz，将高度计信号频率增加至约 80 kHz。高度计前置放大器与速度传感器前置放大器具有相同的带通。

### 4.5.3.3　频率跟踪器

每个频率跟踪器输入端对多普勒信号正交对进行放大，然后将正交对传输至单边带调制器，调制器将信号对和变频振荡器（variable frequency oscillator）的正交信号混合后，前者的频率扩大到 600 kHz。正交信号能够选择升频过程的下边带，同时为上边带和基带多普勒信号提供超过 30 dB 抑制效果。跟踪信号环路的作用是将变频振荡器频率提升到 600 kHz，加上多普勒信号，加上任何错误频率。检测到错误频率并用于控制环路，以使平均错误频率接近零。

多普勒速度传感器波束和雷达高度计的频率跟踪器在宽带噪声干扰下搜索信号频谱，一旦捕获到信号就能精确跟踪频谱中心。

速度传感器跟踪器的搜索程序被设置成在接收探测器的分离信号前扫描 82 kHz 至 800 Hz 的频率带。分离信号代表制动火箭燃尽后制动火箭与探测器分离。跟踪器在 1.5 s 内搜索频带，每次扫描的捕获概率为 95%，跟踪滤波器带宽内的信号音调比为 6 dB（系数为 4）。接收到分离信号后，跟踪器的搜索范围缩小至 22 kHz～800 Hz，这是由于火箭制动后探测器速度会大幅降低，最大多普勒频率也会下降。

雷达高度计跟踪器的频率搜索范围为 80 kHz～200 Hz，高度范围为 12.19 km 以内，可跟踪的探测器速度高达 800 ft/s。追踪器能够在 1.5 s 内搜索频率范围。

当频率跟踪器检测到跟踪滤波器带宽中的信噪比大于等于 6 dB 时，就会停止搜索，启动跟踪回路。速度传感器跟踪器的跟踪滤波器带宽在接收到分离信号前后分别为 3 000 Hz 和 600 Hz。在启动跟踪回路和生成跟踪器锁定信号前，采集回路会花 0.1 s 时间验证信号。

频率跟踪器的输出频率是 600 kHz 的变频振荡器频率加上多普勒频率。该信号受到缓冲后，传至信号数据转换器的变频器。频率跟踪器的其他输出频率是跟踪器锁定信号和跟踪滤波器内信号水平的直流模拟频率。信号强度输出为 0～5 V 直流模拟电压。结合前置放大器的增益效果，信号水平信息被遥测设备传送回地球，以便确定天线波束角度下月面的反射率。

## 4.5.3.4　变频器

通过结合频域中的频率跟踪器输出信号，速度传感器变频器能够获得与主探测器坐标沿线的速度分量成比例的频率。$V_X$ 变频器导致了波束 1 和 2 频率跟踪器输出信号存在频率差，该频率差与航天器 X 轴速度呈正相关。根据哪台跟踪器频率较高，可以将频率差转换为正极或负极的直流模拟电压。

通过获取波束 2 和 3 的跟踪器输出信号的频率差，$V_Y$ 变频器能够生成航天器 Y 轴速度的直流模拟电压。将波束 1 和 3 的跟踪器输出信号相加，$V_Z$ 变频器能够生成航天器 Z 轴速度的直流模拟电压。三台变频器输出的信号是速度标度因子为 50 mV/ft/s 直流模拟电压，正负极表示速度方向。

雷达高度计变频器接收高度计频率跟踪器的输入信息和来自 $V_Z$ 变频器的信号（与航天器 Z 轴速度呈正比）。该速度输入信息允许补偿距离的多普勒部分和跟踪器输出处的多普勒信号。距离变频器的输出为直流模拟电压，距离大于 1 000 ft 时，比例因子为 1.0 mV/ft，距离小于 1 000 ft 时为 20 mV/ft。此外，雷达高度计还生成了两个距离标记：高度降至 1 000 ft 时，标记为 1 000 ft；降至 14 ft 时，标记为 14 ft。这些高度标记由 5 V 离散信号组成。14 ft 的标记是关闭姿控发动机的触发条件。

## 4.5.3.5　可靠的运行逻辑

来自三波束的跟踪器锁定信号同时出现，可靠的运行逻辑生成了一个 5 V 离散信号，称为可靠操作多普勒速度传感器。

雷达高度计跟踪器锁定信号出现,速度传感器波束 1 和 3 的跟踪器锁定信号也出现时,则会产生可靠运行雷达高度计信号。后一种条件确保了对距离信号进行速度校正。

#### 4.5.3.6 交叉耦合旁瓣抑制逻辑

勘测者 3 号在月球上实现了一次软着陆,不过由于雷达高度计未能生成 14 ft 标记,姿控发动机持续工作产生推力,勘测者号在落地后又弹起了两次,靠着地面指令关闭了姿控发动机后才最终着陆,累计着陆了三次。

未能生成 14 ft 标记的原因涉及交叉耦合旁瓣抑制逻辑。在获得遥测数据后,作者在休斯飞机公司的一次会议上得出了这个结论。

作者早前对程序分析的结论显示,探测器在高姿态角下,多普勒速度传感器跟踪器可能会锁定一个波束的接收天线中靠近另一波束主发射瓣的旁瓣。旁瓣的振幅比主波束低约 25 dB(系数 316),这种情况称为交叉耦合旁瓣。

发生交叉耦合旁瓣锁定时,两个波束的跟踪器输出频率相同,交叉耦合波束中信号的振幅会远低于另一波束的主瓣信号。作者设计了涉及前置放大器增益效果和信号幅度以及跟踪器输出频率的逻辑,以对产生的交叉耦合瓣进行检测。如果发生这种情况,追踪器会收到指令,解除旁瓣锁定,继续搜索真实信号。

雷达高度计需要多普勒速度传感器提供的速度信息,以补偿从月球表面反射的距离信号的多普勒分量。如果波束 1 和 3 的追踪器锁定信号没有出现,雷达高度计无法生成可靠的工作信号,那么距离标记信号的生成也就成了难题。

勘测者 3 号在触地前 6 s 高度下降了 37 ft,多普勒速度传感器波束 3 对应的追踪器锁定信号处于未锁定状态,追踪器为搜索模式。其原因是,满足条件启动交叉耦合旁瓣抑制逻辑,追踪器接收指令解除锁定,即便信号水平满足追踪要求,也会进入搜索模式。

此次任务的遥测数据表明,波束 3 信号急剧变弱与当时追踪器在搜索的波束 1 和 2 的信号强度相关。窄天线波束在 37 ft 高度上对着月球表面的一小块区域,短时间内来自该区域的后向散射可能比其他波束小得多,且存在很大差异,足以触发交叉耦合旁瓣抑制逻辑。

在后几次勘测者号任务中,雷达高度计和多普勒速度传感器得到了改进,以在生成 1 000 ft 标记后禁用交叉耦合旁瓣抑制逻辑。避免接近月面时,因波束间信号水平的潜在显著变化触发抑制逻辑。

机载摄像机拍摄的照片清晰地记录了勘测者 3 号着陆月面期间留下的着陆垫印记。回看这些照片,作者忍不住对自己说:"我做到了。"

#### 4.5.3.7 物理特性

雷达高度计和多普勒速度传感器由航天器的 22 V 无调节电源总线供电。输入电压最大时消耗的最大功率为 590 W。

雷达高度计和多普勒速度传感器所有部件的总重量为 35.3 lb。每个天线尺寸约为 20.5 in×15.7 in×17.8 in,上方靠近顶部电子封装。速调管电源和调制器尺寸约为 7.9 in×7.5 in×6.9 in。信号数据转换器尺寸约为 10.2 in×8.8 in×8.8 in。

雷达设计于 20 世纪 60 年代初期，当时电子集成电路还未普及。因此雷达的电子电路包含多个组件。为了体积和重量最小化，信号数据转换器的电路部分呈积木式，安装在打印的电路板上。作者收集的积木式模块如图 4 - 19 所示。为了方便展示，该模块裹于透明树脂中。实际模块的尺寸为 1.0 in×0.9 in×0.5 in。

图 4 - 19　勘测者号雷达高度计和多普勒速度传感器使用的积木式模块（图片由作者提供，见彩插）

在集成电路技术发明前，积木式构造只流行了短短几年时间，通常只用于航天项目，在这些项目中，减小尺寸和重量能大幅缩减成本。

### 4.5.4　科学仪器

勘测者探测器的主要科学仪器包括：

1）勘测摄像机；

2）土壤力学/月面采样器；

3）α 散射月面分析仪。

7 架勘测者号均携带了一台可移动的勘测摄像机。勘测者 3 号、4 号和 7 号任务还带了一台土壤力学/月面采样器，勘测者 5 号、6 号和 7 号携带了 α 散射月面分析仪。勘测者 2 号和 4 号因故障未能成功着陆。

### 4.5.4.1　勘测摄像机

摄像机是勘测者号携带的重要仪器,其他科学仪器提供的月面信息都无法与摄像机相比。摄像机也是勘测者 1 号和 2 号携带的唯一一款科学仪器。勘测者 6 号和 7 号任务则使用了改进后的摄像机。

5 次成功月面着陆的勘测者号总共拍摄了约 87 000 张图像,给科学家们提供了一幅绝佳的月表地形图。月球地形的近照也破天荒地开拓了人类的眼界。

勘测摄像机在白天工作,利用一条视像管将光学影像转换为电子形式。摄像机有一个变焦镜头支持在 $6.4°\sim25.3°$ 之间调整视野,成焦距离约为 4.2 ft 以远,亮度为 $0.008\sim2\,600$ 英尺朗伯。聚焦 4 m 远时的分辨率约为 1 mm,聚焦 13 ft 远时则为 0.039 in。光圈调节范围在 $f/22$ 和 $f/4$ 之间,每次可调节一 stop。$f$ 光圈可由摄像机根据场景亮度测量值自动设置,或者由地面远程控制。摄像机可在 200 行或 600 行扫描模式下操作。

摄像机剖面图如图 4-20 所示。该图为缩放版,摄像机实际长度约为 21.4 in,最宽处约为 6.2 in。

摄像机安装在探测器上,长轴与航天器 $Z$ 轴成 16° 角,遮光罩朝上。摄像机中的光敏元件是一个沿探测器长轴方向安装的视像管,以便其看到扫描镜。相对于摄像机平面,扫描镜的方位角可以旋转 357°,仰角可从 +40° 旋转到 -80°。这样能够在近 360° 的方位角和较大的仰角范围内一次拍摄一帧图像,既能俯瞰着陆垫和月球表面,又能仰望天空,拍摄恒星。

视像管是一种带有电子扫描束的阴极射线管(CRT),是 20 世纪六七十年代电视摄像机常用的设备。视像管的玻璃表面内部涂有一层透明导电膜。导电膜通过外部负载电阻器与正电压电源相连。导电膜下是光电导层。需要处理的图像由摄像机镜头投射到光电导层上。光电导层上的每个微小元素在有光亮时能够导电,每个元素的导电性与该点的图像强度成正比。

为了响应投射到其上的图像,光电导层上会形成电荷密度图案。光电导层由光栅图案的电子束扫描,光电导层上电荷的变化导致流过负载电阻器的电流存在微小差异,并在光电导层的每个元素处产生与图像强度成比例的电压。这个信号被放大后就是摄像机的视频影像。

摄像机的一个重要组件是变焦镜头,焦距在 $100\sim25$ mm 之间,对应的视野角度为 $6.4°\sim25.3°$。一般来说,无论选择的焦距是 100 mm 还是 25 mm,变焦都能控制在焦距之间。摄像机形成的图像是纵横比为 1∶1 的正方形。变焦镜头组件能够调节焦距、光圈和快门时间。

扫描镜中的图像在反照镜头之前需要穿过滤光片。滤光片按照地面指令旋转,一次可呈现三种不同的偏振滤光片或中性密度滤光片。

除选择自动设置光圈选项外,摄像机全权由地面控制变焦、焦距、光圈、快门打开时间、扫描镜方位角和仰角等,选择 200 或 600 行扫描模式。

摄像机镜头和视像管之间有一个机械焦平面快门。地面可以选择三种不同快门模式。

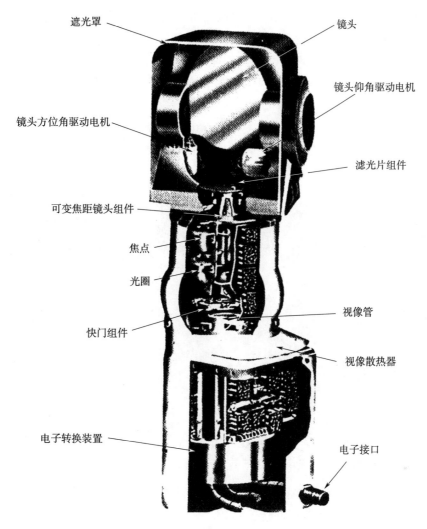

图 4 - 20　勘测者号使用的勘测摄像机（NASA 图片）

普通模式下，快门速度约为 150 ms。开放快门模式下，快门速度一般为 1.2 s。累计曝光模式下，快门打开，视像关闭，在视像管为读取图像受到反射前，图像会在光电导层上叠加长达几分钟之久。拍摄六等星（人类肉眼可见的最低等级的星星）就需要 5 min 的累计曝光时间。

摄像机支持 200 或 600 行扫描模式。使用较多的是分辨率高的 600 行模式。200 行扫描模式生成的图像在 20 s 内由视像管读出。产生的 1.2 kHz 视频带宽可由全向天线的通信系统传输至地面。600 行扫描模式生成更高分辨率的图像，在大约 1 s 内从视像管中读出。视频带宽约为 220 kHz，这种宽带宽需要使用高增益阵列天线将图像传输到地面，并适当调整信噪比。

探测器上安装了小型光度/色度参考目标，可供相机查看对照。色度参考目标是一个直径约为 3.6 in 的扁圆盘，包含黑色至 20%～30% 灰色间的 9 个灰度，以及 4 种颜色的楔形色块,还包含从中心延伸的经典径向线图案,借助这些能大致确定摄像机的分辨率。

摄像机不断调整扫描镜方位角和仰角,在着陆侧周围进行全景测量。可调整的包络角为从零方位角逆时针132°至顺时针225°,俯仰角为相机平面以下60°到水平线。全景图像在窄角和广角模式下拍摄。窄角模式下,水平方向和垂直方向分别每6°和5°拍摄一次。窄角模式下共需要900~1 000张图像才能完全覆盖。

勘测者7号拍摄的泰丘陨石坑(Tycho crater)北缘的全景照片就是其中之一,如图4-21所示,靠前的岩石宽约2 ft,地平线上的山脊约8 mile远。该全景图由一张广角图像和一系列窄角图像组成。

图4-21 勘测者7号拍摄的图像(NASA照片)

### 4.5.4.2 土壤力学/月面采样器

土壤力学/月面采样器是一款确定月面物理性质的宝贵工具。采样器能够挖掘表面、形成土沟,挖出、移动和倾倒土壤样本,测试月面承载力,捡起小石块供摄像机检查。勘测者7号任务期间还借助采样器帮α散射月面分析仪移动,跨越了一条沟壑。

土壤力学/月面采样器由休斯飞机公司开发。图4-22显示了勘测者7号任务期间设备工作场景,铲斗能够通过伸缩机制伸出60 in。

该机制的操作方式类似于剪刀式千斤顶,通过旋转导螺杆让铲斗端伸缩,由地面指令控制电机来旋转导螺杆。

　　勘测者 7 号探测器的土壤力学/月面采样器能够围绕中轴水平面呈弧形摆动，自原位顺时针旋转 72°，逆时针旋转 40°。可向上抬升 18°，向下降 36°。在水平面操作时，铲子可以在距离土壤力学/月面采样器安装平面 58～23 in 的范围内挖取月壤。

　　土壤力学/月面采样器利用 4 个电机执行不同运动：伸缩、水平旋转、上下旋转、开关铲斗门。电机电流由地面控制。在飞行前，工作人员校准过轴承操作和挖沟操作时铲斗的电流与力。

图 4-22　勘测者 7 号任务期间土壤力学/月面采样器（NASA 照片）

　　静态轴承测试操作流程是，先将铲斗定位到理想位置上，运行升降电机，使铲斗达到月面下的某个深度，或直至电机停转。测试时，铲斗门常为关闭状态，铲斗底部约 1 in×2 in 大的平面降落在月面。铲斗降落所施加的力由电机控制。

　　挖取月壤的操作流程是，先将铲斗定位到理想位置上，将铲斗边缘推至月面下，然后运行伸缩机制的导螺杆，将铲斗往回拉。测试时铲斗门可开可关。伸缩电机的电流提供了将铲斗从月面下往回拉所需的力。铲斗和沟渠的宽度为 2 in。

　　冲击测试流程是，将铲斗往上抬，放开提升电机上的离合器，让装有铲斗的臂落在月面上。提升机制中内置了一个轻型弹簧，能够帮助铲斗在低重力下成功落在月面上。冲击测试时铲斗门可开可关。通过近景图像能够评估土壤冲击情况。

　　将装有大约 6.1 in³ 月壤的铲斗往回拉，再将月壤倒在另一位置。

　　勘测者 7 号任务期间，土壤力学/月面采样器开展了 16 次轴承测量、2 次冲击测量和 7 次挖沟动作。铲斗多次挖掘形成了一条壕沟，约 9 in 深。采样器还处理了几块石头，捡起一块并称重。采样器还拾起了 α 散射月面分析仪，并将其移动位置，对石头进行测量。

　　研究人员利用勘测者 7 号任务期间土壤力学/月面采样器得出的部分结论如下：

1) 月面覆盖着细粒物质,其在岩石或岩石碎片上的深度从 0.4~5.9 in 不等。

2) 在 1.2 in 的穿透度下,月壤的承载力约为 $2.1×10^4$ Pa(3.0 psi)。

3) 表层月壤密度约为 0.054 $lb/in^3$。

4) 称重的岩石密度在 0.087~0.11 $lb/in^3$ 之间。

### 4.5.4.3 α散射月面分析仪

α散射月面分析仪用于确定表层月壤的化学成分。当时令人印象深刻的是,α散射月面分析仪能够让研究人员在地球的舒适环境中进行远程测定。

仪器将来自放射源的 α 粒子对准月球表面,探测目标核放射源几乎直接散射至周围的 α 粒子能量谱。根据给定时间段内具有特定振幅的事件的数量,确定反射的 α 粒子和产生的质子的能量谱。通过分析这些能量谱,研究人员能够确定月面的化学成分。

有两台探测器用于探测从目标直接反射回来的散射 α 粒子。有 4 台质子探测器分布在取样口侧边及周围。探测器产生的电信号振幅经电子组件处理后传至地面。地面设备生成能量谱,研究人员用其确定月面的化学性质。

图 4-23 是勘测者 5 号任务期间样本 1 的能量谱。标记"总数"的曲线是遥测的航天器数据。下方的曲线是氧、硅和铁等多种元素的能量谱。为匹配月面能量谱的总数,曾对不同元素能量谱的振幅进行调整。相对振幅表示月壤所含每种元素的占比。

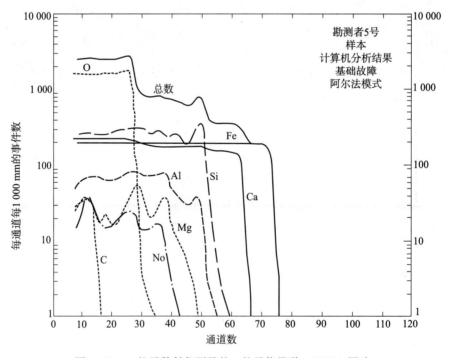

图 4-23 α粒子散射仪测量的 α粒子能量谱(NASA 图片)

图上以对数标度绘制的为事件数,纵坐标的通道数与撞击探测器的高达百万电子伏特的粒子能量有关。

詹姆斯·帕特森（James Patterson）等人在论文《对比勘测者 5 和 6 号，勘测者 7 号的 α 散射实验》中阐述了在勘测者 5 号着陆点，对样品 1 进行的 α 散射测量所确定的化学成分，见表 4-1。该论文表明，月壤的化学成分与地球上的玄武岩最为接近。

表 4-1　勘测者 5 号位置月壤的化学成分

| 元素 | 原子百分数/(%) |
| --- | --- |
| 氧 | 62±2 |
| 钠 | 0.3±0.4 |
| 镁 | 2.8±1.5 |
| 铝 | 6.2±0.9 |
| 硅 | 16.3±1.7 |
| 铁 | 3.7±0.6 |

α 粒子散射仪包含一个传感器头，在月球表面展开时，传感器头的展开结构和电子组件如图 4-24 所示。

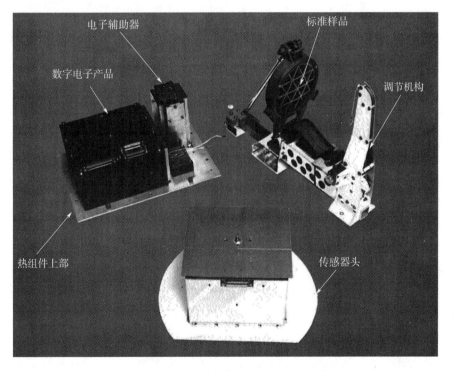

图 4-24　α 粒子散射仪组成（NASA 照片）

传感器头装在一个约 6 in×6 in×5 in 的盒子里，盒子底部有一块直径为 12 in 的截断圆板，用于防止传感器在放下时掉到月面上。圆板中心有一个直径为 4.5 in 的仪器取样口。

传感器头包含 6 个小的 α 粒子的锔-242 源,用于引导粒子通过取样口。两个 α 粒子探测器位于 α 粒子源场附近,并定向拦截一些后向散射的粒子。4 台质子探测器对称地放置于取样口周围。传感器头固定在一个带夹具的支架上,松开夹具就能落到月面。使用尼龙绳和滑轮装置以及逃逸机构使分析仪落到表面。在勘测者 5 和 6 号任务中,测试区域位于仪器下降点的正下方。

勘测者 7 号任务中,在箱子顶部安装了一个旋钮,可被土壤力学/月面采样器抓住,方便在支架到探测器 32 in 半径范围内移动分析仪。勘测者 7 号中,采样器抓起传感器头,在接到指令时没有降到表面,必须由土壤力学/表面取样器向下推才能排除故障。

勘测者 7 号任务期间,分析仪在月面的未涉足区域、挖沟区域和月球岩石上方进行了测量。根据未涉足区域的测量结果确定的化学成分示例见表 4-2,成分与勘测者 5 号现场测量的成分稍有出入。

表 4-2　勘测者 7 号任务位置月壤化学成分

| 元素 | 原子百分数/(%) |
|---|---|
| 氧 | 58±5 |
| 钠 | <3 |
| 镁 | 4±3 |
| 铝 | 9±3 |
| 硅 | 18±4 |
| 铁 | 2±1 |

### 4.5.5　供电子系统

勘测者探测器实现各种功能都离不开电。电子部件运作需要稳定的电源,加热部件用的加热器需要可调节的电源。

勘测者探测器的用电来自太阳能帆板和电池。太阳能帆板提供了地月飞行近一半的电力和月面活动的大部分电力,还为电池充电。在本章开头展示的航天器图像中,可以看到太阳能帆板近似矩形,其侧面在桅杆附件处逐渐变细,但算不上是锥形。帆板尺寸约为 44 in×49 in。NASA 给出的帆板面积为 9.2 $ft^2$。帆板包含 792 个太阳能电池模块,可提供约 87 W 的电力。

勘测者号着陆后,地面人员会定时调整帆板朝向,保持面向太阳。帆板通常会偏离太阳几度,避免电池过度充电。在日落前几个小时会直面太阳,目的是在长达 354 h 的月夜来临前让电池蓄满电。电池为银锌电池,共由 14 块电池块构成,标准输出电压为 22 V。发射时电池所含能量为 3 608 W·h,相当于 165 A·h。

电池在探测器飞往月球的过程中,提供了约 2 000 W·h 的电量,太阳能帆板提供了所需的剩余电量。勘测者 6 号任务相关数据显示,月面着陆时,电池中剩余电量约 107 A·h 即 2 350 W·h。

太阳能帆板输出的电应用于电池充电调节器。地面指令操作可以控制电池充电调节器中的一个开关,允许帆板输出的电直接应用于升压调节器中 30 V 预调节母线,或 22 V 未调节母线,或者在未接电时关闭调节器。如果电池电压超过 27.3 V 或压力超过 65 psia,也可以通过电池逻辑功能自动切换至关闭状态。

太阳能帆板连接到 30 V 预调节母线时,电源子系统运行效率最高。如果帆板电压低于所需水平,输出的电会被切换到 DC-DC 转换器,将电压提高到 30 V。在 DC-DC 转换器后,电压调节器以预先调节的 30 V 电压水平供电。30 V 预调电源通过两个串联二极管供电,将电压降至 29 V,这条线路被称为 29 V 基本母线。

无调节母线上的标准电压为 22 V,但可能在 17.5~27.5 V 间波动,为热控系统等不需要严格调压的设备或系统供电。预调节总线还为飞行控制调节器和非重要总线调节器供电。飞行控制调节器为飞行控制子系统供电;非重要调节器为特定时间内不重要的部件提供 29 V 调节电压。关闭调节器可以断开不重要的电力负载。

当太阳能帆板连接到预调节母线且母线上的其他负载较低时,由预调节母线供电的并联调节器可为电池充电。

## 4.6 勘测者号的成就

勘测者计划取得成功,其中一项成就是验证了探测器月面软着陆技术,确认了月面能够支撑"阿波罗"着陆器之类的重型航天器。勘测者探测器测试过的几个月面区域后来用作了阿波罗计划的着陆点。

5 架勘测者号传回 87 000 张月面图像,包括着陆垫周围月壤的近景图到远处景色的全景图。土壤力学/月面采样器和 α 散射分析仪确定了月壤的详细的物理和化学属性。

以上信息有效保证了"阿波罗"载人月面着陆能够顺利推进。

# 参 考 文 献

[ 1 ]　Jaffe Leonard D. Lunar Surface Exploration by Surveyor Spacecraft: Introduction, Journal of Geophysical Research, Vol. 72 No. 2 , 1967.

[ 2 ]　Kirsten Charles. Surveyor Spacecraft Telecommunications, JPL Technical Report 32 - 1105.

[ 3 ]　Kloman Erasmus H. Unmanned Space Project Management, Surveyor and Lunar Orbiter, NASA Report SP - 4901, updated July 1997.

[ 4 ]　Lund Thomas. Radar Velocity Sensors and Altimeters for Lunar and Planetary Landing Vehicles, First Western Space Conference, October 1970.

[ 5 ]　Nicks Oran W. The Far Travelers: The Exploring Machines, NASA Report SP - 480, updated August 2004.

[ 6 ]　Patterson James H, et al. Alpha Scattering Experiment on Surveyor 7, Comparison with Surveyors 5 and 6, Journal of Geophysical Research Volume 74, Number 25, November 1969.

[ 7 ]　Stokes Lyle S. Telecommunications from a Lunar Spacecraft, American Institute of Aeronautics and Astronautics, Unmanned Spacecraft Meeting, 1965.

[ 8 ]　Surveyor 1, NASA - NSSDC/COSPAR ID: 1966 - 045A.

[ 9 ]　Surveyor 7, NASA - NSSDC/COSPAR ID: 1968 - 001A.

[10]　Surveyor I Mission Report, NASA Technical Report 32 - 1023, September 1966.

[11]　Surveyor III Mission Report, NASA Technical Report 32 - 1177, September 1967.

[12]　Surveyor Program Results, NASA Report NASA SP - 184, 1969.

[13]　Surveyor V Mission Report, NASA Technical Report 32 - 1246, March 1968.

[14]　Surveyor VI Mission Report, NASA Technical Report 32 - 1262, September 1968.

[15]　Surveyor VII Mission Report, NASA Technical Report 32 - 1264, February 1969.

[16]　Thurman Sam W. Surveyor Spacecraft Automatic Landing System, 27th Annual AAS Guidance and Control Conference, February 2004.

# 第 5 章　阿波罗载人登月计划

阿波罗登月计划是人类最大胆的科学探测计划之一。这项计划将发射一艘载人飞船进入地球轨道，然后将其送到月球轨道上。一艘载有两名航天员的独立飞船脱离轨道航天器，并在月球上软着陆。

在探测月球表面后，航天员利用月面着陆器下级作为发射平台，将上级发射升空，与仍在绕月运行的主飞行器会合。地球上发射设施完备，且发射前在肯尼迪航天中心许多人要检查飞船状况和准备情况，与此相比，在荒凉的月球发射更为彰显人类智慧的力量。

在阿波罗计划接近尾声时，随着训练有素的地质学家哈里森·施密特（Harrison Schmitt）对月球表面的认真探测，其独创性充分展现出来。施密特和这次任务的指令长吉恩·塞尔南（Gene Cernan）花了 3 天时间进行月球探测，他们乘坐电驱动沙地越野型月球车在月球表面行驶了 21 mile，收集样本和拍照。图 5-1 是阿波罗 17 号登月舱和塞尔南在月球上驾驶月球车的照片。

图 5-1　阿波罗 17 号登月舱和月球车（NASA 照片，见彩插）

阿波罗计划是为了实现肯尼迪总统在 1961 年发表的宣言而设立的，即在今后不到 10 年的时间里，将人送上月球并让他们返回地球。

有几本书从历史和计划的角度描述了阿波罗计划。我(即本书作者)的意图是从工程的角度来描述这个计划,并给出(当初我作为)一名参与该计划的年轻工程师的一些想法。

阿波罗计划总共进行了9次月球探测任务。表5-1给出了阿波罗登月旅程的概要。6次任务在月球上软着陆。它们是阿波罗11号、12号、14号、15号、16号和17号。每次任务都有2名航天员在月球上行走,并对月球的地形进行探测。

表5-1　阿波罗登月旅程概述

| 代号 | 航天员 | 飞行日期 | 任务 | 任务时间/月面活动时间/h | 月面行走距离/mile |
|---|---|---|---|---|---|
| 阿波罗8号 | 博尔曼(F. Borman)洛威尔(J. Lovell)安德斯(W. Anders) | 1968年12月21—12月27日 | 验证指令舱在月球轨道运行的载人任务。携带了一个LMM模型 | 0/0 | — |
| 阿波罗10号 | 斯塔福德(T. Stafford)约翰·扬(J. Young)塞尔南(E. Cernan) | 1969年5月18日—5月26日 | 确认登月任务的各个环节,没有实际着陆 | 0/0 | — |
| 阿波罗11号 | 阿姆斯特朗(N. Armstrong)科林斯(M. Collins)奥尔德林(E. Aldrin) | 1969年7月16日—7月24日 | 航天员登陆月球宁静海。探测、采集样本和拍摄月球表面照。航天员安全返回地球 | 21.6/2.5 | 0.63 |
| 阿波罗12号 | 康拉德(C. Conrad)戈登(R. Gordon)比恩(A. Beam) | 1969年11月14日—11月24日 | 航天员精确着陆在月球(离风暴海535 ft的地方),探测月球,安全返回 | 31.52/ 7.8 | 1.44 |
| 阿波罗13号 | 洛威尔(J. Lovell)斯威格特(J. Swigert)海斯(F. Haise) | 1970年4月11日—4月17日 | 氧气罐爆炸,任务中止。乘员把登月舱作为一个救生船,绕月球飞行,然后重新启动指令舱,安全返回地球 | 0/0 | — |
| 阿波罗14号 | 谢泼德(A. Shepard)罗萨(S. Roosa)米切尔(E. Mitchell) | 1971年1月31日—2月9日 | 探索由大规模撞击喷出物形成的弗拉·毛罗地层。航天员安全返回地球 | 31.5/9.4 | 2.5 |

续表

| 代号 | 航天员 | 飞行日期 | 任务 | 任务时间/月面活动时间/h | 月面行走距离/mile |
|------|--------|----------|------|------------------------|-------------------|
| 阿波罗 15 号 | 斯科特（D. Scott）沃登（A. Worden）埃尔温（J. Irwin） | 1971 年 7 月 26 日—8 月 7 日 | 探索哈德利-亚平宁地区。利用月球车扩大探测范围,进行样本收集 | 68.9/19.1 | 17.3 |
| 阿波罗 16 号 | 约翰·扬（J. Young）马廷利（T. Mattingly）杜克（C. Duke） | 1972 年 4 月 16 日—4 月 27 日 | 使用月球漫游车探测笛卡儿高地地区。进行第一次高地探险 | 71.0/20.2 | 16.5 |
| 阿波罗 17 号 | 塞尔南（E. Cernan）施密特（H. Schmitt）欧文斯（R. Evans） | 1972 年 12 月 7 日—12 月 11 日 | 使用月球漫游车探测金牛座-利特罗高地 | 75.0/22.1 | 21.6 |

阿波罗 13 号在飞往月球的途中遭遇了氧气罐爆炸。航天员和休斯敦任务控制中心采取了一系列果断英勇的措施,拯救了航天员的生命,并使飞船环绕月球,安全返回地球。

## 5.1　阿波罗航天运载器概述

阿波罗飞船是通过多级土星 5 号运载火箭发射到月球的。巨大的火箭第一级 S - IC 直径 33 ft，长 130 ft，由 5 台液体推进剂 F - 1 火箭发动机提供动力，总推力为 765 万 lb。火箭第二级 S - II 的动力是由 5 台液体推进剂 J - 2 火箭发动机提供的，总推力为 115 万 lb。火箭的第三级 S - IVB 由 1 台 J - 2 发动机提供动力，产生 203 000 lb 的推力，能够多次启动和停止。

据一位土星 5 号发射的目击者说："感觉不是土星 5 号上升了，而是佛罗里达下沉了。"我（即本书作者）观看过阿波罗 15 号发射，当被巨大的低频声波包围的时候，引起了我内心强烈的震撼。

图 5 - 2 是阿波罗 15 号发射时的照片。火箭在发射时稍微倾斜，以避开发射台。

阿波罗飞船的主要组成部分是指令舱（CM）、服务舱（SM）和登月舱（LM）。指令舱和服务舱保持连接，直到任务结束前，服务舱被抛弃，指令舱进入地球大气层。这两个舱一起被称为指令服务舱（CSM）。图 5 - 3 是飞船登月舱与指令舱相连的草图。在草图中，登月舱的着陆腿被折叠起来以便运输。

图 5-2　阿波罗 15 号发射（NASA 照片，见彩插）

指令舱和服务舱由北美航空公司开发和建造。登月舱由格鲁曼飞机工程公司开发和建造。

指令舱是飞行任务的指挥、控制和通信中心。它由内部加压的乘员舱和外部隔热罩组成。指令舱具备显示和控制能力，以及乘组的生命保障系统。它有与登月舱对接的设备和允许指令舱和登月舱之间进出的通道。

服务舱储存了大部分航天器消耗品，包括氧气、氢气、水和推进剂。它还包含主推进发动机、反应控制系统发动机，以及为飞船产生电力和水的燃料电池。

登月舱（LM）将两名航天员运送到月球表面，并将他们送回轨道指令服务舱。登月舱由一个上升段和一个下降段组成，这两个段由带有爆炸螺栓的配件连接在一起。下降段包含一个可调节、可重新启动的发动机，它用万向节固定，当燃料用尽时可代偿重心的变化。

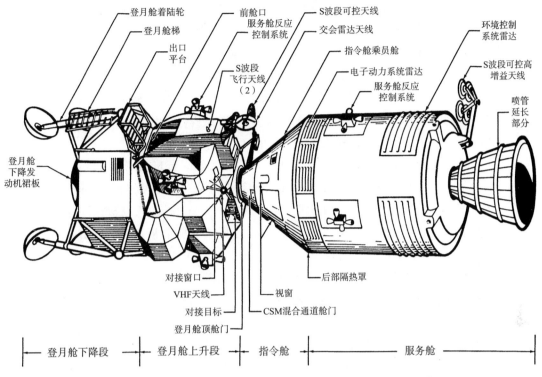

图 5-3　阿波罗飞船登月舱与指令舱连接时的结构（NASA 图片）

上升段包含一个可重新启动但非节流调节式发动机。上升段包括乘员舱，有显示和控制能力以及生命保障系统。

## 5.2　美国早期载人航天飞行历史

美国国家航空航天局（NASA）成立于 1958 年 10 月，负责无人和载人航天计划。早期的无人航天计划有"徘徊者""月球探测器"和勘测者。这些计划在本书的前几章已经描述过了。阿波罗计划之前有两项载人航天计划：水星计划和双子座计划。

早期的载人航天计划由罗伯特·吉尔鲁斯（Robert Gilruth）领导的"航天任务组"负责，该小组设在弗吉尼亚州汉普顿的兰利研究中心。随着载人航天计划的日益重要，NASA 成立了载人航天飞行中心（MSC），"航天任务组"被纳入其中。MSC 的第一任主任是吉尔鲁斯博士。载人航天飞行中心从兰利搬迁到得克萨斯州的休斯敦，那里正在为它建造一个大型设施。

水星计划始于 1958 年 12 月。水星飞船是一个小型的单人太空舱，具有俯仰、偏航和滚转的机动能力。它装有一层钝化隔热罩，用于重返大气层。它完成了 2 次载人亚轨道和 4 次载人轨道飞行。1961 年 5 月艾伦·谢泼德（Alan Shepard）完成了第一次亚轨道飞行，约翰·格伦（John Glenn）在 1962 年 2 月进行了第一次轨道飞行。最后一次水星飞行的时间是 1963 年 5 月。

水星飞船是由麦克唐纳飞机公司制造的。该飞船由红石运载火箭发射进行亚轨道飞行，由阿特拉斯运载火箭送入轨道飞行。

执行水星飞行任务的航天员来自 1959 年 4 月宣布的美国首批 7 名航天员，这 7 人被称为"第一批航天员班组"。这组航天员是从军队试飞员精英中挑选出来的，每个人都有数千小时驾驶高性能飞机的经历。这 7 个人是斯科特·卡彭特（Scott Carpenter）、戈尔登·库勃（Gordon Cooper）、约翰·格伦、格斯·格里森（Gus Grissom）、沃利·希拉（Wally Schirra）、艾伦·谢泼德和迪克·斯雷顿（Deke Slayton）。

为了支持即将到来的双子座和阿波罗计划，第二批航天员班组于 1962 年 9 月宣布成立。他们是尼尔·阿姆斯特朗（Neil Armstrong）、弗兰克·博尔曼（Frank Borman）、查尔斯·康拉德（Charles Conrad）、詹姆斯·洛威尔（James Lovell）、詹姆斯·麦克迪维特（James McDivitt）、埃利奥特·西（Elliot See）、托马斯·斯塔福德（Thomas Stafford）、爱德华·怀特（Edward White）和约翰·杨（John Young）。

双子座计划始于 1962 年 1 月，是阿波罗计划的奠基石。双子座计划的目标是验证与另一个运载器在空间的交会对接，验证舱外活动（太空行走），并验证航天员和航天器是否能承受月球着陆和返回所需的至少 8 天。

双子座飞船比水星飞船更大，能力更强，可搭载两名航天员。它包含一个轨道飞行控制和姿态机动系统，包括 16 台独立的推进器和相关的驾驶员控制系统。该系统允许俯仰、偏航和滚转的姿态控制，以及沿航天器三个主轴的转移控制。这些控制装置允许飞船返航和与另一艘航天器交会对接。双子座飞船由麦克唐纳飞机公司制造。它是由泰坦 2 号运载火箭送入太空的。

双子座进行了 2 次无人飞行和 10 次载人飞行。所有这些飞行都是成功的。7 次载人飞行验证了与另一个航天器交会，其中 3 次圆满完成对接，在 5 次飞行中进行了舱外活动。最长的飞行持续了 13 d 18 h。第一次载人双子座飞行是在 1965 年 3 月，最后一次飞行在 1966 年 11 月。

## 5.3　制定阿波罗计划

美国航天界和 NASA 有远大的目标，而不仅仅是把人送上环绕地球的轨道。人类是勇敢的探险者，只要对未来航天能力的发展有一点乐观的预期，登陆月球就会成为一个合理的奋斗目标。1960 年 10 月，NASA 授出三份合同，内容是研究载人登月并返回地球的可行性。

NASA 航天飞行计划主管亚伯·西尔佛斯坦（Abe Silverstein）博士将这次载人登月任务命名为"阿波罗"。神话中的阿波罗是宙斯的儿子，是音乐和医药之神。他的重要工作之一是每天驾驶四马战车载着太阳穿过天空。西尔佛斯坦说"阿波罗坐着他的太阳战车穿越天空"的形象适合这个计划的宏大规模。

许多杰出的科学家更喜欢对太空进行积极的科学探索，而不是更复杂、更昂贵的载人登月任务。然而，1961 年 3 月，美国国家科学院国家研究委员会给 NASA 局长詹姆斯·韦伯（James Webb）写了一封理由充分的信，支持载人月球探测。该信的最后一段指出了附带的政策立场：

"第二，委员会成员以个人的角度认为，人类对月球和行星的探索可能是本世纪最伟大、最鼓舞人心的冒险，全世界都可以参与；它有伟大和基本的哲学和精神价值，这些价值在人的质疑精神和智力上的自我实现中找到回应"。…

1961 年春，肯尼迪政府非常担心美国在世界的声望下降，而苏联的声望上升。太空中的一项重大成就可被认为是美国重新获得屹立于世界的机会。当苏联于 1961 年 4 月 12 日将航天员尤里·加加林（Yuri Gagarin）送上绕地球飞行的轨道时，这些希望受到了挫折。加加林是第一个在太空飞行的人。

肯尼迪总统任命林登·约翰逊（Lyndon Johnson）副总统为国家航空航天委员会主席。他与肯尼迪总统就美国太空计划的现状，以及在太空中可能追求的重大而卓绝的成就进行了认真的讨论。1961 年 4 月 20 日，肯尼迪总统给约翰逊发了一份正式备忘录，列出了 5 个问题。备忘录和第一个问题如下：

"根据我们的谈话，我希望你作为太空委员会的主席，负责对我们在太空领域所处的地位进行全面调查。

通过在太空建立一个实验室，或者绕月旅行，或者发射飞行器着陆月球，或者发射火箭载人去月球并返回，我们有机会击败苏联吗？有没有其他的太空计划使我们可以赢得胜利？"

1961 年 4 月 28 日，国家航空航天委员会执行秘书爱德华·威尔士（Edward Welsh）起草了一份给总统的备忘录，由约翰逊副总统签署。对总统第一个问题的部分答复如下：

"据我们所知，对于载人绕月旅行或载人安全登月并返回地球，美国和苏联目前都没有这项能力……然而，经过努力，美国有可能在 1966 年或 1967 年在这两项成就上领先。"

NASA 在 1961 年 5 月 8 日的一份长篇报告中公布了他们的建议，以回应总统的要求。该报告得出的结论是，在太空领域超越苏联的最佳方式是载人登月并返回地球。他还强调需要开发更强大的运载火箭来支持这个计划。

副总统约翰逊说服参议院支持一项庞大且非常昂贵的载人登月计划。因此，肯尼迪在 1961 年 5 月 25 日向国会进行历史性演讲之前，就充满了信心，他提议进行载人登月，一个工业界与 NASA 联合的工作组很可能完成这项任务，国会也会支持这个计划。

肯尼迪在 1961 年 5 月向国会关于太空计划演讲中的一个关键段落如下：

"我认为，这个国家应该致力于在这十年结束之前实现人类登月并安全返回地球的目标。在这个时代，没有哪个太空项目会如登月一样，给人类留下深刻印象；没有哪个太空项目会如登月一样，对人类太空探索的漫长征程发挥至关重要的作用；当然，也没有哪个太空项目，会如登月一样，任务如此艰巨，花费如此高昂。"

在约翰·肯尼迪总统图书馆的网站上可以找到一段 9 min 的肯尼迪关于太空演讲的录像。肯尼迪是一位杰出的演说家,也是一位有魅力的人。即使在今天,他的演讲对作者也有激励作用。

NASA 试图通过举办 NASA -工业界阿波罗技术会议,向工业界通报阿波罗计划的要点,并利用工业界的丰富经验和专业知识。该会议于 1961 年 7 月在华盛顿地区举行,吸引了 300 多家公司的代表。

阿波罗计划的第一份合同授予麻省理工学院查尔斯·德雷珀实验室。该合同于 1961 年 8 月 10 日授予,用于计划中复杂航天器的制导和控制。当时,麻省理工学院在惯性制导系统领域和自动驾驶领域处于领先地位。

第二份合同涉及指令舱和服务舱。这些航天器的要求是由 NASA 根据工业界进行的可行性研究和航天局自己的研究确定的。NASA 于 1961 年 7 月 28 日向工业界发出了征求建议书。5 家公司竞争这份合同。1961 年 11 月 28 日宣布获胜者为北美航空公司。

在签订指令舱和服务舱合同时,对于将载人飞船送上月球并返回地球最佳方法的问题仍然没有答案。选择的方法将推动阿波罗计划所有主要部分的设计。其中的难点在决定开始载人登月计划之前已经考虑了几年。早期的研究集中在直接飞往月球或采用地球轨道交会对接模式来执行任务。

直接飞往月球的方案是使用非常强大的发射系统,将飞船直接发送到月球。飞船在月球上软着陆。月球探测完成后,从月球上发射,将航天员送返地球。

早期地球轨道的对接方案是先将一个推进器发射到地球轨道,然后再发射一艘载人飞船与其交会对接。之后,组合体从地球轨道加速离开,飞往月球,推进器在完成推进任务之后被抛离。当载人飞船接近月球时,反推发动机点火,使飞船慢慢地在月面着陆,之后起飞返回地球。

兰利研究中心的约翰·豪博尔特(John Houbolt)提出另一种月球轨道交会对接方案。将一艘多飞行器的飞船送上月球轨道,然后一艘小型着陆飞船将被送到月球表面。探测月球后,着陆器将从月球上发射,并与轨道航天器交会对接。着陆器将被抛弃,飞船将离开月球返回地球。

预计月球轨道方案将节省高达 20% 的发射总重量,并有望大大节省计划成本。反对月球轨道方案的主要理由是在交会对接失败时缺乏中止任务的能力。航天员被困在月球轨道的可能性令人担忧。

直到 1961 年 12 月,尽管人们对月球轨道方案的兴趣仍在增长,但地球轨道方案似乎在 NASA 总部更受青睐。1962 年年初,为了选择最佳方法,举行了几次会议。最后,在 1962 年 6 月 22 日召开的载人航天飞行管理委员会会议上做出了登月的决定,决定使用土星 C -5 运载火箭的月球轨道交会对接方案。1962 年 7 月 11 日,NASA 总部正式宣布了这一决定。在 1963 年,土星 C -5 被重新命名为土星 5 号。

决定采用月球轨道交会对接而不是地球轨道交会对接方案的理由令人信服:

1) 在任务安全性基本相同的情况下,任务成功率更高;

2）成本少约 15％；

3）研制时间短几个月；

4）需要较少的技术开发。

采用月球轨道交会对接方法的另一个明显优势是着陆器可以更小更轻，可以专门设计用于月球上着陆并返回绕月轨道航天器。

随着决定采用月球轨道交会对接方式，NASA 准备了一个着陆航天器提案的要求，该航天器被称为登月舱。登月舱将与绕月球运行的更大的航天器分离，在月球上着陆，然后从月球发射与轨道器交会对接。1962 年 7 月 25 日向 11 家公司发出了征求建议书。这份名单包括了美国大多数主要的飞机制造公司。1962 年 11 月 7 日，宣布获胜者为格鲁曼飞机工程公司。

因此，到 1962 年年底，阿波罗任务的方向确定了，选出了建造阿波罗飞船主要部件的公司。新的方向给予北美航空公司重新设计指令舱，以体现月球轨道任务的要求。1963 年 8 月签署了修订后的合同。

肯尼迪总统热衷于阿波罗计划，他是一位鼓舞人心的演讲者。他在很大程度上决定了这个国家的政策。图 5 - 4 是肯尼迪在莱斯大学足球场演讲时的照片。罗伯特·努森（Robert Knudsen）拍摄的这张照片在肯尼迪总统图书馆里进行展示。

图 5-4　1962 年 9 月，肯尼迪在莱斯大学推广阿波罗计划（见彩插）

以下是 1962 年 9 月他在莱斯大学的演讲片段。

"为什么选择登月作为我们的目标？

那他们也许会问为什么我们要登上最高的山峰？

为什么，要在 35 年前，飞越大西洋？

为什么莱斯大学要与得克萨斯大学比赛？

我们决定登月。我们决定在这十年间登上月球并实现更多梦想，并非它们轻而易举，而正是因为它们困难重重。因为这个目标将促进我们实现最佳的组织并测试我们顶尖的技术和力量，因为这个挑战我们乐于接受，因为这个挑战我们不愿推迟，因为这个挑战我们志在必得，其他的挑战也是如此。

正是因为这些理由，我决定将去年关于提升航天计划的决定作为我在本届总统任期内最重要的决定之一。"

## 5.4　NASA 对阿波罗计划的管理

1961 年 2 月至 1969 年 10 月，詹姆斯·韦伯（James Webb）任 NASA 局长。他是一位卓有成效的管理者，领导着大约 33～500 人的组织，这些人分布在 NASA 组织结构图中的 37 个部门中。韦伯努力实现最有效的组织，他不反对改革。在 1963 年 11 月、1966 年 1 月和 1967 年 3 月发布了不同的组织结构图。

在阿波罗计划的大部分时间里，NASA 总部的两位最高行政领导是 NASA 局长詹姆斯·韦伯和副局长罗伯特·西曼斯（Robert Seamans）。助理副局长威利斯·沙普利（Willis Shapley）担任办公室主任。韦伯安排西曼斯和沙普利管理 NASA 的日常工作，而他自己则关注 NASA 的政策和关键问题。阿波罗计划由非常能干的 NASA 总部阿波罗计划办公室主任萨缪尔·菲利普斯（Samuel Phillips）少将负责。菲利普斯是从美国空军借调的。1963 年阿波罗计划占 NASA 总预算的 17%，1967 年达到顶峰时占预算的 70%。

在执行小组下有 11 个部门，由副局长管理，助理副局长管理 4 个较大的组织。较大的组织之一是由乔治·米勒（George Mueller）领导的载人航天飞行办公室。该组织直接管理阿波罗计划。

载人航天飞行办公室下设三个中心：位于亨茨维尔的马歇尔航天飞行中心，由沃纳·冯·布劳恩领导；位于休斯敦的载人航天飞行中心，由罗伯特·吉尔鲁斯（Robert Gilruth）领导；位于佛罗里达州的肯尼迪航天中心，由库尔特·德布斯（Kurt Debus）领导。肯尼迪航天中心包括卡纳维拉尔角的综合发射设施。

载人航天飞行中心吉尔鲁斯麾下的一位杰出领导人是乔·谢伊（Joe Shea），他是阿波罗飞船项目办公室的主管。谢伊是一位聪明、勤奋的主管，他将系统工程原则融入载人航天飞行任务组织。他指导了阿波罗的早期开发。NASA 早期的其他重要人物有休·德莱登（Hugh Dryden），他担任副局长直到 1965 年去世，以及载人航天飞行办公室的第一任领导人布雷纳德·霍姆斯（Brainerd Holmes）。所有这些有才干的 NASA 领导人都对阿波罗计划的巨大成功做出了贡献。

## 5.5　支持阿波罗计划的重型运载火箭开发

1956 年，美国国防部要求重型运载火箭可将重量为 20 000～40 000 lb 的载荷送入地球轨道。亚拉巴马州亨茨维尔的陆军弹道导弹局（ABMA）重型助推器小组在 1957 年得出结论，这种火箭的第一级必须有大约 150 万 lb 的推力。ABMA 由沃纳·冯·布劳恩领导。

1958 年 3 月，陆军弹道导弹局隶属于陆军军械导弹司令部（AOMC）。1960 年 3 月，亚拉巴马州亨茨维尔的 AOMC 设施移交给 NASA，并改名为马歇尔航天飞行中心（MSFC）。沃纳·冯·布劳恩成为 MSFC 的第一任主任。

美国空军弹道导弹部门也在寻求大推力运载火箭。1955 年，空军与北美航空公司的洛克达因分部签订合同，进行火箭发动机的初步设计，该发动机将产生 100 万到 150 万 lb 的推力。发动机使用的推进剂-1（RP-1）以液氧为氧化剂燃烧。RP-1 是提纯的煤油。洛克达因公司将新发动机命名为 F-1，因为它的开发紧随陆军研制的名为 E-1 的较小型发动机之后。F-1 发动机是阿波罗成功的关键。其研制和性能的细节将在本章的后面介绍。

重型运载火箭的另一个参与者是高级研究计划局（ARPA）。ARPA 成立于 1958 年 2 月，是国防部的一个机构，负责制定重型运载项目的需求。由于洛克达因公司的 E-1 和 F-1 发动机仍在开发中，ARPA 精心策划了一个项目，通过使用一组以洛克达因公司木星弹道导弹 S-3D 发动机为基础的火箭发动机，尽可能获得重型运载能力。

国防部于 1958 年 9 月与洛克达因公司签订了一份改进发动机的合同，该发动机被称为 H-1。H-1 发动机也用液氧作为氧化剂燃烧 RP-1 燃料。后来开发的发动机可以产生 205 000 lb 的推力。

紧随其后的是土星系列重型运载火箭。土星 1 号的第一级由一组 8 台 H-1 发动机驱动。上面级由 RL-10 液氢-液氧发动机提供动力。1961 年 10 月第一次发射了带有假人的土星 1 号，它证明了集束式火箭发动机获得高推力的可靠性。8 台发动机第一级的总推力约为 170 万 lb。

土星 1 号运载火箭作为步步推进的阿波罗试验计划的一部分，被 NASA 用来发射进入地球轨道的阿波罗航天器。第一批 4 枚土星 1 号运载火箭发射的上面级内装的是假人。第五次发射（SA-5）是用一个带有 RL-10 引擎的主动式 S-IV 上面级，它到达了地球轨道。接下来的 4 枚运载火箭（SA-6、7、8 和 9）将阿波罗指挥和服务舱的模拟件发射到地球轨道。

土星 1B 运载火箭有一个更强大的上面级——S-IVB，S-IVB 被开发用来将阿波罗指令舱、服务舱和"登月旅行舱"发射进入地球轨道。S-IVB 由一台 J-2 发动机提供动力，推力为 20 万 lb。第一次飞行命名为 AS-201，于 1966 年 2 月 26 日发射。它将"模块 1"指挥和服务舱送入亚轨道飞行,以测试服务舱发动机和指令舱隔热层。第二次飞行于 1966 年 7 月发射,命名为 AS-203,用于测试 S-IVB 发动机在冷浸泡后重新启动时的性能。第三次飞行于 1966 年 8 月发射,命名为 AS-202,S-IVB 级装有足够的燃料,将"模块 1"CSM 送入亚轨道,指令舱在太平洋中溅落。

"模块 1"CSM 反映了北美航空公司基于地球轨道和交会对接方法的设计,该设计在计划早期受到青睐。早期开发的硬件在阿波罗测试计划中表现良好。

阿波罗任务 AS-204 计划于 1967 年 2 月将第一艘载人指令舱和服务舱送入地球轨道。不幸的是,在 1 月 27 日的发射彩排中,指令舱发生火灾,火情在纯氧环境中失控。三名航天员丧生。牺牲的航天员是维吉尔"格斯"格里森(Virgil "Gus" Grissom),爱德华·怀特(Edward White)和罗杰·查菲(Roger Chaffee)。

这起事故加强了对阿波罗计划安全性和谨慎性的考虑。花费时间重新设计了指令舱,以最大限度地降低再次发生火灾的可能性,最终使得几个因出现问题而滞后的系统开发工作得以追上进度。

AS-204 运载火箭没有被大火损坏,后来被命名为 AS-204B。1968 年 1 月 22 日,AS-204B 被用来将无人驾驶登月舱 LM-1 送入地球轨道。最初的名字"月球旅行舱",在那个时候已经被简称为登月舱。登月舱发射时,在前面安装了一个整流罩。土星 1B 运载火箭最后一次用于阿波罗测试是在 1968 年 10 月 11 日,将第一艘载人指令舱和服务舱送入地球轨道。那次飞行的指令舱是完全重新设计的"模块 2"模型。

## 5.6 土星 5 号运载火箭

阿波罗飞船是由巨大的多级土星 5 号运载火箭向月球发射的。土星 5 号最引人注目的部分是第一级,其中一组 5 台 F-1 火箭发动机产生了大约 760 万 lb 的总推力。如图 5-5 所示,土星 5 号运载火箭包括三级火箭和一个仪器舱。

包括飞船部分在内,火箭的总长度为 363 ft。躺倒时,它可以延伸 63 ft,超出 100 码足球场的范围。第一和第二级的直径是 33 ft。阿波罗 11 号发射时包括飞船在内的整个火箭的重量是 647.8 万 lb。第一级 5 台发动机的总推力为 760 万 lb,远远超过了最初要发射的重量。

马歇尔航天飞行中心为土星 5 号的研制提供了全面指导。MSFC 的负责人是沃纳·冯·布劳恩。MSFC 的土星 5 号项目办公室主任是阿瑟·鲁道夫(Arthur Rudolph)。

事实证明土星 5 号是非常可靠和非常强大的运载火箭。总共进行了 13 次发射,没有一次失败。在俄罗斯重型 N1 运载火箭连续 4 次失败后,土星 5 号完美的发射记录对俄罗斯运载火箭负责人来说一定很难接受。土星 5 号的最后一次发射是在阿波罗计划结束后,1973 年 5 月用于发射天空实验室。

下面简要介绍土星 5 号的三级和仪器舱:

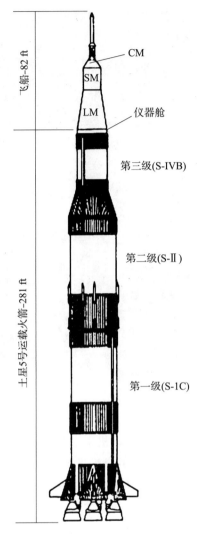

图 5-5　土星 5 号运载火箭的结构（NASA 图片）

### 5.6.1　S-1C 第一级

巨大的 S-1C 第一级长 138 ft，直径 33 ft。当装载燃料和氧化剂时，它重约 488.1 万 lb。它包含了 5 台 F-1 火箭发动机，每台都有 152.2 万 lb 的额定推力。总推力是 761 万 lb。发动机使用的火箭推进剂-1（RP-1）燃料是一种高度精炼煤油，以液氧（LOX）作为氧化剂。当垂直飞行时，RP-1 燃料填装在火箭底部的一个 20.9 万 gal 的燃料箱中，液氧填装在 RP-1 燃料箱上方的一个 33.45 万 gal 的低温燃料箱中。5 条隔热输送管从 RP-1 燃料箱引出，为 5 台发动机提供液氧。从 RP-1 燃料箱到 5 台发动机各有 2 条 RP-1 输送管。

5 台发动机中的 4 台以十字形排列在底部的圆周上。第 5 台发动机安装在中间。发动机的位置可以在图 5-6 所示米丘德工厂组装 S-1C 的照片中看到。

图 5 - 6　在米丘德工厂，安装在 S - 1C 级的发动机（NASA 照片，见彩插）

火箭第一级必不可少的部分是该级发动机末端的推进结构。该结构重约 48 000 lb，直径 33 ft，长 20 ft。它支撑着整个火箭，并分配发动机的推力。4 台外部 F - 1 发动机安装在万向节上，以便操纵火箭级。中央发动机是固定安装的。推力结构包含 4 个压紧锚，在发射时将火箭压住，直到所有发动机都达到额定推力。

发动机的点火顺序用来分配来自单台发动机的强大推力。首先启动中央发动机，然后启动一对对角发动机，接着启动另一对对角发动机。发动机启动之间编程设定了 300 ms 的延迟。

S - 1C 第一级的初步设计由马歇尔航天飞行中心完成。S - 1C 的 MSFC 项目经理是马特·乌尔劳布（Matt Urlaub）。1961 年 12 月波音公司获得了 S - 1C 级的详细设计和制造合同。详细设计是 MSFC 和波音工程师共同努力的结果。波音项目经理是乔治·斯托纳（George Stoner），他是波音公司土星助推器分部的负责人。

巨大的 S - 1C 级是在 NASA 位于新奥尔良附近的米丘德装配厂组装的。米丘德是拥有世界上最大的制造厂房的企业之一。

一个厂房有 200 万 ft²。图 5 - 6 是在米丘德组装 S - 1C 级的照片。S - 1C 级的制造和装配由波音公司负责，但这也是 MSFC 和波音公司人员共同努力的成果。米丘德设施由 MSFC 的乔治·康斯坦（George Constan）管理。波音公司在米丘德的业务由理查德·纳尔逊（Richard Nelson）负责。

在组装火箭 S-1C 级的生产模型后，它们被驳船运送到大约 40 mile 外的密西西比试验工厂（MSF），在那里进行发动机点火试验。测试后，用驳船将它们运送到肯尼迪航天中心。密西西比试验工厂现在被称为斯坦尼斯航天中心。

1965 年 4 月，在马歇尔航天飞行中心的一个静态试验台上进行了 S-1C-T 试验阶段的第一次全面测试，其中 5 台发动机点火。

### 5.6.2　S-Ⅱ第二级

巨大的 S-Ⅱ第二级长 81.6 ft，直径 33 ft。装载燃料和氧化剂后，它的重量约为 100 万 lb。它包含 5 台 J-2 火箭发动机，每台都有 230 000 lb 的额定推力。该级的总推力为 115 万 lb。发动机燃料为液氢（LH2），氧化剂为液氧（LOX）。图 5-7 是作者在休斯敦约翰逊航天中心拍摄的第二级照片。

图 5-7　土星 5 号运载火箭第二级的发动机末端（作者拍摄的照片，见彩插）

使用液氢和液氧推进剂可产生已知火箭推进剂中最高的比冲量。NASA 在处理液态氢作为燃料方面克服了许多技术挑战。在载人登月的竞赛中，与美国相比，苏联没有及时发展技术。

根据北美航空公司 1961 年 9 月与 NASA 签订的合同，S-Ⅱ级由该公司在加利福尼亚州海豹滩开发和建造。事实上，J-2 发动机是由北美航空的洛克达因分部开发的，这可能帮助北美航空赢得了 S-Ⅱ的合同。S-Ⅱ计划是由北美航空公司的负责人哈里森·斯托姆斯（Harrison Storms）负责，他是导弹部门的负责人。S-Ⅱ级 MSFC 项目经理是罗伊·戈弗雷（Roy Godfrey）。

在火箭 S-II 级的开发阶段出现了几个技术问题,导致了交付延迟。大型弯曲结构的焊接尤其困难。雪上加霜的是,在早期测试中,S-II 级出现了两次灾难性的故障。尽管有这些问题,S-II 级还是及时生产出来,支持了阿波罗发射计划。

该级使用的 J-2 发动机是由北美航空的洛克达因分部根据 1960 年 6 月与 NASA 签订的合同研制的。第一台 J-2 发动机原型在 1962 年 10 月测试成功。发动机能够在飞行中多次停止和重新启动,尽管 S-II 不需要这种能力。1965 年 8 月,首次 S-II-T 测试阶段的全面试验是在 1965 年 8 月在洛克达因公司的圣苏珊娜静态试验设施进行的,5 台发动机全持续时间点火。

液氧装填在位于 S-II 级底部的一个 83 000 gal 的低温罐内。液氢装填在位于液氧(LOX)罐上方一个 260 000 gal 的低温罐内。推进剂的量能够支持约 395 s 的发动机燃烧时间。液氧罐的形状是椭圆形的,高 22 ft,直径约 33 ft。液氧罐的上隔板是液氢(LH$_2$)罐的下隔板。

液氢罐由前端的弧形隔板和焊接在一起的 6 个圆柱形部分组成。液氢罐的圆柱形壁充当了 S-II 级的外壳。液氢罐的长度,不算弯曲的隔板,大约是 47 ft,它的直径是 33 ft。

一个推力结构支撑着火箭级和 5 台 J-2 火箭发动机。发动机的安装布置与 S-1C 第一级相似,外部发动机采用万向节,中心发动机则为固定。

### 5.6.3 S-IVB 第三级

S-IVB 第三级长 58.3 ft,直径 21.7 ft。当装载燃料和氧化剂时,重约 265 000 lb。它由一台 J-2 火箭发动机提供动力,额定推力为 23 万 lb。一个推力结构支撑着 S-IVB 第三级和单独的 J-2 发动机。发动机装有万向节,以便控制推力矢量。发动机可以关闭和重新启动几次。对于阿波罗飞行来说,S-IVB 级的第一次点火持续了大约 2.8 min,以使火箭进入低地球轨道,第二次点火持续了大约 5.2 min,以实现进入月球过渡轨道。

图 5-8 是约翰逊航天中心展示的土星 5 号运载火箭 S-IVB 第三级的照片。根据 1960 年 6 月与 NASA 签订的合同,S-IV 级由位于加利福尼亚州亨廷顿海滩的道格拉斯飞机公司开发和制造。这是土星 5 号三级中第一个授予合同的火箭级。道格拉斯公司的马克斯·亨特(Max Hunter)负责 S-IV 的研制工作。S-IV 级的 MSFC 项目经理是杰·麦卡洛克(J. McCulloch)。马歇尔航天飞行中心的"亲力亲为"管理风格有时会惹恼道格拉斯公司,但这可以研制出更好的产品。S-IV 阶段进行了几次迭代,反映项目过程中不断变化的需求和发动机可用性。

发动机的燃料和氧化剂装在一个单独的低温罐中,内装隔板将燃料和氧化剂分开。该罐装有 20 150 gal 液态氧和 69 500 gal 液态氢。

S-IVB 级的第一次全面测试是在 1965 年 8 月,J-2 发动机静态点火 452 s。该级的尺寸较小允许它在道格拉斯公司位于加利福尼亚的设施中进行测试,并由一架称为"超级孔雀鱼"的特殊大型飞机运送到肯尼迪航天中心。

图 5-8　土星 5 号运载火箭第三级的发动机末端（作者拍摄的照片，见彩插）

### 5.6.4　仪器舱

位于第三级和航天器舱室之间的仪器舱（IU）是土星 5 号运载火箭的控制和神经中枢，它控制着三级火箭发动机从发射到进入地球轨道的点火和定向。

仪器舱是一个高 36 in、直径 21.7 in 的圆柱形组件。这是一个重达 4 500 lb 的坚固组件，足以牢固地支撑位于其上方航天器的重量。仪器舱内的所有部件都安装在圆柱形组件的内部。图 5-9 显示了仪器舱在制造过程中的状态。

这个仪器舱是由马歇尔航天飞行中心工程师设计的。1964 年 4 月，IBM 的联邦系统部门获得了制造、组装和测试仪器舱的合同。这些工作是在位于亚拉巴马州亨茨维尔的 IBM 航天系统中心进行的。IBM 负责将部件集成到土星 5 号中，而且他们开发了数字计算机软件。仪器舱的 MSFC 项目经理是弗里德里希·杜尔（Friedrich Duerr）。

仪器舱内的主要部件是惯性平台、运载火箭数字计算机（LVDC）、模拟飞行控制计算机、速率陀螺仪、通信系统和电池。

仪器舱的电力从地面电源获得，直到发射前才转换到内部电池电源，收回提供外部电力的脐带线缆。电源采用 4 部银锌电池，每部电池都具有 350 A·h 的容量，额定电压为 28 V。4 部电池储存的总能量为 39.2 kW·h。

发射前惯性平台在火箭内运行并校准。它测量了从发射到月球轨道的三个轴上的火箭姿态和加速度。利用数字计算机测量的结果来确定航天器的速度和位置，换句话说，就是确定状态向量。计算机将状态向量与作为时间函数的预编程值进行比较，并产生姿态校正信号。校正信号由模拟飞行控制计算机连同速率陀螺的输入一起，调整三级火箭中装有万向节发动机的方向，使火箭遵循预编程的轨迹飞行。

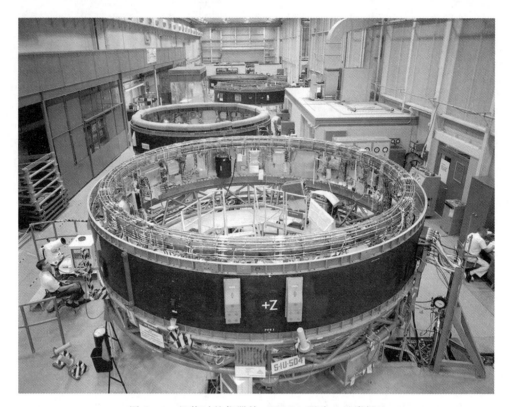

图 5-9　组装时的仪器舱（NASA 照片，见彩插）

仪器舱中的其他重要部件是两个 C 波段转发器和相关天线，它们与地基雷达系统一起工作，以便从地面精确地跟踪火箭。一个名为 AZUSA 的独立跟踪系统还包括一个传送器。地面上获得的非常精确的跟踪数据通过无线电指挥链路上传，对制导系统进行升级。

将运载火箭的关键参数远程传回到地面是仪器舱的一项重要功能。在整个运载火箭上进行的数百次测量被处理并传送到地面站。

## 5.7　F-1 发动机

F-1 发动机令人印象深刻的性能是阿波罗计划成功的关键。该发动机的尺寸和性能都非常出色，其重要性怎么强调都不为过。它仍然是有史以来最强大的单室液体火箭发动机。图 5-10 是发动机的照片。

下面是 NASA 列出发动机的一些有关数据：

长：19 ft；

宽：12.3 ft；

喷嘴出口直径：11.6 ft；

重量：18 500 lb；

海平面推力：152 万 lb；

氧化剂流速：24 811 gal/min；

燃料流速：15 471 gal/min；

氧化剂对燃料混合比例：2.27∶1；

燃烧温度：5 970℉。

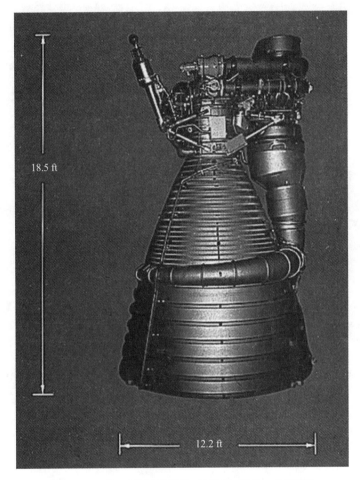

图 5-10　F-1 发动机照片（NASA 照片，见彩插）

　　最初的推力要求是 150 万（1±3％）lb，但后来这一要求改为 152.2 万（1±1.5％）lb。这可能是 F-1 发动机推力值分别为 150 万 lb 和 152 万 lb 的原因。

　　图 5-11 是安装在土星 5 号 S-1C 第一级上的 F-1 发动机照片。站在图中最前面的是沃纳·冯·布劳恩。照片内没有显示右上角的第 5 台发动机。

## 5.7.1　F-1 发动机的研制

　　1958 年 10 月，NASA 向 7 家公司发出了一份征求建议书请求，要求开发一种能够产生 100 万到 150 万 lb 推力的单室发动机。北美航空公司的洛克达因分部赢得了竞争，很可

图 5-11　安装在土星 5 号第一级上的 F-1 发动机。站在图中最前面的是沃纳·冯·布劳恩

能是因为他们为美国空军研制了一种类似的发动机。1959 年 1 月与洛克达因公司签订了一份合同，开发一种 150 万 lb 推力的发动机。

正如早期的火箭发动机一样，燃烧不稳定性是 F-1 发动机研发中的一个主要问题。这种不稳定性可能会变得非常严重，以至于如果不自动关闭发动机，发动机就会自我毁坏。马歇尔航天飞行中心和洛克达因公司对这个问题进行了大量的工作和研究。喷射器组件的设计是将燃料和氧化剂喷入燃烧室，组件的设计对燃烧的稳定性至关重要。在 1961 年至 1963 年期间，对各种形式的喷射器组件进行了分析和试验。直到 1964 年 6 月，才达到令人满意的设计。

　　由于会造成附近住宅区的噪声影响，F-1 发动机的全推力测试无法在洛克达因公司的圣苏珊娜火箭发动机测试场进行。在加利福尼亚州莫哈韦沙漠的爱德华兹野外实验室建造了一个新的试验设施，有 3 个 F-1 发动机静态试验台。

　　1962 年 5 月，在爱德华兹基地进行了 F-1 发动机的首次试验，推力为 150 万 lb，预计飞行时间为 2.5 min。发动机的鉴定试验于 1965 年 11 月完成。一旦发动机投入生产，每台发动机都用卡车运到爱德华兹，在交付给 NASA 之前，在全功率下进行了 45 s 的校准测试和 165 s 的任务持续时间测试。

## 5.8　土星 5 号的早期试验

　　所有土星 5 号运载火箭的各个级都是在特殊的试验台上，以飞行中所需的功率水平和持续时间进行测试点火。特别是密西西比试验设施（MTF）的大型试验台用于测试超大型 S-IC 第一级。多发动机 S-Ⅱ 级也在 MTF 进行了试验。道格拉斯公司在其加利福尼亚州的测试设施中测试了 S-IVB 级。

　　在测试点火后，火箭每一级被翻新，然后转移到肯尼迪角。这些级被运送到垂直组装大楼，在那里它们被组装成土星 5 号。

　　在历史上，多级火箭要获得飞行资格，必须通过压载第一级的首次飞行测试，在随后的飞行测试中再增加第二级和第三级。NASA 载人飞行组织的负责人乔治·米勒（George Mueller）没有遵循这种有条不紊的路线，而是在第一次飞行测试中坚持进行全面测试。他的全面测试包括土星 5 号的所有三级，外加一个可运行的指令服务舱（CSM）。期间不仅测试了土星 5 号，而且测试了指令服务舱的关键部件，包括重返地球大气层的指令舱。米勒的想法得到采纳，第一个搭载 CSM 的土星 5 号是在 1967 年 11 月发射的。

　　土星 5 号第一次飞行（阿波罗 4 号任务）取得圆满成功。指令服务舱进入地球停泊轨道，然后模拟月球轨道进入的 S-IVB 发动机点火，将 S-IVB 和 CSM 送入远地点为 9 366 n mile 的地球轨道。CSM 与 S-IVB 级分离，CSM 的服务推进系统（SPS）发动机点火，将远地点提高到 9 836 n mile。在返回地球的途中，SPS 发动机再次点火，将航天器速度提高到从月球返回时的预期速度。指令舱与服务舱分离，进入大气层，溅落在离回收船约 9.9 n mile 的地方。对于第一次飞行来说，其表现确实是令人印象深刻的。

　　沃纳·冯·布劳恩在《阿波罗登月探险》中写道："回顾过去，很明显，如果没有全面的测试，人类首次登月不可能早在 1969 年就实现。在米勒加入该计划之前，已经决定总共需要约 20 艘阿波罗飞船和土星 5 号火箭。很显然，巨大的新型运载火箭需要进行至少 10 次无人飞行，才能将航天员送入太空。"

　　冯·布劳恩接着写道："米勒改变了这一切，他对整个计划的大胆扩展取得了辉煌的成果。随着第 3 枚土星 5 号的发射，弗兰克·博尔曼的阿波罗 8 号（弗兰克·博尔曼等）在 1968 年圣诞节绕月飞行，第 6 枚土星 5 号搭载阿波罗 11 号（尼尔·阿姆斯特朗等）首次登月。"

## 5.9 阿波罗首次登月的测试模型

### 5.9.1 阿波罗 5 号

阿波罗 5 号的飞行是为了在太空中测试无人驾驶但可操作的登月舱模型。登月舱由土星 1B 运载火箭送入 88 n mile×120 n mile 的地球轨道。在登月舱配备了一个前锥体，在发射过程中起防护作用。

这次飞行的目的是验证登月舱的功能，包括下降和上升火箭发动机的点火和控制。下降发动机多次点火和停止，最后一次是在着陆期间模拟中止，下降和上升发动机一起点火。上升发动机点火了两次。登月舱在飞行中表现良好，这次飞行试验被认为是成功的。

### 5.9.2 阿波罗 6 号

土星 5 号的第二次发射携带了一个指令服务舱以及一个大型登月舱模型进入地球轨道。这次飞行的目的是验证土星 5 号及指令服务舱是否适合载人飞行。发射是成功的，S-IVB 的第三级和指令服务舱被发射到距地球 94 n mile 的轨道上。

然而，与第一次土星 5 号飞行不同，出现了一些问题。第一，就在发射过后 2 min，沿着火箭的纵轴出现了纵向耦合振动。第二，登月舱适配器丢失了几块面板。第三，第二级的 5 台发动机中有 2 台过早地关闭了。第四，S-IVB 第三级不能进行第二次点火。

尽管存在问题，指令舱还是以接近月球返回速度成功进入大气层。指令舱溅落在距预定溅落点 43 n mile 处，而且成功回收。

马歇尔航天飞行中心的工程师们进行了飞行后调查，发现了所有问题的可能原因，并采取了纠正措施。令马歇尔航天飞行中心的工程师和管理人员感到满意的是，他们了解并解决了阿波罗 6 号飞行中遇到的问题。土星 5 号获得了载人飞行的资格。

### 5.9.3 阿波罗 7 号

阿波罗 7 号是第一次载人阿波罗任务。此次飞行的目的是演示指令服务舱和飞行乘组的性能，并验证指令服务舱是否有资格完成载人航天飞行。还演示了指令服务舱的交会对接能力和地面任务支持的有效性。任务持续时间是 10 天。乘员包括指令长沃尔特·希拉（Walter Schirra）；指令服务舱驾驶员唐恩·迪塞尔（Donn Disele）；登月舱驾驶员沃尔特·坎宁安（Walter Cunningham）。乘员的头衔反映了他们在登月任务中的作用。在着陆前的任务中，每位乘员都被分配了特定的任务。

阿波罗 7 号于 1968 年 10 月 11 日发射。土星 1B 完美地将指令服务舱送入 152 n mile×123 n mile 的环绕地球轨道。在 S-IVB 与指令服务舱分离之前，演示了 S-IVB 级姿态的手动控制。

第二天，当 S-1VB 距离指令服务舱大约 80 n mile 时，与 S-IVB 进行了交会对接操作，将模拟与失效的登月舱交会对接的情况。在交会对接期间，指令舱中的六分仪跟踪了

S-IVB。反应控制系统的推进器和服务舱的 SPS 发动机被分步骤用于实现与 S-IVB 的交会和位置保持。指令服务舱靠近翻滚的 S-IVB 大约 70 ft，然后绕着它飞。

对航天器指令服务舱系统和热控制系统进行了一些测试。演示了航天器在向月球长途飞行过程中，持续缓慢滚动以保持所需内部温度的有效性。SPS 发动机点火 8 次。

在为期 10 天的任务中，尽管指令长第二天患感冒，其他乘员也很快染上了感冒，总的来说乘组表现良好。在太空中患感冒一定很痛苦。

SPS 发动机在第 163 圈轨道飞行期间最后一次点火，为指令舱重返地球大气层做准备。指令舱与服务舱分离，近乎完美地进入大气层。指令舱溅落在距离目标点大西洋 1.9 n mile 处。这次任务持续了 10 天 20 小时。

阿波罗 7 号的飞行验证了指令服务舱具备在地球轨道环境中进行载人运行的能力。

### 5.9.4　阿波罗 8 号

阿波罗 8 号是第一次用航天器将人送上月球轨道的任务。这次开创性飞行的航天器是指令服务舱，乘组包括指令长弗兰克·博尔曼；指令舱驾驶员詹姆斯·洛威尔；登月舱驾驶员威廉·安德斯（William Anders）。指令服务舱绕月飞行 10 次，然后返回地球。这次飞行验证了将人送上月球所必需的许多行动和程序。

阿波罗 8 号于 1968 年 12 月 21 日由土星 5 号发射升空，连接指令服务舱的 S-IVB 第三级被送入地球轨道。S-IVB 发动机在第二次月球轨道进入时再次点火。在到达月球轨道后，S-IVB 与指令服务舱分离。在月球轨道进入飞行中，对服务舱的 SPS 发动机进行了两次修正。航天器飞行到月球背面，发动机再次点火，目的是进入月球轨道。最终的初始轨道是 60 n mile × 168 n mile，但由于另一台发动机点火，轨道转变为绕直径大约 61 n mile 的圆形轨道。

航天员耗费大约 20 个小时绕月球飞行。他们口头描述了他们飞过的月球表面，并拍摄了 700 多张月球照片。其中一张是他们第四次绕月飞行时拍摄到地球升起的照片，成为传世经典（图 5-12）。

这次任务的一个重要目标是对随后任务的可能着陆点进行目视评估。对阿波罗 11 号的最终着陆点“宁静海”进行仔细的观察，当航天器经过该地点时，安排了一台照相机每秒钟拍摄一张那里的地形照片。

在 6 天的任务期间，共进行了 6 次电视转播。电视转播覆盖了全世界。其中一次电视转播是在平安夜进行的，包括由乘员朗读《圣经·创世纪》中的段落。弗兰克·博尔曼致结束语：“晚安，好运，圣诞快乐，上帝保佑你们——地球上的所有人。”

在完成预定的 10 次绕月飞行后，SPS 发动机在月球背面进行了进入地球轨道的喷射点火。点火使指令服务舱以近乎完美的轨迹返回地球。在接近地球时指令舱与服务舱分离，指令舱进入地球大气层。指令舱在距离回收船 2.5 n mile 的地方用降落伞溅落。任务持续了 6 天。

阿波罗 8 号的飞行被认为是成功的，达成了所有的任务目标和试验目标。

图 5-12　阿波罗 8 号航天员在月球轨道上拍摄的地球照片（NASA 照片，见彩插）

### 5.9.5　阿波罗 9 号

阿波罗 9 号继续仔细地分步测试，验证最终登月的系统和程序。这次飞行的主要目的是由乘组在地球轨道上对登月舱进行测试。乘组成员是指令长詹姆斯·麦克迪维特；指令舱驾驶员大卫·斯科特（David Scott）；登月舱驾驶员拉塞尔·施威卡特（Russell Schweickart）。

阿波罗 9 号于 1969 年 3 月 3 日由土星 5 号发射。S - IVB 第三级、指令服务舱和登月舱被送入 117 n mile×119 n mile 的地球轨道上。指令服务舱从登月舱适配器分离并飞出，在太空中转向，然后飞回与登月舱对接。S - IVB 随后从指令服务舱/登月舱组合体中被抛弃。

第三天，麦克迪维特和施威卡特穿着航天服进入登月舱，对登月舱系统进行检查。作为检查的一部分，登月舱的下降发动机点火，发动机的推力水平在其整个范围内变化，包括最大推力。航天员在检查完登月舱后回到指令服务舱。

在第四天，安排了一次舱外活动，要求施威卡特在登月舱打开侧舱门和指令服务舱打开侧舱门之间行走。不幸的是，施威卡特当时有点恶心，所以计划中的舱外活动被取消了。他穿着舱外航天服，背着便携式生命保障背包，站在登月舱玄关上 37 min，以验证太空中航天服的操作。

第五天，麦克迪维特和施威卡特再次进入登月舱，为登月舱的首次载人自由飞行做准备。检查系统后，登月舱与指令服务舱分离。登月舱内的航天员进行了一个相当广泛的测试计划，经历从月球返回时实际交会对接所需的几个主要阶段。阿波罗 9 号任务报告显示，登月舱从指令舱分离的最大距离是 98 n mile。下降级与上升级分离，上升级发动机点火，开始交会对接过程。

与指令服务舱的交会对接是自动进行的，使用来自交会对接雷达的距离和距离变化率数据、状态向量知识、登月舱制导计算机中的程序，以及来自终止制导系统的姿态和运动信息。姿态和运动信息也可从主导航系统获得，但已经决定在这一系列试验中使用终止制导系统。

交会对接成功，航天员在进入登月舱大约 6 个小时后回到了指令服务舱。他们成功地测试了登月舱，包括与指令服务舱交会。随后剩下来的任务时间里，在环绕地球的轨道上的其他飞行是平静的，1969 年 3 月 13 日指令舱进入大气层，溅落在离回收船 3 n mile 的地方。这次任务持续了 10 天。

这次飞行是成功的，证明登月舱已经做好了载人飞行的准备。

## 5.9.6　阿波罗 10 号

阿波罗 10 号是阿波罗 11 号登月计划的正式演练。因此，阿波罗 10 号载人登月舱下降到距离月球表面上方约 47 400 ft 处，随后上升并与月球表面上方约 70 mile 轨道运行的指令服务舱交会对接。除了实际着陆之外，对阿波罗任务的所有部分都进行了演练。乘组成员是指令长汤姆·斯塔福德（Tom Stafford）；指令舱驾驶员约翰·杨；登月舱驾驶员吉恩·塞尔南。

阿波罗 10 号于 1969 年 5 月 18 日由土星 5 号发射。连接在一起的 S-IVB 第三级、指令服务舱和登月舱被送入 110 n mile 的地球停泊轨道。S-IVB 进行了一次进入月球轨道的喷射点火，开始了漫长的月球之旅。指令服务舱与登月舱适配器分离，并掉头飞回与 LM 对接。后来 S-IVB 从指令服务舱/登月舱组合体上脱离。

指令服务舱/登月舱组合体进入了绕月轨道。在 61 n mile×59 n mile 轨道处绕行。第二天，斯塔福德和塞尔南进入登月舱，为飞行做准备。登月舱脱离指令服务舱，并与指令服务舱保持同步飞行一段时间，直到所有登月舱系统完成检查和目视验证，包括通过指令服务舱展开起落架。

下降发动机点火，将登月舱置于 60 n mile×8.5 n mile 的轨道上，阿波罗 11 号轨道的最低点在计划着陆区附近。在飞越着陆区时，对着陆地点进行了目视评估，拍摄了一系列立体照片，登月舱着陆雷达锁定了着陆表面，并提供了距离和速度数据。最低的测量高度是 47 400 ft。

低空掠过后，下降发动机点火，将轨道提高到 190 n mile×12 n mile。随后，下降级被抛弃，上升级发动机和推进器被用来与轨道上的指令服务舱交会。交会对接成功，航天员进入指令服务舱。此时他们驾驶登月舱已经飞行了 8 h 10 min。

进入地球轨道的喷射点火成功完成,返回地球的过程是平静的。指令舱溅落在离目标点 1.3 n mile 的地方。这次飞行持续了 8 天。

这次飞行被认为是成功的。指令服务舱和登月舱的性能都令人满意,只是可操纵的登月舱通信天线有问题。所有的任务目标都完成了。这项任务提供了进行登月所必需的最终评估。

## 5.10   准备发射土星 5 号和阿波罗号的有效载荷

阿波罗 11 号的发射准备是土星 5 号准备及其有效载荷发射步骤和程序的一个好例子。

顶部装有阿波罗 11 号指令服务舱和登月舱的土星 5 号运载火箭是在肯尼迪航天中心巨大的垂直装配大楼内一级一级组装起来的。这座建筑仍然是世界上最大的单层建筑,高 525 ft,长 716 ft,宽 518 ft。它有足够的空间能够同时组装 4 枚土星 5 号运载火箭和飞船。装配是在运载火箭放置在移动发射架上的情况下进行的,这样,有土星 5 号和飞船垂直放置的移动发射架就可以从垂直装配大楼移动到发射台。

移动式发射架的底座长 160 ft,宽 135 ft。它由两层楼组成,总高度为 25 ft。楼层之间的强力支撑构成了一个非常坚固的结构来支撑土星 5 号、阿波罗飞船和一个塔架。在土星 5 号火箭正下方的发射架上,有一个 45 ft 见方的开口,让排出的火焰通过,并向下进入发射台的火焰导向器。

一个和飞船一样高的塔架安装在移动发射架上,用来稳定飞船,并提供进入指令舱的通道。移动发射台由 6 个 22 ft 长的支架支撑,这样履带式运输车就可以在下面移动。履带式运输车升起一个平台来举起移动式发射台,然后笨重地把火箭和飞船搬到 3.5 n mile 外的发射台。图 5-13 是 1969 年 5 月 20 日阿波罗 11 号被移出垂直装配大楼的照片。

履带式运输车长 131 ft,宽 114 ft,高约 20 ft。它重达 600 万 lb。4 个角上都有双履带传动装置支撑。8 个履带式传动装置各装有 57 个长 7.5 ft,宽 1.5 ft,重约 2 100 lb 的垫片。履带式运输车是由马里恩挖土机公司制造的。马里恩蒸汽挖土机在挖掘巴拿马运河中发挥了重要作用。这个履带式运输车的巨大尺寸可以从图 5-14 照片中根据人的尺寸来判断。

履带式运输车顶部的平台可以从地面以上 20 ft 提升到 26 ft。在缩回位置,平台刚好可以安装在移动发射台下面。履带式运输车驶入垂直装配厂房,停在移动发射台下方。平台被抬高,将移动式发射台和搭载阿波罗飞船的土星 5 号,运载到履带式运输车上。满载的履带式运输车随后驶出大楼,驶向发射台。平台是足够平稳的,即使爬上一个 5°的斜坡到发射台顶部,还可以保持平台顶部水平在 0.17°以内。

图 5-15 是一张阿波罗 11 号和移动式发射台被运送到发射位置的照片。在将移动式发射台部署在发射台的精确位置后,履带式运输车撤离了。在发射后,将移动式发射台运回到垂直装配大楼附近。当装载土星 5 号和阿波罗号时,履带式运输车每小时行驶约 1 mile。空载时,它能以每小时 2 mile 的惊人速度行驶。

图 5-13　阿波罗 11 号离开垂直装配大楼前往发射台（NASA 照片，见彩插）

图 5-14　没有装货的履带式运输车（NASA 照片，见彩插）

图 5-15　阿波罗 11 号被运送到发射台（NASA 照片，见彩插）

　　我当时就在阿波罗 15 号发射位置所在的海角。访问期间，在发射位置旁边我记得最为清楚的事情就是检查两辆履带式运输车中的其中一辆。履带式运输车用于运输航天飞机和阿波罗号。近期它被翻新了，使用了新的发动机，用于运送 NASA 最新的重型运载火箭和猎户座载人飞船。

## 5.11　阿波罗 11 号飞行概况

本节概述了将阿波罗 11 号航天员从地球发射，轻轻地降落在月球上，并安全返回地球的事件和操作。本书该部分叙述的阿波罗 11 号任务，可以让读者在读到随后的章节时能够更好地理解指令服务舱和登月舱的各种子系统。阿波罗 11 号的航天员是指令长尼尔·阿姆斯特朗；指令舱驾驶员迈克·科林斯（Mike Collins）；登月舱驾驶员埃德温·奥尔德林（Edwin "Buzz" Aldrin）。

### 5.11.1　发射并进入地球轨道

在 7 月 16 日早上 7 点之前，航天员进入了指令舱。为了到达指令舱，他们乘坐发射架上的电梯到达 320 ft 的高度。然后，他们走过 9 号摆臂，来到位于指令舱舱门旁边的洁净室（图 5-16）。包括阿波罗 11 号在内的几次阿波罗发射期间，洁净室的负责人是根特·文特（Guenter Wendt）。温特是一位严格遵守纪律，受航天员尊敬的人。

进入指令舱后，航天员和地面工作人员遵循全面的"阿波罗 11 号飞行计划"以及详细的清单开始工作。清单从发射前各种仪表板上的 128 个开关位置设置开始，并在整个任务中持续记录开关位置和读数。1969 年 7 月 1 日制定的最终飞行计划规定预定的发射时间为 1969 年 7 月 16 日，东部标准时间上午 9:32。严格按照时间表，实际发射在 7 月 16 日上午 9:32 准时进行。飞行计划给出的发射窗口持续时间为 4 h 24 min。

指令舱的舱门在上午 7:25 左右关闭。倒计时继续顺利进行。在发射前的时间里，航天员们忙于按照清单检查开关位置、显示器和指示器的状态。他们还参与了紧急检测系统的详细检查和导航系统的校准检查。

倒计时达到倒数 4 s，S-1C 第一级的强大发动机依次点火。推力增加，一旦所有 5 台发动机都达到最大推力，限制土星 5 号的压紧装置被释放，阿波罗 11 号从移动发射台上起飞。发射时间是 1969 年 7 月 16 日上午 9:32。图 5-17 是阿波罗 11 号发射时的照片。

发射后 1.7 s，开始进行 1.25° 的偏航机动，使土星 5 号倾斜离开发射架。发射 9.7 s 后，航天器回到垂直位置。发射后 13.2 s，一个滚动机动开始滚动航天器，使 Y 轴从东北 90° 移动到东北 72°。这一机动的目的是通过使航天器俯仰来实现在地球上空 72° 的期望飞行路径方位角。俯仰机动与滚动机动同时开始，航天器从垂直飞行慢慢倾斜到一个可以使它越过海洋的路径。

航天器在发射后约 66 s 速度达到 $Ma=1$、高度达到 25 736 ft。发射后 83 s，飞行高度为 44 512 ft 时，航天器上的最大动态压力 $Q$ 为 735 lb/ft$^2$。动态压力是一个令人关注的问题，因为当动态压力很高时，航天器的弯曲会导致灾难的发生。在阿波罗 11 号任务的描述中，时间将从发射开始，以小时：分钟：秒来表示。因此，000:02:44 表示发射后 2 min 44 s。本章中所有提及的"（英）里"（mile）都是"海里"（nautical mile）（相当于

图 5-16　紧靠阿波罗 11 号指令舱侧舱门的洁净室（见彩插）

6 076.1 ft)。速度读数是地球固定坐标值。当航天器在进入月球轨道时,速度参数从地球固定坐标值变为太空固定坐标值。

发射后 2 min 15 s（000：02：15）,中央 S-1C 发动机关闭,外侧发动机在发射后 2 min 42 s 关闭。在外侧发动机关闭时,加速度已经达到 3.94 g。此时的速度已经达到 7 852 ft/s,高度为 35.7 n mile,航天器的下段射程为 50.5 n mile。

发射后 2 min 42 s,S-1C 级分离,发射后 2 min 44 s,S-Ⅱ级发动机点火。

图 5 - 17　阿波罗 11 号离开地球（NASA 照片由作者裁剪，见彩插）

发射后 3 min 18 s，航天器到达一个高度和速度后，逃逸塔分离。逃逸塔的作用是如果需要中止任务，指令服务舱可以与运载火箭分离，并使用服务舱发动机和反作用控制系统发动机进行机动。指令舱将与服务舱分离重新进入大气层，像正常着陆一样溅落返回。

S-Ⅱ级的中央发动机在发射后 7 min 41 s 关闭，外侧发动机在 9 min 8 s 关闭。在外侧发动机关闭时，航天器速度为 21 368 ft/s，高度为 101.1 n mile，航天器射程为 874 n mile。S-Ⅱ级与航天器分离，S-ⅣB 第三级的发动机于发射后 9 min 12 s 点火。在航天器进入地球轨道后,发动机在发射后 11 min 49 s 关闭。当时航天器的速度是 24 244 ft/s,高度是 103.2 n mile,航天器射程为 1 461 n mile。

航天器轨道的远地点为 100.4 n mile,近地点为 98.9 n mile。大约绕地球一周半后,S-IVB 级的发动机再次点火,将速度提高到进入月球轨道所需的速度。在点火 5 min 47 s 后,发动机于发射后 2 h 50 min 3 s 关闭。这次点火使速度增加到 34 230 ft/s,将航天器送入月球轨道。月球轨道是一个很宽的轨道,它使得航天器在返回地球附近之前,绕月球一圈。

### 5.11.2 进入月球轨道

进入月球轨道后,下一步是将指令服务舱与其余组合体部分分离,并在太空中向外和旋绕机动(maneuver it out and around in space),随后返回并将圆锥形末端与登月舱对接。指令舱驾驶员迈克·科林斯操纵指令服务舱内的反作用发动机完成机动。

发射后约 3 h 17 min,指令服务舱与组合体分离。科林斯随后用服务舱上的反作用控制发动机,将指令服务舱与航天器的其余部分分开,并在太空中将指令服务舱调转方向,使指令服务舱舱上的圆锥形末端面向登月舱。然后,他小心翼翼地将指令服务舱圆锥形末端与登月舱对接系统对接。对接后,登月舱被安全地锁定于指令服务舱上。对接发生在发射后约 3 h 24 min。科林斯后来说,在回来之前,他把指令服务舱移到了离组合体大约 100 ft 远的地方。

发射后 4 h 17 min,登月舱与仪器舱和 S-IVB 级分离。连接在一起的指令服务舱和登月舱继续向月球前进。

为了更新校准惯性平台,航天员用六分仪观测了几颗恒星。然后,航天器进入被动热控制模式,在此期间,航天器姿态被设置为侧面对太阳,然后它以大约 3 r/h 的速度绕 X 轴旋转,以平衡航天器内的温度。

发射后大约 14 h,乘组开始入睡。这应该是东部标准时间(EST)晚上 11:30 左右。美国东部时间 7 月 17 日上午 8:22,乘组被叫醒。

第二天最重要的任务是中途修正,发生在发射后 26 h 44 min 58 s。它包括在制导和导航系统计算机的控制下,服务舱中的服务推进子系统(SPS)发动机点火 3.13 s。计划的速度变化为 21.3 ft/s,这个目标实现了。点火后的速度是 5 010 ft/s。

当天晚些时候,来自手持摄像机的彩色电视信号从航天器传回地球。图像显示了从大约 128 000 mile 的距离看地球,以及指令舱内部的视图。

航天员在美国东部标准时间第二天晚上 9:42 开始睡眠。他们在美国东部时间 7 月 18 日上午 9:41 左右接到了任务控制中心的唤醒呼叫,因为没有什么紧急的事情,他们多睡了一个小时。

对航天员来说,7 月 18 日那天最重要的任务是检查登月舱的状况。操作的第一步是给登月舱加压,在此之前登月舱一直处于非加压状态。这是通过打开一个阀门,让指令舱大气进入登月舱来实现的。额外的氧气被输入指令舱来弥补压差。发射后 55 h 36 min,在指令舱和登月舱的压力达到平衡后，登月舱的舱门打开。

奥尔德林首先进入登月舱，并携带了摄像机。登月舱内部的电视图像和返回指令舱的图像被传送回地球。几分钟后，阿姆斯特朗也加入了他的行列，他们两人开始整理和存放东西，以便为他们预定的第二天登月舱系统详细检查做准备。

在完成登月舱的工作后，乘组返回指令舱。重新安装了浮标和探头，关闭了舱门。发射后大约 61 h，即美国东部时间第三天晚上 10∶30，乘组在预定的睡眠时间入睡。

发射后约 61 h 40 min，航天器进入月球重力场影响的范围，飞行任务控制中心进行了计算转换，从地球参考数据转换到月球参考数据。当时航天器距离地球 186 487 mile，距离月球 33 822 mile。

航天员被允许睡到美国东部时间 7 月 19 日上午 8∶32，因为不需要在上午早些时候进行第二次中途修正。7 月 19 日的两件大事是进入月球轨道和启动并检查登月舱内的系统。

### 5.11.3　月球轨道飞行

发射后 75 h 41 min，月球轨道上的航天器经过月球背面，与地球的通信中断。发射后 75 h 49 min 51 s（美国东部时间下午 1∶12），当航天器仍然在月球背面时，SPS 发动机点火以降低航天器的速度，使航天器进入月球轨道。发动机点火 5 min 58 s，速度减慢了 2 918 ft/s。点火后的速度是 5 479 ft/s。调整后的绕月轨道远月点为 169.7 mile，近月点为 60 mile。

航天器进入绕月球的顺时针轨道上，以便登月舱内航天员着陆时背对着太阳。在第三轨道运行期间，在月球背面，SPS 发动机在发射后 80 h 11 min 37 s（美国东部时间下午 5∶43）进行了第二次点火，航天器环绕轨道运行。点火持续了 16.9 s，并导致 159 ft/s 的速度变化。点火后的速度是 5 338 ft/s。新轨道的远月点为 66.1 mile，近月点为 54.5 mile。此轨道故意设置得有些偏心，因为分析表明由于月球轨道上变化的引力场，轨道将逐渐变成圆形 。

阿姆斯特朗和奥尔德林大约在发射后 81 h 25 min（美国东部时间下午 6∶57）进入登月舱，给登月舱系统加电并进行检查。检查包括通信系统所有模式下的数据。登月舱检查完毕，登月舱在发射后大约 83 h 30 min（美国东部时间晚上 9∶02）断电。航天员的睡眠时间大约在美国东部时间第 4 天上午 12∶05。

### 5.11.4　下降和月球着陆

美国东部时间 7 月 20 日上午 7∶04，航天员们接到了唤醒呼叫。这将是一个重要的日子，其任务是将登月舱与指令服务舱分离，登月舱进入下降轨道点火，然后执行动力下降，在月球上着陆。计划早上在着陆点着陆，这样温度不会过高，太阳也足够低，可以产生良好的阴影，帮助他们观察着陆区。

大约在发射后 95 h 51 min（美国东部时间上午 9∶23），奥尔德林进入登月舱，开始通电和检查。阿姆斯特朗穿上压力服，在美国东部时间上午 10∶22 和奥尔德林一起进入登月舱继续检查。奥尔德林在美国东部时间上午10：30左右回到指令舱，穿上压力服，然后在登月舱与阿姆斯特朗会合，继续检查。登月舱的着陆腿于美国东部时间上午11：46展开。

经检查登月舱的所有系统运行良好。登月舱于发射后100 h 12 min（美国东部时间下午1：44）与指令服务舱分离，当时阿波罗11号位于月球背面。图5-18是科林斯拍摄的分离后不久的登月舱照片。

图5-18　与指令服务舱分离后的登月舱（作者裁剪的NASA照片，以消除杂散光条纹，见彩插）

登月舱内的所有系统看起来都很好，下降发动机在发射后102 h 33 min 05 s（美国东部时间下午4：05）再次点火，进行动力下降启动（PDI）点火。点火从最大推力的10%开始，然后在计算机控制下推进到最大推力，持续一段时间，使登月舱到达着陆区。总点火时间为12 min 36 s。

动力下降分为三个阶段，每个阶段由不同的计算机程序（P）控制。这些阶段是刹车阶段（P63）、靠近阶段（P64）和着陆阶段（P65）。可以选择一个额外的程序（P66），由计算机控制航天器的稳定性，但它允许人工输入来指挥飞行路径。

点火开始时，登月舱的朝向是发动机向前，窗口朝向月球表面。航天器于发射后102 h 36 min 46 s（美国东部时间下午 4：08）开始滚动，同时仍处于刹车阶段，以将方向改为窗口朝上。航天员们通过驾驶舱内显示的到着陆点的距离、刹车阶段的剩余时间，以及航天器的速度，密切关注飞行的进展。

奥尔德林在发射后102 h 38 min 4 s报告着陆雷达锁定。雷达显示，到月面的高度约2 800 ft，低于导航和制导系统计算的高度。雷达数据图显示锁定后斜距为 44 000 ft。更新计算机内的雷达的数据后，到发射后102 h 39 min 24 s，计算机估计的高度和雷达高度一致。

大约在发射后102 h 39 min，一个代码为1202的警报响起，并在余下的下降过程中持续频繁响起。任务控制中心认为这个警报不是表示任务需中止，但是它干扰了乘组。警报是由于任务计算机过载引起的，这导致计算机重新初始化，并恢复最高优先级任务的运行。

在发射后102 h 39 min 31 s，计算机关小了下降发动机，在发射后102 h 41 min 32 s抵近阶段（计算机程序P64）开始。在发射后102 h 41 min 35 s，计算机开始将登月舱从55°倾斜到一个更直角度的位置。发射后 102 h 41 min 51 s，阿姆斯特朗报告高度为5 000 ft，下降速度为 100 ft/s。发射后102 h 41 min 55 s，在手动控制下他切换到姿态保持模式，并检查了操控性能。他对操控感到满意，并在发射后102 h 42 min 3 s切换回计算机程序控制模式。

在发射后102 h 42 min 37 s，阿姆斯特朗报告高度为1 000 ft，下降速度为30 ft/s。他询问奥尔德林LPD角。奥尔德林回应35°。LPD角是由计算机生成的两位数，用于确定着陆点。在登月舱的窗口上有一条刻有度数的刻线。计算机生成的角度越过刻线，就可以看到预测的着陆区域。图 5 - 19 显示了带有刻线的窗口草图。

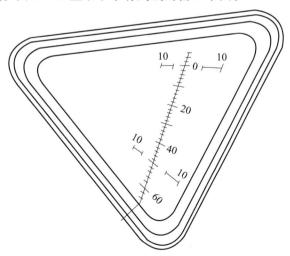

图 5 - 19　登月舱窗口上的刻线与 LPD 的角度相匹配（NASA 图片）

　　阿姆斯特朗不喜欢计算机带他们去的着陆区，因为那是一个陨石坑，周围是巨石。他在发射后 102 h 43 min 15 s，通过将 PGNS 切换到姿态保持，并按下下降速率开关，对登月舱进行手动控制。下降速率开关允许每轻按一次，下降速度就增加 1 ft/s。第一次轻按时，使计算机程序改成了 P66。在手动控制下，他将俯仰角调整到更接近垂直方向，以降低下降速率，然后让登月舱飞过陨石坑。发射后 102 h 43 min 26 s，奥尔德林报告高度为 400 ft，下降速度为 9 ft/s，水平速率为 58 ft/s。在发射后 102 h 44 min 02 s，阿姆斯特朗宣布"看起来这里是个好地方"，他将飞船向后倾斜了一点，从而降低向前的速度。

　　在最后一次下降过程中，奥尔德林继续通过计算机显示向阿姆斯特朗报告飞行信息。这些信息以简洁的形式从一个航天员传递给另一个航天员。下面是在着陆期间，奥尔德林提供给阿姆斯特朗的信息。

　　102：44：07——高度 250 ft，下降速度 2.5 ft/s，前进速度 19 ft/s。

　　102：44：31——高度 160 ft，下降速度 6.5 ft/s。

　　102：44：45——高度 100 ft，下降速度 3.5 ft/s，前进速度 9 ft/s，剩余燃料 5%。

　　102：45：08——高度 60 ft，下降速度 2.5 ft/s，前进速度 2 ft/s。

　　102：44：45——高度 20 ft，下降速度 0.5 ft/s，前进速度 4 ft/s，并向右漂移一点。

　　102：45：40——着陆成功。

　　触地信号来自 67 in 长的细探头，它悬挂在着陆垫上，在着陆前发出警报。NASA 给出的着陆时间为发射后 102 h 45 min 39.5 s，阿姆斯特朗在发射后 102 h 45 min 41.4 s（美国东部时间下午 4：17）关闭发动机。

　　在执行了几次关机任务后，阿姆斯特朗于发射后 102 h 45 min 58 s 向任务控制中心报告了他著名的话："休斯敦，这里是宁静海基地。老鹰号着陆成功。"在美国东部时间下午 4：18，奥尔德林，一个"并不懒散"的飞行员，评论道："着陆非常平稳。"地面遥测数据显示，着陆时的垂直速度为 1.7 ft/s，向前的速度可以忽略不计，向左的速度为 2.1 ft/s。相比之下，正常的步行速度是 4.4 ft/s。

　　如果登月舱出了问题，或者任务控制中心从遥测数据中发现了严重的问题，乘组将会立即开始准备紧急起飞。美国东部时间下午 4：19，任务控制中心确认登月舱状态良好，并通知乘组，他们可以在预定时间 T1 之前停留在月球。

　　按照清单，乘组开始模拟发射倒计时。这一程序是作为从月球上实际发射的一种练习而设立的，也是为了在他们需要匆忙离开月球时做好准备。倒计时是一个漫长的过程，包括调整导航系统。校准是通过观测恒星和利用月球的重力及运动参数来完成的。

　　模拟倒计时于发射后 104 h 35 min 31 s（美国东部时间下午 6：07）完成，登月舱部分断电。按照飞行计划要求，在去外面探测月球之前先吃一顿饭，然后休息一段时间。航天员建议不要休息时间。任务控制中心同意了，于是航天员在发射后 106 h 11 min（美国东部时间晚上 7：43）开始为舱外活动（EVA）做准备。

### 5.11.5　月面探测

为出舱做准备是一个长时间的过程，包括穿上压力服，背部安装便携式生命保障系统（PLSS），胸部安装远程控制装置（RCU），并把一切都连接起来。最后要戴的是头盔和手套。最后，一切都检查完毕，包括使用折叠式天线的通信系统，该天线可以垂直安装在 PLSS 顶部。在将登月舱内部的压力降到与外部相同后，登月舱的侧舱门于发射后 109 h 7 min 33 s（美国东部时间晚上 10：39：33）打开。

发射后 109 h 19 min 16 s，穿着 PLSS 的阿姆斯特朗设法从舱门挤了出来，他站在打开的舱门旁边的门廊上。他拉了拉一根吊带，这根吊带允许一个内装摄像机的组件可以随着他的脚步顺着梯子下到月面。到达梯子的最下面一级时，他报告了月面的情况和着陆垫陷入的程度。在发射后 109 h 24 min 12 s（美国东部时间晚上 10：56：12），他走下登月舱登上月球，并说出了那句著名的话："这是我个人的一小步，却是人类的一大步。"

阿姆斯特朗在月球表面进行了一系列观察，然后奥尔德林通过月球设备传送带（LEC）将哈塞尔布兰德相机传递给他。LEC 是一条长扁吊带，带有滑轮装置，可以在登月舱和月面之间传输设备。

这部哈塞尔布兰德 500EL 相机是为太空使用而改装的，它使用一个电动马达来推进胶卷并启动快门。它使用了 70 mm 的胶卷，装在一个可拆卸的胶卷盒里，可以装 160 张彩色照片或 200 张黑白照片。照相机固定安装在航天服胸部的支架上，需要航天员转动身体来对准照相机。

在拍摄了一系列照片后，阿姆斯特朗用一个专门设计的袋子收集了月球土壤样本，并将袋子放在压力服的一个特殊口袋里。

大约发射后 109 h 42 min，奥尔德林走出登月舱，走下梯子。图 5-20 是奥尔德林刚刚踏下最后一级踏板，阿姆斯特朗在另一张照片里。这张照片显示了在脚垫上面的底部台阶的可察觉高度。最后一级大约在照片中奥尔德林腰带的高度。

阿姆斯特朗从用来拍摄航天员从梯子上下来视频的组件上取下电视摄像机，他更换了镜头，以便更好地拍摄他们在登月舱周围的活动。他揭开了附着在一个着陆腿上的铭牌，读了上面的字，并用电视摄像机拍下了它的视频。图 5-21 是铭牌的照片。上面写着：

> "这里是来自地球的人
> 首次踏上月球
> 公元 1969 年 7 月
> 我们为全人类的和平而来"

铭牌的底部是 3 名航天员和尼克松总统的签名。然后，电视摄像机被放到远离登月舱——其电源线最长处，并架设在三脚架上，用以捕捉航天员活动的视频。电视录像被传送回地球，这样任务控制中心和全世界都可以观看到这次历史性的探险。

图 5 - 20  站在登月舱脚垫上的奥尔德林(NASA 照片,见彩插)

阿姆斯特朗和奥尔德林在月面上走来走去,并向任务控制中心汇报了他们的感受和观察结果。奥尔德林报告他们的稳定性和活动性很好,并得出结论,在月球上机动不成问题。他们对整个地区和感兴趣的岩石拍了几张照片。

在发射后 110 h 16 min 30 s(美国东部时间晚上 11:48:30),任务控制中心要求阿姆斯特朗和奥尔德林一起站在电视摄像机的视野中,观看尼克松总统的讲话。尼克松讲话的前两句是:"尼尔和巴兹,你们好。我在白宫的椭圆形办公室里通过电话与你们交谈,这无疑是有史以来最具历史意义的电话。我必须告诉你们,我们为你们感到无比骄傲。"阿姆斯特朗回应道:"谢谢你,总统先生。我们不仅代表美国,而且代表世界各国的和平人士,带着对未来的兴趣、好奇和憧憬来到这里,这是一种极大的荣誉和荣幸。我们很荣幸今天能够参与其中。"

阿波罗计划的一个重要组成部分是为更多地了解月球而设计的科学实验。阿波罗 11 号进行的实验如下。

• 土壤力学调查。

• 太阳风成分实验。

• 早期阿波罗科学实验包(EASEP):

图 5-21　阿波罗 11 号着陆腿上的铭牌（NASA 照片，见彩插）

—流动地震台阵观测；

—激光测距反射镜；

—月球尘埃探测器。

适应了在月球表面活动后，奥尔德林打开了登月舱侧面的门，里面存放着早期阿波罗科学实验包（EASEP）和其他科学包。图 5-22 显示的是阿姆斯特朗在月球表面拍摄的登月舱和奥尔德林取下 EASEP 的照片。

航天员部署并调平 EASEP 科学仪器。接下来，一张 12 in×55 in 大小的铝箔被放置在阳光下，用于进行太阳风实验。大约暴露 77 min 后，它被回收并放入塑料袋中，以便带回地球。

航天员用锤子把核心管凿进去，用来获取月球表面下的物质样本。他们发现很难把核心管凿到月面以下超过 6 in。核心管被盖上盖子，放在一个"岩石箱"内带回地球。

大约 20 块不同形状的石头被收集起来，将它们和作为填充材料的月壤一起放到两个岩石箱内。铝制岩石箱正式的名称为"阿波罗月球样本返回容器"，大小为 19 in×

图 5 - 22 奥尔德林从登月舱上取下 EASEP(NASA 照片,见彩插)

11.75 in×8 in,关闭时有一个气密密封圈。通过这些箱子,将在阿波罗 11 号着陆点周围收集的总共 47.7 lb 的月球物质送回地球。

阿姆斯特朗所拍的奥尔德林站在放置好的 EASEP 实验包旁边的照片如图 5 - 23 所示。

发射后 111 h 21 min 16 s(美国东部时间 7 月 21 日上午 12:53),任务控制中心通知乘组,是时候结束活动并停止舱外活动了。两名航天员后来都表示,他们希望能在月面上停留更长时间,因为他们想做的事情还有很多。发射后 111 h 25 min 4 s,奥尔德林开始爬上登月舱的梯子。他留在门廊上帮助阿姆斯特朗把两个岩石箱和两个胶卷盒搬上去。相机被留在月球上,以减轻上升段的重量。

阿姆斯特朗在发射后 111 h 37 min 29 s 开始登上登月舱的梯子。他已经在月球表面呆了 2 h 13 min。两名航天员进舱后,登月舱的舱门在发射后 111 h 39 min 13 s(美国东部时间凌晨 1:11)关闭。

图 5 - 23　奥尔德林站在放置好的实验包旁边（NASA 照片，见彩插）

　　舱内被重新加压，航天员们卸下了他们的便携式生命保障系统（PLSS）并开始用餐。发射后 113 h 47 min 40 s，任务控制中心通知乘组，起飞的时间为发射后 124 h 22 min 2 s（大约 10 h 34 min 后）。

　　他们入睡之前的最后一项任务是给舱内泄压，打开侧舱门，抛弃两个 PLSS 装置和其他不需要的物品，以减轻上升段的重量。任务控制中心通知乘组，他们放置在月面上的地震设备记录了每个 PLSS 坠落时的冲击。对此，阿姆斯特朗回应道："真的再也没什么可扔的了，不是吗？"

　　他们给舱内泄压，并于 7 月 21 日发射后 114 h 53 min（美国东部时间凌晨 4：25）开始睡觉。航天员睡觉时戴着头盔和手套，避免那些已被带入舱内的月尘，这些月尘是他们在月表探险时落在服装上的。任务控制中心在 7 月 21 日发射后 121 h 40 min 36 s（美国东部时间上午 11：12）对登月舱乘组发出唤醒呼叫。

航天员做好了从月球发射的上升段准备。奥尔德林利用月球的重力矢量和单星瞄准镜对惯性平台进行了校准。终止制导系统也被校准。当哥伦比亚号指令服务舱从上空经过时，使用交会雷达获得一系列的距离和距离变化率读数。这些数据被用来确定登月舱在月球表面上的位置，并确定登月舱相对于指令服务舱轨道平面的位置。随后，在发射进入上升段之前，航天员们继续检查了几份月球表面清单。

### 5.11.6　从月面上升并交会

爆炸螺栓点火，将上升阶段和下降阶段分开，上升发动机于发射后 124 h 22 min（美国东部时间下午 1：54）点火。上升段垂直上升约 10 s，当垂直速度达到 40 ft/s 后，开始俯仰机动。俯仰导致飞行路径偏离当地垂直方向 50°，以便航天器能够获得月球轨道所需的地平线速度。

在 1 000 ft 的高度，垂直速度达到了 80 ft/s。在 9 000 ft 的高度，垂直速度是 150 ft/s，水平速度是 700 ft/s。在该级达到轨道速度后，上升发动机按设计关闭。乘员宣布在点火 7 min 后，124 h 29 min 17 s 时关闭。进入月球轨道时的高度为 60 300 ft，垂直速度为 32 ft/s，水平速度为 5 537 ft/s。该轨道的远月点为 47.3 mile，近月点为 9.5 mile。

这里作者有一个私人提示：从月球上升并到达月球轨道的任务对我们所有参与阿波罗计划的人来说是一个巨大的安慰。成功着陆是伟大的，着陆雷达工作良好的事实也不错，但对于作者来说从月球上发射一直是一个大问题。任务期间大多数其他操作都有中止备份，但如果上升发动机没有启动或不稳定，航天员可能会被困在月球上或死亡。这将是多么大的灾难！直到乘组安全返回地球前，我们这个机构里几乎没有什么祝贺的声音。

登月舱乘组在到达月球轨道后不久就对惯性平台进行了校准。登月舱状态向量被上传到哥伦比亚号指令服务舱的计算机。指令服务舱计算机使用登月舱状态向量、来自 VHF 测距系统的距离数据，以及到登月舱跟踪灯的六分仪角度视线，来更新相对于登月舱的导航系统。如果登月舱不能到达指令服务舱的轨道，科林斯准备利用指令服务舱计算机中的导航数据来引导指令服务舱下降以营救登月舱。

点燃了登月舱的 $Z$ 轴反作用控制推进器，使其绕轨道运行。调整轨道需要一些技巧，使用推进器比启动主上升发动机更合适。

有必要对上升级轨道进行几次额外的调整，以便最终与指令服务舱会合，并开始与它保持同步。图 5-24 是科林斯拍摄的上升段返回指令服务舱的照片。科林斯说他喜欢这张照片，因为在这张照片中同时可以看到地球、月球、登月舱和指令服务舱的边缘。

在指令服务舱和登月舱进行一系列机动之后，登月舱的上升级于发射后 128 h 3 min（美国东部时间下午 5：35）与指令服务舱对接。对接发生在从月球发射后 3 h 41 min，登月舱在第二轨道上大约绕月球四分之三圈。

登月舱乘组及其收集的月球土壤和岩石被转移到指令服务舱。在发射后 130 h 9 min 31 s（美国东部时间 7：41），登月舱的上升级与指令服务舱分离。

图 5 - 24　阿波罗 11 号返回指令服务舱的上升阶段（NASA 照片，见彩插）

### 5.11.7　返回地球

进入地球轨道的变轨（TEI）点火发生在发射后 135 h 24 min（美国东部时间 7 月 22 日上午 12：56），这时指令服务舱在月球的远侧。点火持续了 151 s，将指令服务舱的速度从 5 376 ft/s 增加到 8 589 ft/s，并将航天器置于朝向地球的路径上。从 TEI 到进入地球大气层需要 59 h 37 min。在距离地球 169 087 mile 处进行了 10 s 的中途修正点火，使航天器速度变为 4.8 ft/s。

指令服务舱距离地球 1 778 mile 时，指令舱与服务舱分离。指令舱于发射后 195 h 3 min 以 36 194 ft/s 的速度进入地球大气层。在指令舱通过减速伞减速后，抛弃前隔热罩，打开制动伞。在制动伞将速度减到 180 ft/s 后，主降落伞展开，指令舱以约 32 ft/s 的速度下落，于发射后 195 h 18 min（美国东部时间下午 12：35）溅落在太平洋。溅落发生在距离预定地点仅 1.7 mile 的地方，靠近回收船——大黄蜂号航空母舰。回收区位于夏威夷西南 812 mile 处。

美国大黄蜂号航母上的救生员团队将航天员从指令舱接出,然后被直升机送到大黄蜂号上。他们于美国东部时间 7 月 24 日下午 1:38 抵达航母。至此,他们到达月球表面并返回的史诗般的旅程花了 8 天时间。

## 5.12　阿波罗登陆点

美国地质调查局(USGS)已经准备了详细的月球地形图。图 5-25 是阿波罗 11 号在宁静海着陆点附近的部分地图。

图 5-25　阿波罗 11 号着陆点附近的月球地形图(摘编自 USGS 图片,见彩插)

阿波罗 11 号的着陆坐标是北纬 0.674°,东经 23.473°。在月球的坐标系统中,地图上有 tic 标记的垂直线是 0°经线,有 tic 标记的水平线是 0°纬线。每个 tic 刻度代表一个纬度或经度。着陆点位于零纬度线以上 0.674 tic 标记处,以及至零经度线右侧 23.473 tic 标记处。

阿波罗 11 号的着陆点选在几年前勘测者号和漫游者号无人探测器探索过的地区。阿波罗 11 号在距离勘测者 5 号大约 14.5 n mile、距离漫游者 8 号大约 38 n mile 的地方着陆。

图 5-26 是月球近侧的照片,显示了阿波罗号 6 次着陆的地点,表 5-2 是着陆坐标的表格。阿波罗 17 号的最后一次着陆是在 1972 年 12 月。

在 1973 年,阿波罗计划的费用总计达 254 亿美元,约合 2018 年的 1 473 亿美元。作为回报,美国人民得到了无与伦比的航天员在月球上行走和工作的壮观景象,以及大量的科学数据。美国在世界上的威望直线上升。

图 5-26　阿波罗在月球一侧上着陆的位置（NASA 图片，见彩插）

**表 5-2　月球坐标系内的阿波罗着陆点**

| 任务 | 着陆地点 | 纬度 | 经度 |
|---|---|---|---|
| 阿波罗 11 号 | 宁静海 | 0.674° N | 23.473° E |
| 阿波罗 12 号 | 风暴海 | 3.012° S | 23.422° W |
| 阿波罗 14 号 | 弗拉-毛罗 | 3.645° S | 17.471° W |
| 阿波罗 15 号 | 哈雷-亚平宁山脉 | 26.132° N | 3.634° E |
| 阿波罗 16 号 | 笛卡儿 | 8.973° S | 15.498° E |
| 阿波罗 17 号 | 金牛座-利特罗 | 20.191° N | 30.772° E |

## 5.13　指令舱、服务舱和登月舱

指令舱、服务舱和登月舱是相当复杂的航天器，体现了当时最先进的技术。作者选择在这本书的不同章节介绍这些重要的舱。指令舱在第 6 章中介绍。服务舱在第 7 章中介绍，登月舱在第 8 章中介绍。

# 参 考 文 献

［1］ Apollo 11 Mission Report，NASA Report NASA SP - 238，1971.

［2］ Apollo 15 Mission Report，NAA Report MSC - 05161，1971.

［3］ Bennett Floyd V. Apollo Experience report - Mission Planning for Lunar Module Descent and Ascent，NASA Technical Note NASA TN D - 6846，June 1972.

［4］ Bennett Floyd V. Apollo Lunar Descent and Ascent Trajectories，NASA Technical Memorandum NASA TM X - 58040，January 1970.

［5］ Bilstein Roger E. Stages to Saturn A Technological History of the Apollo/Saturn Launch Vehicles，NASA History Office，NASA Report SP - 4206，Updated August 2004.

［6］ Brooks Courtney G. Grimwood James M. ，Swenson Loyd S. ，Chariots for Apollo，Dover Publications，Mineola，New York，2009.

［7］ Huntley J D. U. S. Space - Launch Vehicle Technology，University Press of Florida，2008.

［8］ Orloff Richard W，Harland David M. Apollo The Definitive Sourcebook，Praxis Publishing，Chichester，UK，2006.

［9］ Orloff Richard W. Apollo by the Numbers，NASA report NASA SP - 2000 - 4029，Revised September 2004.

［10］ Saturn V Flight Manual SA 507，NASA Report MSFC - MAN - 507，August 1969.

［11］ Saturn V major subcontractors and NASA，Saturn V News Reference，August 1967.

［12］ Seamans Robert C. Project Apollo The tough Decisions，NASA report NASA SP 2005 - 4537，2004.

［13］ Siddiqi Asif A. Deep Space Chronicle，NASA report NASA SP - 2000 - 4524，June 202.

［14］ Woods David MacTaggart Ken，O'Brien Frank. The Apollo 11 Flight Journal，NASA History Division，updated March 2016.

［15］ Zupp George A. An Analysis and a Historical Review of the Apollo Program Lunar Module Touchdown Dynamics，NASA Report NASA/SP - 2013 - 605，January 2013.

# 第6章 阿波罗指令舱

在返回地面之前，阿波罗指令舱和服务舱一直保持连接状态。两舱组合体合称为指令服务舱（CSM）。图 6-1 显示了从登月舱上拍摄的阿波罗 15 号指令服务舱绕月飞行时的照片。服务舱呈圆柱形，底部安装火箭发动机。指令舱呈黑色圆锥形，安装在服务舱的前端（图 6-1）。指令舱合理布局，高效地利用有限空间，为三名航天员提供了几天的生活住所。除了为乘员提供舒适的住所外，它还能够控制指令服务舱或单独控制指令舱、启动服务舱火箭发动机点火，以及提供与地面和登月舱的通信。图 6-2 显示了阿波罗 9 号指令舱的照片，该照片在圣地亚哥航空航天博物馆展示。指令舱底部隔热层最宽处的直径为 12 ft 7 in，从隔热层底部到对接探测器的顶部高 10 ft 7 in。包括三名航天员在内的发射重量约为 13 000 lb。指令舱和服务舱由位于加州海豹滩的北美航空公司研发。

图 6-1 阿波罗 15 号指令服务舱绕月飞行照片（NASA 照片，见彩插）

图 6 - 2  阿波罗 9 号任务拍摄的指令舱（作者提供的照片，见彩插）

## 6.1  指令舱背景介绍

指令舱的最初计划具有不确定性，经历了一个动荡的开始，并且它曾搭载了阿波罗计划中唯一一批牺牲的乘组。之所以出现这种不确定性，是因为在签订开发指令服务舱的初始合同后，航天员登陆月球的基本方式从地球轨道交会方式转变为月球轨道交会方式。

1961 年 11 月，宣布北美航空公司为指令服务舱（CSM）开发的竞争获胜者。在北美航空公司，指令服务舱的开发由航天和信息系统部部长哈里森·斯托姆斯（Harrison Storms）负责。他的团队包括阿波罗计划经理约翰·鲍普（John Paup）和阿波罗计划工程师查尔斯·菲尔兹（Charles Felz）。

当时 NASA 决定采用地球轨道交会方案将航天员送上月球。该方案将涉及两次或多次发射，首先从地面将航天器的部件发射到地球轨道上，然后在轨进行交会和组装部件，组装后的航天器将飞往月球，并将航天员降落在月球表面。在月面执行完探索任务后，航天员将搭乘从月面发射的飞行器返回地球。登月和返回地球的细节当时并未确定。

指令服务舱既为航天员提供住所，又可作为任务的指挥控制中心。若向月球发射，指令服务舱自己绕月飞行并安全返回地球。

在北美航空公司开始设计指令服务舱后，NASA 继续研究和讨论将航天员送上月球的最佳方案。NASA 兰利研究中心的约翰·豪博尔特（John Houblt）极力主张月球轨道交会方案。最后，NASA 的科学家得出结论，月球轨道交会方式比地球轨道交会方式更具优势。1962 年 7 月，NASA 局长詹姆斯·韦伯宣布采用月球轨道交会方案。

月球轨道交会方式是从绕月飞行的航天器组合体上分离一个专用的月球着陆器，称为登月舱（LM）。载有两名航天员的登月舱将在月球上进行软着陆。航天员将探索月球表面，然后登月舱从月球发射，并与月球轨道航天器交会对接。之后登月舱将被抛弃，轨道航天器将会返回地球。

NASA 指示北美航空公司更改指令舱的设计，包括对接设备和在指令舱和登月舱之间转移航天员的相关设计。为了利用之前已经完成的设计工作，同时考虑需要几个指令舱才能完成在地球轨道上进行测试的实际需求，NASA 决定按照最初设计研制几个指令舱，它们被称为"模块 1"（Block 1）。图 6 - 3 显示了指令舱"模块 1"的照片。

图 6 - 3　指令舱"模块 1"（NASA 照片，见彩插）

指令舱"模块 2"(Block 2)的设计考虑了对接设备和为月球轨道交会方式而做的其他结构变化,与"模块 1"的建造同步进行。1963 年 8 月,NASA 与北美航空公司签署了指令服务舱的最终合同。该合同要求交付 15 个测试版和 11 个飞行版指令服务舱。1966 年 8 月,首次交付了一艘"模块 1"飞行版指令服务舱,以支持 AS-204 任务。

阿波罗 AS-204 任务作为载人航天飞行任务,计划于 1966 年四季度发射,以评估航天员在轨操作以及指令服务舱在地球轨道的性能。执行本次任务的航天员是格斯·格里森(Gus Grissom)、爱德华·怀特(Edward White)和罗杰·查菲(Roger Chaffee)。1966 年 8 月,指令舱、"模块 1"012 号和服务舱 012 号从北美航空工厂运往肯尼迪好望角。因该航天器有许多在运往好望角之前尚未完成的变更项必须在发射前完成,因此 AS-204 发射任务调整到 1967 年 2 月进行。

阿波罗计划的悲剧发生在 1967 年 1 月 27 日,当时航天员在 012 号指令舱内进行常规地面测试时发生了严重错误,指令舱起火,在 16 $lb/in^2$ 的纯氧环境中火势无法控制地蔓延,造成 3 名航天员不幸殒命。

事后成立了由数百人组成的调查小组,对事故的各个方面进行彻底调查。调查人员拆解了被大火烧毁的 012 号指令舱,并对每个部件进行了检查。他们还尽可能将其与 014 号指令舱进行比较,014 号之前已经被装船运往好望角进行拆卸和比较。起火的确切原因尚不确定,但可能是由于电缆破损引起短路造成的。舱内的大量易燃物助长了火势。

火灾事故带来了两个重大变化。首先,指令舱舱门改为向外开,以方便从里面轻松打开。原来的舱门是向内开的,在航天器加压的情况打不开。其次,地面座舱内的空气从纯氧改为氮氧混合物;飞行中,舱内使用 5 $lb/in^2$ 的纯氧。

阿波罗计划的各个方面都加强了监督。北美航空公司更加重视工艺和检验,并指派了一名计划主管助理,他唯一的工作就是负责安全。由于发生了火灾事故,北美航空公司的航天和信息系统部部长哈里森·斯托姆斯被免职,改由威廉·伯根(William Bergen)担任部长。NASA 的阿波罗飞船项目主管乔·谢伊(Joe Shea)在事故调查期间过度劳累,导致严重的健康问题。阿波罗飞船项目主管一职改由乔治·洛(George Low)担任。

作为阿波罗测试计划的一部分,"模块 1"指令舱 002、009、011、017 和 020 号进行了无人航天飞行测试。其他"模块 1"指令舱则用于地面测试,包括 007 号指令舱搭乘航天员漂浮在海上进行着陆后的程序验证。

作为指令服务舱(CSM)组合体的一部分,11 个"模块 2"指令舱完成了航天飞行。第一个是 CSM-101,执行阿波罗 7 号任务;最后一个是 CSM-114,搭载阿波罗 17 号乘组登上月球。

## 6.2 指令舱的机械配置

图 6-4 是指令舱的剖面图。该图显示了 3 名航天员坐在舱内座椅上,指令舱位于垂直发射方向。航天员面向航天器的 X 轴坐着,主显示控制台与他们的视线大致垂直。

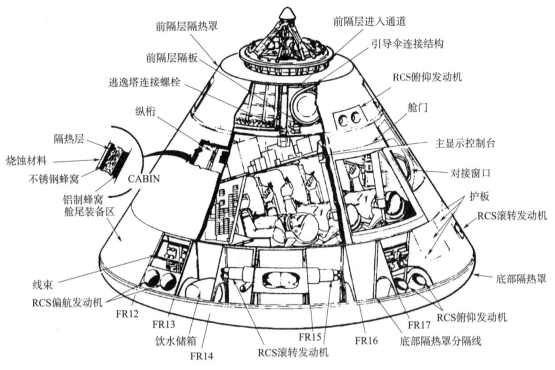

前隔层隔热罩
前隔层隔板
逃逸塔连接螺栓
纵桁
隔热层
烧蚀材料
不锈钢蜂窝
CABIN
铝制蜂窝舱尾装备区
线束
RCS偏航发动机
FR12
FR13
饮水储箱
FR14
FR15
RCS滚转发动机
FR16
FR17
底部隔热罩分隔线
RCS俯仰发动机
底部隔热罩
RCS滚转发动机
护板
对接窗口
主显示控制台
舱门
RCS俯仰发动机
引导伞连接结构
前隔层进入通道

图 6-4　指令舱剖面图（来自阿波罗训练课程 APC-118）

指令舱的外壳由不锈钢蜂窝制成，表面是不锈钢钢板。外壳结构的厚度从舱底的 2.5 in 到舱顶的 0.5 in 不等。

乘员舱是指令舱中心位置的加压内壳。乘员舱壳体由铝制蜂窝构成，表面为铝板。内壳的厚度从舱底的 1.5 in 到舱顶的 0.25 in 不等。内壳和外壳之间安装了隔热层，保护航天员免受外壳极端热量（发射过程中以及返回再入大气层时）的影响。

发射过程中飞行器穿过大气层时，外壳表面与大气摩擦会产生大量热量，指令舱通过安装在舱上的保护性玻璃纤维和软木罩进行隔热。这个隔热罩安装在逃逸塔上，并与逃逸塔一起在约 295 000 ft 的高度被抛弃。

整个指令舱罩着一个烧蚀隔热罩，以保护其免受再入地球大气层时产生的极端热量。隔热罩的底端厚 2 in，顶端只有 0.5 in 厚。隔热罩外层有一层银聚酯薄膜热涂层，这使指令舱在返回地球前从某角度看好像具有抛光的铝制外观。

返回时，指令舱底部先进入大气层，因此底部隔热罩承受了再入大气层时产生的大部分热量。组成隔热罩的烧蚀材料是酚醛环氧树脂。在返回过程中，它被烧焦、熔化，烧蚀作用使航天器吸收的热量降到最低。

指令舱分为 3 个部分。圆锥形结构顶端的前段包含与登月舱的对接系统、指令舱和登月舱之间的通道、降落伞、地面着陆系统的其他组成部分。指令舱加压的中心部分，也就是乘员舱，包括 3 个航天员座椅和其他设施，以及供乘员使用 14 天的补给物资和保障设备。乘员舱还包括航天器的控制和显示设备以及指令舱系统的大多数电子部件。指令舱尾部装有反应控制发动机、一个给推进剂加压的氦气罐和水箱。大型隔热罩安装在指令舱的底部。

乘员舱的体积约为 210 ft³,其尺寸允许两名航天员在中间座椅折叠的情况下站立起来。阿波罗训练课程 APC-118 中的阿波罗乘员舱的草图如图 6-5 所示。这张草图显示了一名航天员站在光学仪器区域旁,图中还显示了左右座椅下面的睡眠区。

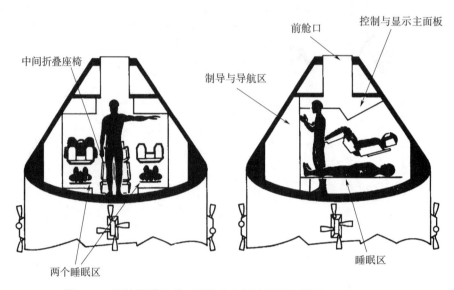

图 6-5 阿波罗乘员舱(图片来自阿波罗训练课程 APC-118)

指令舱内的氧分压保持在 5 psi 的压力下。舱内常规温度约为 75 ℉,乘员可对其进行调整。

指令舱有 5 个窗口,在阿波罗 17 号指令舱照片中能够明显显示出来,如图 6-6 所示。这张照片是从月球上的登月舱拍摄的。照片中标有 1 和 5 的两个窗口与航天员的外侧座椅相邻。窗口 3 位于入口舱门上,标有 2 和 4 的两个窗口被设置为可供航天员向前观看,并在与登月舱的交会对接期间使用。

指令舱有两个舱门:侧舱门和前舱门。侧舱门是进出舱的主要舱门,宽 34 in,高29 in,位于中间座椅上方。舱门向外打开。舱门周围有 12 个锁闩,可以通过棘轮手柄拧紧或松开,也可以使用专用工具从外部打开。

前舱门安装在对接通道的顶部。打开前舱门,就可以在指令舱和登月舱之间运送航天员。前舱门直径约 30 in,带有六点锁紧机构。有一个把手可以打开或锁紧舱门。舱门有一个压力平衡阀,以便在打开舱门前平衡登月舱和通道的压力。

指令舱共有 12 个反应控制发动机,用于控制飞行器,这些发动机仅在指令舱与服务舱分离后才能使用。

图 6 - 6　阿波罗 17 号指令舱窗口和对接机构（NASA 照片，见彩插）

## 6.3　指令舱的内部细节

图 6 - 7 是阿波罗 11 号指令舱内部结构照片。这个具有历史意义的指令舱现在陈列在华盛顿特区的国家航空航天博物馆（NASM）。这张出色的照片是由 NASM 的埃里克·隆（Eric Long）拍摄的。

照片中显示了三个航天员座椅和指令舱仪表板。任务指令长坐左边座椅，指令舱驾驶员坐中间座椅，登月舱驾驶员坐右边座椅。当其他两名航天员在登月舱或月球表面执行任务时，由指令舱驾驶员一个人控制指令舱。

图 6 - 9 显示的是指令舱仪表板。图 6 - 10 显示的是指令长正前方的仪表板局部扩展视图。

### 6.3.1　指令长面前的主要仪器

指令长面前的一个重要且非常有价值的仪器是飞行指挥姿态指示器（FDAI），如图 6 - 8 所示。

图 6 - 7  阿波罗 11 号指令舱的内部结构照片(NASA 照片,见彩插)

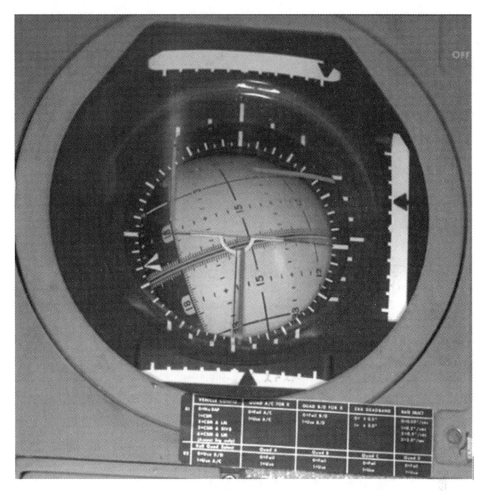

图 6-8　阿波罗 15 号指令舱的飞行指挥姿态指示器（作者裁剪的 NASA 图片，见彩插）

在外观和功能上，FDAI 与航天员之前数年担任喷气式战斗机飞行员生涯中使用的飞行指挥姿态指示器非常接近。指令舱驾驶员使用的 FDAI 位于指令长 FDAI 的右上方。

可以根据当时任务的需要选择各种 FDAI 模式来显示相关参数。在 ORDEAL 模式下，当飞行器在地球或月球轨道上平行于星体表面飞行时，FDAI 的黑色半球部分将向下转，使得黑到白的边界线转到仪器中心的白色指针以下。球中心上方的第一条水平线上的数字是 3（表示 30°）。

球在垂直方向的旋转表示航天器的俯仰角，在水平方向的旋转表示相对于参考姿态的偏航角。航天器的滚转用球的滚转表示，角度值用白色箭头对着观测孔外围的刻度值表示。

仪器上面、侧面和底部带有黑色箭头的白色刻度表示姿态角速率。黑色箭头相对刻度线中心点的位移表示速率的大小以及将速率降为零所需的控制移动方向。上面刻度表示滚转速率，侧面刻度表示俯仰速率，底部刻度表示偏航速率。仪器的满刻度偏转［以（°）/s 为单位］通过仪器左侧的开关设置。可以通过控制面板上的开关选择通过惯性测量单元（IMU）或陀螺显示耦合器（GDC）提供姿态信息。

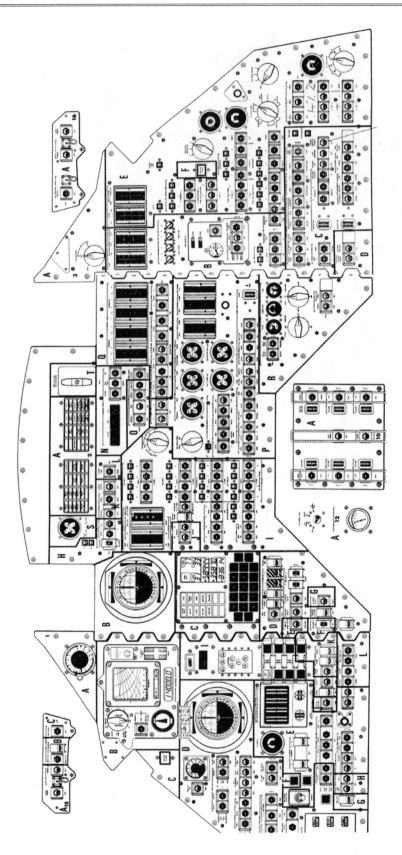

图 6 - 9　阿波罗指令舱的仪表板（NASA 图片）

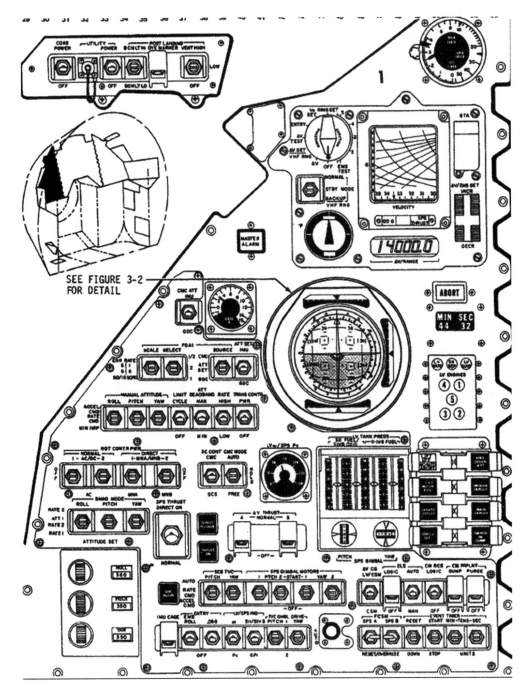

图 6 - 10　指令长正前方的仪表板局部（NASA 图片）

该仪器的飞行指引功能由图 6 - 8 中仪器表面可见的三根黄色指针提供。指针指示了每个轴的角度偏差，以及使偏差为零的控制方向。水平指针表示俯仰平面中偏离期望角度的位移，上面的垂直指针表示偏航平面中偏离期望角度的位移，下面的垂直指针表示滚转轴上偏离期望角度的位移。飞行指引仪指针的比例因子由位于仪器左侧的开关设定。

在手动控制航天器的过程中，航天员可以通过 FDAI 球上的标记非常精确地设定姿态。然后，通过姿态偏差指针进行精确的姿态控制，使航天器姿态和期望姿态之间的偏差减小到零。

回顾一下指令长面前的仪表板图纸，仪表板上部的圆形仪器是一个气压高度计，在任务结束后的回收过程中，当指令舱打开降落伞降落时，它最有用。在阿波罗 11 号打开降落伞降落期间，尼尔·阿姆斯特朗向地面搜救小组通报了指令舱的高度和经纬度。

再入监控系统面板位于气压高度计正下方。该面板的读数提供了再入地球大气层期间气动制动阶段再入动力学的重要信息。指令舱的轴方向与速度矢量的关系对安全再入大气层非常重要。

通常情况下，阿波罗制导计算机控制航天器的方向，使其以适当的再入角安全返回，并接近海上指定的回收点。在发生紧急情况或计算机故障时，将利用再入监控系统面板上显示的信息手动控制指令舱，以便成功进入大气层。任务的再入阶段和仪器的细节将在本章后面讨论。

指令服务舱（CSM）的另一个重要子系统是位于服务舱内的服务推进系统（SPS）。SPS 包含一个摇摆火箭发动机，推力为 20 500 lb。火箭发动机通常由制导计算机控制。在紧急情况或计算机故障时，可以手动进行火箭发动机点火和调整万向节角度。与火箭发动机相关的几个控制装置和显示器位于图 6 - 10 指令长前方仪表板上 FDAI 的正下方。一个标有 "SPS THRUST DIRECT ON" 的较大拨动开关位于两个黑色按钮开关的左侧。拨动开关可拨到 "ON" 位置，接通手动启动 SPS 发动机的电路。然后按下 "THRUST ON" 按钮启动发动机。

贮箱中 SPS 发动机推进剂剩余量以及贮箱内的温度和压力，由位于登月舱飞行员前面面板上的一组显示器显示。

位于 FDAI 左下方的小型模拟仪表给出了 SPS 发动机推力室的压力读数。乘员密切监控这些压力读数。在阿波罗 11 号上，阿姆斯特朗报告说，在第一次中途修正点火期间，压力读数为 88 psi，而不是正常的 100 psi。尽管阿姆斯特朗对此感到担忧，但它显然通过了任务控制中心的检查。

FDAI 下方的垂直指示器上的两个刻度表示 SPS 发动机俯仰和偏航万向节的位置。两个指轮位于垂直刻度下，允许手动调整俯仰和偏航万向节角度。

航天员在上升段忙于监控关键系统和飞行器性能。指令长可以获得大部分飞行信息，后面章节将对这部分信息进行概述。

飞行过程中指令长监视仪表板信息，观察 FDAI 右侧的"中止"（ABORT）红色指示灯，如果出现紧急中止情况，指示灯亮起，地面发出中止指令。指示灯下面是从发射时开始计时的事件计时器，它可以重置，并且可以设置为正向计时或倒计时。任务期间用它来为事件计时。第二个计时器部署在指令舱驾驶员前方的仪表板上，称为任务计时器。它从发射时开始计时，在任务期间持续运行。

事件计时器下面的子面板包含与助推系统相关的告警指示灯和事件指示灯。如果运载火箭角速度过大，第一排左边的灯发红光；如果运载火箭制导系统出现故障，第一排中间的灯发红光。当转入火箭第二级时，第一排右边的灯发白光。第一排灯下面的 5 个指示灯的排列方式与第一级、第二级助推发动机排列方式相似。如果发动机没有产生推力，指示灯就会发黄光。在发动机点火之前，5 个指示灯都发黄光。当发动机产生 90％的推力时，5 个灯都熄灭。发射后，如果有 2 个指示灯发黄光，则可能触发中止。

当助推火箭将飞船推离地表越来越远时，坐在前排的航天员可以看到一场惊人的动力与技术展示。位于指令长面板右侧面板上的显示单元和键盘（DSKY）给出了速度、高度变化率和高度的扩展显示。FDAI 给出了姿态角、姿态角速率以及当前姿态角与预估姿态角之间的差异。航天器所有关键系统的性能都通过仪表或仪表板上的警示灯显示。这一定是一次奇妙的旅行！

## 6.3.2　相邻面板上的主要仪器

指令长还可以监视右前方的仪表板，其展开图如图 6-11 所示。

该面板的主要显示控制单元是显示器和键盘（DSKY）。它位于面板中指令舱驾驶员飞行指引仪姿态指示器的正下方。指令长和指令舱驾驶员均可使用 DSKY 与导航计算机进行通信。第二个 DSKY 安装在指令舱的仪器舱中，靠近望远镜和六分仪的控制面板。

图 6-12 展示了 DSKY 的外观。该部分面板高约 8 in，宽约 7 in。图中斜线的另一端标注了各显示模块的名称，为了放大显示面板，作者裁剪掉了标注的名称。除了警告面板，指令舱和登月舱中的 DSKY 装置相同。

DSKY 右上角的显示区显示计算机活动、程序编号和三行带符号的五位数。DSKY 左上角包含 12 个告警灯，其中 10 个告警灯用于指令舱安装的 DSKY 的 10 个不同事件的告警，另外 2 个告警灯用于登月舱上安装的 DSKY 的 2 个事件的告警，如图 6-12 所示。DSKY 的下部是一个键盘。

航天员通过输入一个两位数来选择一个特定的计算机程序，从而与计算机进行通信。选定的程序编号显示在 PROG 显示区。然后按下 VERB 键、输入两个数字，再按下 NOUN 键、输入两个数字，就可以选择该计算机程序执行什么操作。VERB 键加数字表示要执行什么动作。例如，输入 VERB 06 表示在五位数显示字段中以十进制形式（而不是八进制）显示数据。NOUN 键加数字表示显示什么数据。例如，输入 NOUN 62 表示要在 3 个五位数显示字段中显示"惯性速度""高度变化率"和"距发射台的高度"。

可选择的计算机程序有 44 个，可选择的 VERB 加数字组合有 99 个，可选择的 NOUN 加数字组合有 99 个。例如，在助推阶段，航天员在 DSKY 上输入 PROG 键和数字 11，表示选择程序 P11（进入地球轨道监视器），然后输入 VERB 键和 16，再输入 NOUN 键和 62，DSKY 上的 3 个五位数显示字段将显示以下内容：

缓存器 1：惯性速度（以 ft/s 为单位）；

缓存器 2：高度变化率（以 ft/s 为单位）；

缓存器 3：距发射台的高度（以 n mile 为单位，字段的最后一位数字表示 0.1 mile）。

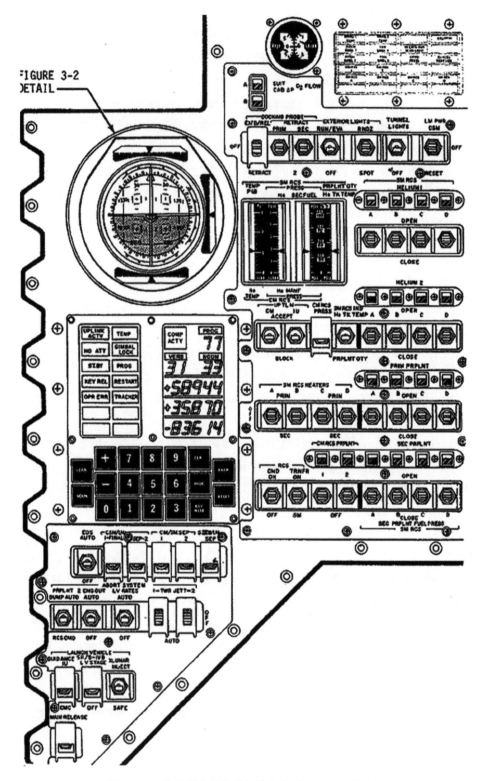

图 6-11 位于指令长右前方的仪表板（NASA 图片）

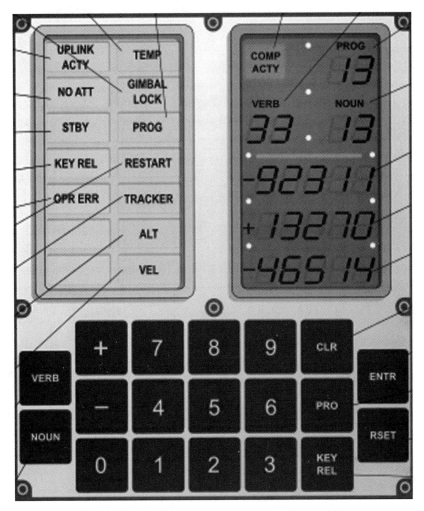

图 6 - 12　阿波罗 DSKY 单元（NASA 图片，见彩插）

　　这些关键参数使航天员能够在火箭发动机点火之后跟踪航天器的飞行进展。

　　数据也可以从地面注入计算机，定期更新状态向量。为了做到这一点，休斯敦任务控制中心的驾驶舱通信员（CAPCOM）要求航天员选择程序 00 并将开关转到"接受"档。"接受/拒绝"开关位于仪表板上 DSKY 的右侧。航天员可以通过"接受/拒绝"开关控制计算机接受或拒绝来自地面的上行数据。开关拨到"接受"档，将允许任务控制中心控制（在轨）计算机，并通过远程通信系统上传数据。数据上传完后，航天员将"接受/拒绝"开关拨到"拒绝"档，重新控制（在轨）计算机。

　　状态向量对任务非常重要。它包含 7 组数字：3 组数字代表飞行器在三个坐标轴上的飞行速度，另 3 组数字表示航天器在三个坐标轴上的位置，还有一组数字表示这组数据对应的时间。通过地面跟踪设备精确测量状态向量，并用于定期更新制导计算机数据，以校正惯性平台的轻微偏移。

　　指令舱 DSKY 的预警/告警面板有 10 个警示语。当计算机检测到错误或需要告警时，特定的警示语将亮起。这些警示语的含义将在本章后面的 DSKY 描述中介绍。

## 6.4 指令舱内的主要子系统

图 6 - 13 是指令舱主要子系统的简化框图,它显示了该子系统的数据流。

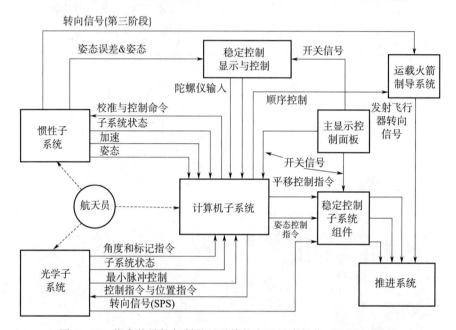

图 6 - 13 指令舱导航与制导子系统的主要组成部分(NASA 图片)

### 6.4.1 主制导导航与控制系统

指令舱中的主制导导航与控制系统(PGNCS)出色地完成了阿波罗任务的制导导航与控制功能。PGNCS 由计算机子系统、惯性子系统和光学子系统组成。这些子系统共同作用,可以持续确定状态向量。

1961 年 8 月,NASA 选择麻省理工学院(MIT)仪器实验室为阿波罗飞船开发导航与控制系统。1962 年 5 月,选择了三家承包商,签订导航与控制系统主要子系统的生产合同。承包商和子系统包括:

1)计算机子系统——雷声公司;

2)惯性子系统——通用汽车公司交流电火花塞部门;

3)光学子系统——科尔斯曼仪器公司。

### 6.4.2 计算机子系统

计算机子系统由阿波罗制导计算机(AGC)、显示器和键盘(DSKY)组成。

#### 6.4.2.1　阿波罗制导计算机

阿波罗制导计算机对阿波罗任务的成功至关重要。它是指令舱（CM）和登月舱（LM）的大脑和神经中枢。CM 和 LM 中使用的计算机硬件相同，但软件不同，反映了两种航天器进行的操作不同。

阿波罗制导计算机、显示器和键盘（DSKY）的照片如图 6-14 所示。图的右侧是 DSKY，航天员可以通过它与计算机交互。它允许航天员控制计算机操作和输入数据，以及读取计算机生成的相关数据。

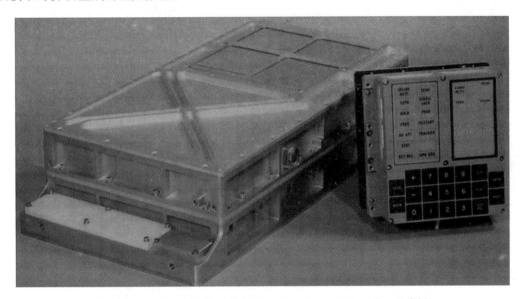

图 6-14　阿波罗制导计算机与 DSKY 照片（NASA 图片，见彩插）

这台计算机有许多功能。它开发了制导解决方案，解出了飞行方程，生成了控制航天器的命令和显示数据，并计算出了航天员用于校准惯性子系统和定位光学六分仪的数据，允许拍摄对准所需的瞄准星。一些人称它为飞船中的"第 4 名乘员"。在整个任务过程中，航天员密切关注计算机的读数。

该计算机由麻省理工学院仪器实验室设计，雷声公司制造，软件由麻省理工学院开发。

（1）计算机物理特性

阿波罗制导计算机代表了当时最先进的计算机，功能集成、尺寸小、电路可靠。计算机箱体尺寸为：长 24 in，宽 12.5 in，高 6 in；重 70.1 lb。在 28 V 直流电下工作时功率大约为 55 W，待机期间功率为 15 W。

从物理结构上看，这台计算机由一个上机箱和一个下机箱组成，两个机箱用螺栓固定在一起。这两个机箱内装有一系列模块。下机箱内有 2 个电源模块、5 个接口模块和 24 个逻辑模块。上机箱内有 1 个可擦除内存模块、6 个固定内存模块、8 个控制内存模块、1 个振荡器模块和 1 个报警模块。

除了 6 个固定内存模块外,所有模块都具有相同的形状比例,尽管有些模块尺寸放大 2 倍。这些模块长约 10 in,高 1.6 in(从接头插脚的顶部到底部)。每个模块的顶部框架安装在机箱盖上。与底部插脚的电连接是通过电线缠绕实现连接的。底部的电插头是用电线包裹起来的。

计算机中的大多数逻辑电路是使用费尔柴尔德(Fairchild)新开发的集成电路实现的,该集成电路将两个三输入"或非门"封装在一个平板电路中。每个逻辑模块包含 120 个集成电路,模块每侧各 60 个。

固定内存模块由 6 个内存条组成,每个内存条包含 256 个内核,代表 1 024 B 的内存。6 个内存条被封装在一个密封的模块中。固定内存模块长约 10.6 in,宽约 3.3 in,高约 0.8 in。6 个固定内存模块共有 36 864 B 的内存。图 6 - 14 中,固定内存模块插入远端的上机箱盖插槽中。

阿波罗制导计算机很重,主要归因于其坚固耐用的外壳及其内部结构,这么设计是为了承受恶劣的航天器环境。对所选定的部件进行了严格的环境测试,并对每个飞行部件都进行了验收测试,包括振动测试,以及监测计算机运行时的温度循环测试。振动测试是通过将部件安装在振动台上进行的。

(2)计算机性能

该计算机包含计时器、中央处理器、内存、优先级控制和输入输出等基本功能。计时器为计算机和航天器内的其他子系统生成同步信号。中央处理器执行所有算术运算和程序指定的操作,这些程序存储在计算机存储器里。这些存储器包含 2 048 B 的可擦除存储器和 36 864 B 的固定(只读)存储器。可擦除存储器存储由制导与导航系统的其他元件提供的计算结果和数据。固定存储器存储计算机程序和必要的数据,如星表。

优先级控制单元为要执行的操作设置优先级。它确保在发生资源冲突和计算机过载的情况下执行最高优先级的任务。如果系统调用了更高优先级的任务,则当前操作将被中断。这一特性可能挽救了阿波罗 11 号任务,当飞船降落时由于没有关闭交会对接雷达,它仍占用计算机资源,与登月舱着陆任务抢占计算机处理时间,因后者具有更高优先级,因此优先处理着陆任务,保证了任务按计划进行。

输入-输出功能对计算机与航天器其他部件之间的双向通信进行管理和传输。

计算机时钟的基本周期为 2.048 MHz。存储器的循环时间为 11.7 $\mu$s。单次加法计算所需时间为 23.4 $\mu$s,乘法计算所需时间为 46.8$\mu$s。可以写入计算机代码中的普通指令总共有 34 条。

该计算机的最终版本包含 36 864(36k)B 的固定内存和 2 048(2k)B 的可擦除内存。这些存储量反映了内存的明显增加,最初的固定内存为 4 kB、可擦除内存为 256 bit。一个字节长度为 16 bit,包括 14 个数据位、1 个符号位和 1 个奇偶校验位。

现如今,要获得大容量的计算机可擦除内存和固定内存是很容易实现的。然而,在 20 世纪 60 年代初,在较小的物理尺寸下开发这样的内存是一个挑战。存储技术很有趣,下面进行简要介绍。

①可擦除存储器

可擦除存储器是当时常见的 $x/y$ 线重合电流铁氧体磁芯存储器。存储器由非常小的铁氧体磁芯 $x$-$y$ 矩阵组成，磁芯有 $x$ 轴和 $y$ 轴两个方向的写入线，还有一条穿过核心的感测线和抑制线。铁氧体磁芯具有明显的磁滞现象，如果一个振幅足够大的电流脉冲通过磁芯，就会导致磁芯磁场朝 $x$ 或 $y$ 轴方向翻转。磁场翻转将在穿过磁芯的感测线中产生电流。电流去除后，磁芯周围的磁通方向将保持不变。该特性允许写入数据位，然后稍后读取。磁场在一个方向上的旋转表示数据 "1"，在另一个方向的旋转则表示数据 "0"。

特定磁芯（存储器的特定位）的选择是通过向存储器施加翻转磁场所需的一半电流脉冲来实现的。只有在 $x$ 和 $y$ 方向上的电流脉冲重合的磁芯中，才有足够的电流使磁芯的磁感翻转。

为了读出数据位，以这种极性向这些线施加脉冲，可以将磁通旋转到设置为 "0" 位的方向。如果数据位为 "1"，磁通方向将翻转，这将导致电流脉冲出现在感测线中。如果数据位为 "0"，则磁场不会翻转，感测线中也不会有脉冲。读出后，数据位始终保持在 "0" 状态。要将数据 "1" 写入存储器，电流脉冲的方向与用于读取的方向相反。要写入数据 "0"，通过抑制线传输电流，防止磁通方向翻转。

②固定（只读）存储器

固定存储器选择的是磁芯存储器，因为与当时可用的其他类型相比，它在给定内存量下需要更少的空间和功耗。虽然上述可擦除存储器可以在每个核心中存储一个数据位，但在磁芯存储器的每个核心中可以处理 4 个 16 位字。

磁芯处理器的主要缺点是：组装过程既烦琐又耗时，一旦组装好，就无法改变，除非重新布线。每个小的环形存储器核心都必须由几十根导线组成，这些导线还需要通过一系列的其他磁芯。其中部分导线绕过某些磁芯或穿过其他磁芯。一根细绝缘线穿过类似于绣花针的针眼，然后用针将线穿过磁芯。这些内存线是由手指非常灵巧的女性完成的。

麻省理工学院仪器实验室报告 R-393《阿波罗制导计算机的逻辑描述》（AGC4）中对磁芯存储器进行了详细描述。该报告写于 1963 年，描述了一个 12 288 字的存储器。固定存储器中的字被分成单独的组，称为 "线绳"（ropes）。每个 "线绳" 包含 1 536 个磁芯，每个磁芯处理 4 个 16 字，总计 6 144 字。36 864 字的存储器需要 6 个 "线绳"。每个 "线绳" 都装在一个单独的模块中。这些 "线绳" 被进一步分解成几组，每组 1 024 字。

存储器中使用的镍铁环形磁芯具有明显的磁滞，因此一旦通过磁芯导线中的电流脉冲切换方向，磁芯中的磁通量将保持在该方向，直到被切换回来。有一条 "设置线" 和一条 "重置线" 穿过线圈的每个核心。此外，存储器的每一组都有 10 对被称为 "抑制线" 的导线，它们选择性地穿过或绕过磁芯。每对抑制线的信号模式是互补的，并由缓存器控制。如果通电的抑制线穿过磁芯，则磁芯不能按设定的脉冲进行切换。可以通过抑制线上的信号组合以及抑制线是否穿过磁芯，选择线圈中的哪些磁芯将由设定脉冲切换。

在读取存储器数据 "线绳" 的过程中，复位线通电，所有设置为 "1" 磁通方向的磁芯切换为"0"方向。读取操作使所有磁芯处于"0"状态。在磁芯切换期间，如果感测线穿过磁芯，则会在感测线中产生电流脉冲。如果感测线穿过磁芯，则在磁芯切换时产生电流脉冲，则感测线输出数据"1"。如果感测线未穿过磁芯，没有电流脉冲，则输出数据"0"。感测线的输出用于在缓存器中生成逻辑模式。

（3）计算机程序

指令舱使用的计算机单元称为阿波罗制导计算机，登月舱使用的计算机单元称为 LM 制导计算机。这两个计算机单元是一样的，但由于指令舱和登月舱的任务不同，因此两个计算机单元的固定存储器中运行的计算机程序不同。阿波罗 11 号指令舱的计算机程序被命名为 COLOSSUS 2A，登月舱的计算机程序被命名为 LUMINARY（第 99 版修订程序）。

软件的大部分代码是用名为 Yul 的汇编语言编写的。汇编语言是机器语言的升级版，它将代码行分配给基本的中央处理器函数，例如，加、减、乘、除数学函数。表示"加"运算的代码读作"AD M"，将存储器 M 位置的内容与累加器的内容相加。累加器在中央处理器中注册为 A。同样，乘法运算读作"MP M"，将存储器 M 位置的内容与累加器的内容相乘。M 和累加器存储的是单精度数据，因此它们的乘积是双精度数据。乘积的最高有效字存储在累加器寄存器 A 中，乘积的最低有效字存储于中央处理器的寄存器 L 中。另一个常用的计算机命令是"读取"操作，代码为"read XY"，意思是将输入/输出寄存器 XY 的内容读取到累加器中。

该软件的其他部分，如确定航天器位置的计算，是用更高级的"解释"性语言编写的（其运行需要解释器），这些操作可能执行得更慢，而且经常是双精度数据运算。解释器使用汇编语言函数集。解释器代码的执行比用汇编语言编写的操作要慢，但它减少了所需内存量，简化了编码过程。

COLOSSUS 2A 计算机程序列表打印在 11 in×15 in 的连页折叠打印纸上，大约有 6 in 高。这种连页折叠打印纸在当时很常见，用宽行打印机打印。

### 6.4.2.2　显示器和键盘

显示器和键盘（DSKY）为航天员提供了人机界面。它允许航天员选择各种计算机程序、控制航天器的某些功能、输入计算机计算所需的数据，并在任务各阶段显示相关数据的读数。

DSKY 是一款坚固耐用的设备单元，结构坚固，可容纳电子设备、显示器和键盘。该设备单元高 8 in，宽 8 in，厚 7 in，重 17.5 lb。图 6-15 显示了 DSKY 的界面图。

告警面板占据了 DSKY 的左上角，显示区占据了右上角，下部是键盘。

指令舱内使用了两个 DSKY 单元。其中一个安装在仪表板上，供指令长和指令舱使用。另一个安装在光学望远镜和六分仪附近的导航站，该 DSKY 与六分仪的天文观测结合使用，对惯性平台进行校准。

如前所述，乘员通过简单有效的"VERB"和"NOUN"系统与计算机通信。每个 VERB 和 NOUN 都用一个两位数来标识。VERB 通常表示要采取什么行动，NOUN 则表示采取行动的实体是谁。此外，通过输入两位数可以选择特定的计算机程序。

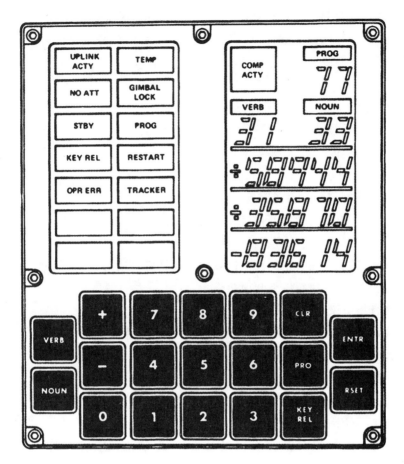

图 6 - 15　DSKY 的外观图（NASA 图）

参考 DSKY 外观图，DSKY 右上角显示区域显示了计算机操作、程序编号和三行 5 位数数据，每行带有一个符号。当计算机正在运行一个内部序列时，第一行的"CMPTR ACTY"标识将亮起。

正在运行的计算机程序编号和表示特定 VERBS 和 NOUNS 的编号显示在相应的标识下。数字由 7 段绿色的发光显示元件组成。显示元件需要通过与之相连的单个继电器提供高激励电压。

指令舱 DSKY 的左上角包含十个不同事件的告警/警告指示灯面板。当计算机检测到错误或需要告警时，特定标题的指示灯会亮起。

航天员首先输入两位数请求特定的计算机程序，与计算机进行通信；然后通过按下 VERB 键后输入两个数字，再按下 NOUN 键后输入两个数字，通过这些操作来选择该计算机程序所要执行的动作。指令舱计算机可以请求 44 个不同的程序，以及 99 个不同 VERB 和 99 个不同 NOUN。

使用带有 VERB 键和 NOUN 键的键盘（分别用两位数字区分不同的 VERB 和 NOUN），而不是使用字母数字键盘，简化了 DSKY 操作界面及其与计算机的接口。

NASA 的文件称，这种界面安排相对容易操作，航天员也喜欢。

固定内存中的计算机程序被标记为 P00 至 P79，其中部分数字没有使用，总共有 44 个活动程序。任务早期使用的一些程序及其名称如下所示：

（1）P00——AGC 空转

P00 用于使计算机保持准备接受其他程序的状态。当从地面上传数据时也会用到它。

（2）P01——初始预发射或服务

在发射台上使用 P01 程序来执行惯性平台的粗对准。完成后，计算机自动选择程序 P02。

（3）P02——陀螺仪预发射或服务

在发射台上使用 P02 程序执行陀螺仪对准以寻找正北，并微调惯性平台。

（4）P11——地球轨道进入监视器

当接收到表明运载火箭升空的离散信号时，计算机自动选择 P11。也可以通过手动输入 P11 来选择程序。P11 执行以下几项功能：

1）它为飞行指引仪姿态指示器指针生成姿态误差信号。

2）它允许计算机在土星导航系统发生故障时接管土星第一级的转向。

3）计算并显示轨道参数。选择 VERB 06 和 NOUN 62，读出三个 5 位数显示字段上的 3 个参数，包括：

a）缓存器 1：惯性速度（ft/s）；

b）缓存器 2：高度变化率（ft/s）；

c）缓存器 3：距发射台的高度（以 n mile 为单位，字段上最后一位数字表示 0.1 mile）。

4）第三阶段结束后，在 P11 计算机程序下选择 VERB 16 和 NOUN 44，监视三个显示缓存器中的轨道参数，包括：

a）缓存器 1：远地点高度（以 n mile 为单位，字段最后一位数字表示 0.1 mile）；

b）缓存器 2：近地点高度（以 n mile 为单位，字段最后一位数字表示 0.2 mile）；

c）缓存器 3：自由落体时间（TFF）（以分钟和秒为单位）。TFF 是指自由降落到 30 万 ft 高度所花的时间，在这个高度如果没有获得轨道速度并且发动机关闭，那么大气温度将开始升高。

DSKY 上的其他键及其功能如下所示：

1）ENTR 键——输入程序编号、VERB 编号或 NOUN 编号后，按下回车键，将信息输入计算机。

2）CLR 键——按下 CLR 键以清除刚才输入的数据。

3）RSET 键——重置键，用于熄灭计算机设置的 DSKY 上的警告灯。

4）KEY REL 键——释放键，用于清除键盘控制的显示内容，以便计算机显示内部程序信息。

5）PRO 键——继续键，用于通知计算机乘员接受所提供的数据并继续工作。指令舱

DSKY 中的告警/警告指示灯面板有十个标题。当计算机检测到错误或需要告警时，特定的标识指示灯会亮起。标识的含义见表 6-1。

表 6-1　DSKY 告警面板的标识

| 标识 | 含义 |
|---|---|
| UPLINK ACTY | 从地面接收的数据 |
| TEMP | 稳定平台温度超过限值 |
| NO ATT | IMU 无法提供参考姿态 |
| GIMBALLOCK | 万向节中间角度大于 70° |
| STBY | 计算机处于待机状态 |
| PROG | 计算机等待乘员输入程序信息 |
| KEY REL | 计算机需要 DSKY 的控制来完成程序 |
| RESTART | 计算机正在重新启动 |
| OPR ERR | 计算机检测到键盘错误 |
| TRACKER | 其中一个光学耦合器失效 |

### 6.4.3　惯性子系统

惯性子系统是指令舱的主要导航部件。计算机根据惯性子系统的数据不断更新状态向量。航天员使用六分仪的星象定期对平台进行调整。惯性子系统的主要部件是导航基座和惯性测量单元（IMU）。

#### 6.4.3.1　导航基座

导航基座提供了一个稳定的基座，惯性测量单元、光学六分仪和扫描望远镜都安装在上面，并精确对准。导航基座为刚性结构，长 27 in，宽 22 in，厚 4.5 in，重 17.4 lb，它安装在指令舱的一侧，以便光学元件能够清晰地看到它的外部。减振垫用于隔离光学元件和 IMU，使其免受冲击和振动的影响。图 6-16 显示了导航基座、惯性测量单元和光学元件在指令舱上的位置，该图来自 NASA。

#### 6.4.3.2　惯性测量单元

惯性测量单元建立了一个固定在惯性空间的稳定平台，用于测量航天器的姿态和加速度。稳定平台利用三个惯性速率积分陀螺仪的输出信号，在惯性空间中保持定向。航天器姿态是通过测量航天器坐标轴与稳定平台坐标轴之间的角度差来确定的。稳定平台坐标系中的速度是通过对安装在稳定平台上的三个加速度计的输出进行积分确定的。平台的 $x$ 轴通常与推进方向平行，也就是与航天器的 $x$ 轴平行。

搭载阿波罗 17 号往返月球的惯性测量单元目前正在华盛顿特区附近的史密森国家航空航天博物馆（NASM）的乌德瓦尔·哈兹中心展出。IMU 照片如图 6-17 所示，IMU 宽 13 in，高 10.5 in，重 42.5 lb。

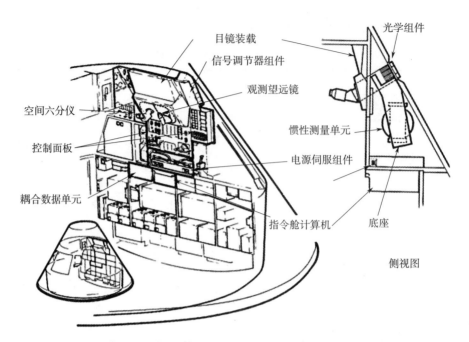

图 6-16  导航基座、惯性测量单元和光学元件的安装位置(NASA 图片)

图 6-17  阿波罗 17 号搭载的惯性测量单元(NASA 照片,见彩插)

IMU 的主要部件是一个三万向节结构的稳定平台。该平台装有 3 个正交安装的惯性速率积分陀螺仪（IRIG）和 3 个正交安装的脉冲积分摆式加速度计（PIPA）。3 个万向节使平台有 3 个自由度。利用 3 个陀螺仪产生的误差信号，使稳定平台在惯性空间中保持对准。这些信号提供给分别驱动 3 个转矩电机的 3 个稳定回路，进而旋转各个万向节，以使平台固定在惯性空间。

MIT R‑500 报告中的 IMU 示意图如图 6‑18 所示。稳定平台安装在 3 个万向节组件的内万向节上。

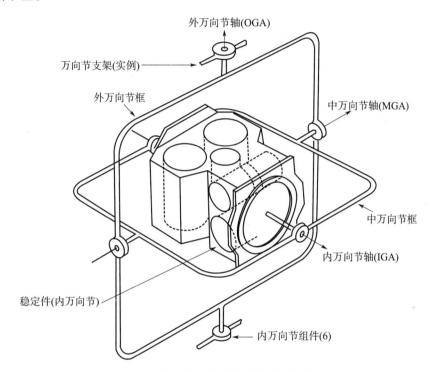

图 6‑18　惯性测量单元示意图（MIT 图片）

该稳定平台是用铍块加工而成的，并钻有安装孔，以安装陀螺仪和加速度计。之所以选择铍，是因为它的重量相对较轻，温度稳定性好，强度高。例如，与铝相比，它大约比铝轻 1.5 倍，温度的线性膨胀系数比铝低 1.9 倍，抗拉强度比铝高 1.9 倍。该平台形状不规则，长约 6 in。

陀螺仪呈圆柱形，直径 2.5 in，长约 3.3 in。加速度计为圆柱形，直径 1.6 in，长约 2 in。3 个陀螺仪相互垂直安装在平台上。3 个加速度计相互垂直安装在平台上，并与陀螺仪对齐。

每个万向节轴上都安装了扭矩电机，可以在航天器机动时保持平台在空间中的固定方向。每个万向节轴上都安装了一个将角运动转换为电信号的解析器，以便测量航天器相对于稳定平台的姿态。

平台上的加速度计沿其感应轴来感应速度的变化，并输出与速度变化成正比的脉冲序列。这些脉冲序列由计算机集成,以保持每个轴方向上的运行速度更新。然后,计算机对速度进行积分以持续获得航天器更新的位置。

陀螺仪有轻微漂移,需要定期校准平台。任务清单要求在航天器抵达近地轨道后开始滑行阶段时进行首次调整。由于与火箭推进相关的相当大的加速度和振动可能会干扰校准,因此需要在此之前进行早期校准。

阿波罗 13 号飞行任务早期的资料记录了杰克·斯威格特(Jack Swigert)向休斯敦发送的在第一次校准中发现的角度差异。在 $X$、$Y$ 和 $Z$ 平面上的差异分别为 $-0.067°$、$0.000°$ 和 $0.162°$。星宿一(即室女座 $\alpha$ 星)和星宿二是用于这次校准的主要恒星。据斯威格特报告,恒星间的实测角度与计算机表格中恒星间的角度之差为 $0.000°$。

收到这些数据后,休斯敦 CAPCOM 公司的乔·科尔文(Joe Kerwin)对斯威格特开玩笑说:"好吧,这听起来勉强可以接受。"对此,斯威格尔特回答说:"对于一个新的 CMP(指令舱飞行员)来说,这不算太差。"对陀螺仪进行扭矩处理,来消除小的漂移误差。本章的光学子系统部分描述了校准过程。

麻省理工学院在"空间导航制导与控制"R-500 报告中给出的分析表明,使用恒星瞄准仪校准阿波罗稳定平台的精度可能在 0.1 毫弧度(0.005 7°)以内。他们得出的结论是,这个精度远远超出了技术要求。

当阿波罗 11 号登月舱在月球表面着陆时,是测量 IMU 内陀螺仪漂移率的好机会。指令舱和登月舱内使用的 IMU 相同。在月面,两次校准间隔 17.5 h 的数据分析表明,陀螺仪在 $X$、$Y$ 和 $Z$ 轴上的漂移分别为 $0.707°$,$-0.73°$ 和 $0.623°$。最大的漂移为 $-0.73°$,与 $0.041\ 7°/h$ 的低漂移率相符。

### 6.4.4　光学子系统

光学子系统的主要部件是六分仪和扫描望远镜。两台仪器都安装在光学基座上,光轴对齐。光学基座安装在导航基座上。机动航天器需要将光学仪器的光轴指向恒星或地标。

扫描望远镜具有统一的放大倍率和相对较宽的 60°视场。它用于一般天文观测和惯性平台的粗对准。望远镜的视线有两个自由度。一个是仪器绕着光轴转动,称为轴传动。另一个自由度是通过转动仪器接入端的棱镜来实现的,棱镜将视线移向一侧,棱镜由耳轴驱动旋转。望远镜的物镜直径为 32 mm,焦距为 27.4 mm。光路中发光的十字型标线辅助操作员将望远镜对准目标。

六分仪的光路放大系数为 28,视场为 1.8°。物镜直径为 40 mm。光路中发光的十字型标线有助于将仪器对准恒星。

六分仪有一个固定的和一个可移动的瞄准线标线。固定标线与仪器的轴线重合。固定标线通过定位航天器指向恒星或地标。六分仪的第二条标线是通过旋转仪器的轴和旋转带耳轴驱动的标度镜来指向第二颗恒星的。标度镜将第二颗恒星的图像投到反射镜。这些反射镜允许瞄准偏离轴线 57°的目标。来自反射镜的图像与来自固定标线的图像一起通过分光镜,并通过六分仪的光学元件。

通过旋转仪器的轴和耳轴传动装置，可以使第二颗恒星的图像与视线内的恒星的图像重合。两颗恒星之间的夹角是根据旋转仪器的轴和耳轴传动装置的角位移计算出来的。据报告，六分仪测量两颗恒星夹角的精度在 10 弧秒以内。

光学组件安装在指令舱中，以便望远镜和六分仪的目镜与站在飞船后舱壁上的航天员的视线高度差不多。后舱壁刚好位于航天器底部主隔热板的上方。航天员站在那里，身体几乎与航天器 X 轴平行。飞船中间的座椅可以折叠起来，给操作航天员站立留出空间。

光学组件的控制面板位于安装望远镜和六分仪的面板下方。显示器和键盘安装在光学组件的右侧，以便操作员在恒星瞄准和惯性平台校准期间与计算机通信。手动旋转控制器的安装装置位于 DSKY 的正下方。使用旋转控制器操纵航天器，校准望远镜和六分仪与恒星或地标对齐。航天器中包含光学和控制装置的部分称为导航站。

图 6-19 是航天员吉姆·洛威尔在阿波罗 8 号飞行任务期间通过望远镜向外观看的照片。洛威尔站在导航站上，右手放在操纵杆控制器上，实现航天器姿态的精细控制。

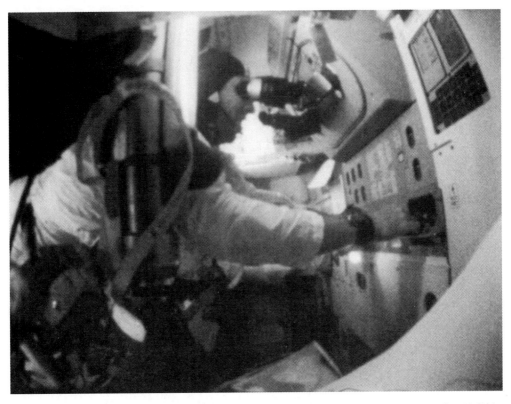

图 6-19　航天员吉姆·洛威尔在阿波罗 8 号任务中通过望远镜向外观看（NASA 照片，见彩插）

## 6.5　稳定控制系统

稳定控制系统（SCS）控制航天器姿态、控制推力以进行轨道控制，并为航天员提供具有控制和显示功能的人机界面。SCS 由姿态参考子系统、姿态控制子系统和推力矢量控制子系统组成。

### 6.5.1 姿态参考子系统

姿态参考子系统在惯性测量单元发生故障时提供备用姿态参考。它还向飞行指引仪姿态指示器和推力矢量控制子系统提供姿态和姿态率数据。

姿态参考子系统包括两个由"1"和"2"标识的姿态陀螺仪(BMAG)组件。每个组件包含 3 个陀螺仪,与航天器的滚转轴、俯仰轴和偏航轴对齐。陀螺仪组件感应姿态位移或姿态速率。速率通过锁定陀螺仪来检测。

在"姿态保持"飞行模式中,处理来自陀螺仪组件"1"中的 3 个陀螺仪姿态信号,用于操作反作用控制喷流,以使航天器返回到想要保持的姿态。误差信号还可以显示在一个或两个 FDAI 装置的指针上,以便在选择该模式时允许手动控制所需的姿态。输出陀螺仪组件"2"用于测量姿态率,这些信号可以在飞行指引仪上读取,也可以用于计算机计算姿态变化。

两个陀螺仪组件的输出信号被传送到陀螺仪显示耦合器(GDC),GDC 调节这些信号以应用于计算机和 FDAI。按下主控制面板上的 GDC ALIGN(GDC 校准)按钮,GDC 的输出应与 IMU 或姿态控制面板设置的其他参考相符。

### 6.5.2 姿态控制子系统

通常,指令服务舱的大多数控制功能(包括姿态控制)都是由制导计算机完成的。但是,关键功能也可以选择手动控制。当航天器处于手动控制模式时,手动控制器控制反应控制系统发动机点火。在服务舱的外围有 4 组反作用发动机,每组包括 4 台喷气发动机。每组发动机间隔 90°,用于控制指令舱和服务舱。指令舱上还安装了 12 台反应控制发动机,但这些发动机仅在指令舱与服务舱分离后、返回地面之前才使用。反应控制系统将在本章后面介绍。

姿态控制面板允许航天员设置航天器的姿态。控制面板位于指令长前方主仪表板的左下角。该控制面板包含 3 个拇指滚轮和 3 个相关角度的显示。显示屏上标有 ROLL(滚转)、PITCH(俯仰)和 YAW(偏航)。滚转和俯仰显示数值范围标记为 0～359°,偏航显示数值范围标记为 0～90°和 270～359°。此外,数值显示区右侧有一个窄的旋转滚轮,滚轮每个刻度为 0.2°。

姿态设置控制面板发送的信号是滚转、俯仰和偏航的预设姿态角与来自 IMU 或 GDC 的姿态角之间的差值。通过操作位于指令长面前的主仪表板上的 ATT SET 开关键选择输入信息的来源,来自 IMU 或 GDC。角度差被发送到 FDAI 指针,这一指示允许航天员控制航天器,将误差降至零。该角度差也可用于将 GDC 的姿态校准到设定角度。

来自反应控制发动机的推力不是打开就是关闭状态。因此,在稳定飞行时,航天器的姿态将在设定的两个极限值之间缓慢振荡。该控制模式称为极限循环模式。计算机软件实现的数字自动驾驶(DAP)适应极限循环模式,是一种稳定的操作控制方式。两个极限值之间的角度（称为"无控制区"）可以通过主仪表板上的开关设置。两个极限值之间的运动角速度也可以通过仪表板设置。在计算机控制姿态的自动控制模式下，ATT DEADBAND（姿态"无控制区"）开关设置为 MIN（最小），RATE（速率）设置为 LOW（低），"无控制区"为±0.5°，速率为±0.2°/s。DEADBAND 开关设置为 MAX（最大），RATE 设置为 LOW（低）时，"无控制区"为±5.0°。

### 6.5.2.1　手动控制器

　　航天员使用两种类型的手动控制器控制指令服务舱。第一种是旋转控制器，用于控制航天器的俯仰角、偏航角和滚转角。第二种是平移控制器，用于控制航天器沿 $X$、$Y$ 和 $Z$ 轴运动。图 6-20 是指令长座椅右侧的旋转控制器和座椅左侧的平移控制器的近距离照片。近距离视图是从前面给出的指令舱内部照片中提取的。

图 6-20　旋转和平移控制器近距离视图（NASA 照片，作者裁剪，见彩插）

　　位于指令长座椅右侧的旋转控制器有一根 9 ft 长的电缆，以便其能被安装到乘员舱的各个位置，包括导航站。安装盒背面的槽位设计允许快速安装到相应的卡槽固定装置上。与飞机上的操作手柄类似，前后推拉操作手柄可以控制俯仰平面上的姿态变化，左右拨动操作手柄可以控制滚转平面上的姿态变化。通过扭转操作手柄可以控制偏航平面上的姿态变化。在手柄的上方有一个通话开关按键。

位移控制器通过楔形接头安装到指令长座椅的左扶手上。照片中可以看到它有一个"T"形手柄。推入或拉出手柄可以使航天器沿 $X$ 轴平移。上下移动手柄会使航天器沿 $Z$ 轴平移。左右移动手柄会使航天器沿 $Y$ 轴平移。

位移控制器还有其他重要任务功能。顺时针旋转手柄将推力矢量控制从"主制导导航和控制系统"(PGNCS)转移到"稳定和控制子系统"(SCS)。SCS 是 PGNS 的备份系统。逆时针旋转手柄并保持 3 s,向任务定序器发出 CSM/Saturn IVB 中止指令。这确实是一个严肃的指令。

用于选择旋转控制器控制模式的开关位于仪表板下方、指令长飞行指引仪姿态指示器左侧。"手动姿态"标题下标记为"滚转""俯仰"和"偏航"的 3 个开关有 3 种设置:加速指令、速率指令或最小脉冲。当设为加速指令时,旋转控制器控制航天器沿该轴的旋转速率继续加速,直到控制回中心位置。

开关打到速率指令时,操作旋转控制器可以让航天器产生与给定轴的偏转量成比例的角速率。这是常用的操作模式。全偏转时的最大速率可以通过一个开关设置(低档或高档位)。设置低挡位时,航天器沿各轴的最大速率为 0.7 (°) /s。设置高档位时,俯仰和滚转轴上的最大速率为 7.0 (°) /s,偏航轴上的最大速率为 20 (°) /s。推进器点火脉冲设置最小时,操作旋转控制器时只有一个推进器点火,时间仅持续 15 ms。该模式用于姿态的微调。

## 6.6  指令舱中的反应控制系统

指令舱中的反应控制系统在指令舱与服务舱分离后,就在再入地球大气层之前,启动姿态控制。航天器相对于速度矢量的姿态对于成功再入大气层至关重要。

出于冗余设计考虑,指令舱包含两个独立的反应控制子系统,称为子系统 1 和子系统 2。每个子系统都有一套独立的 6 台发动机,用于提供顺时针滚动、逆时针滚动、+俯仰、-俯仰、+偏航和-偏航。

反作用发动机长 11.7 in,喷嘴出口直径为 2.13 in。每台发动机产生 93 lb 的推力。发动机安装在内部,发动机出口与指令舱外表面齐平。由于发动机安装在内部,它们被烧蚀冷却,这限制了它们的使用寿命。这些发动机的额定使用寿命为 200 s,运行周期为 3 000 次,由北美航空公司洛克达因分部开发和制造。

发动机使用一甲基肼(MMH)作为燃料,四氧化二氮($N_2O_4$)作为氧化剂。两种物质相互接触时发动机点火。两个冗余反应系统各有一个燃料箱、一个氧化剂箱和一个氦气箱。氦是用来给燃料和氧化剂加压的。氦气罐直径约 9 in,氦气压力为 4 150 psi。调节压力调节器,使氦气压力降低至约 180 psi,从而给燃油箱和氧化剂箱加压。

燃料装在长 17 in、直径 12.5 in、带半球形圆顶的圆柱形罐中。燃料罐是用钛合金制成的。每个燃料罐可容纳 45 lb 燃料。氧化剂罐与燃料罐相似,但长 20 in,比燃料罐长 3 in。每个氧化剂罐都装有 89 lb 氧化剂。这些容器罐有聚四氟乙烯气囊,燃料和氧化剂储存在气囊中。当氦气压力施加到燃料气囊上时，它挤压燃料，将其推到发动机输送管，为发动机提供燃料。

　　燃料和氧化剂管路连接到每台发动机附近的推进剂注入阀。注入阀由弹簧控制开关，当电磁线圈通电后，注入阀克服弹簧力而弹起，以允许推进剂注入。每个注入器内有两组线圈，一组用于自动控制，另一组用于手动旋转控制器进行直接控制。自动电磁线圈的控制信号由反作用式喷气发动机"开–关控制组件"（RJ/EC）生成。

　　发动机可以进行持续时间不到 70 ms 的短脉冲点火，也可以连续点火几秒钟。当航天器由计算机控制时，来自制导计算机的输入信号指示 RJ/EC 的操作，当航天器由稳定控制系统控制时，来自"电子控制组件"的信号指示 RJ/EC 的操作。

　　航天员可以通过将仪表板上的"直接 RC"开关转到"ON"位置来启动备用的手动控制模式。然后，将旋转手动控制器定位在待控制轴上的停止处，以激活"直接"开关。关闭"直接"开关，为相应推进器注入阀的直接电磁线圈供电，以便旋转控制器可以对其进行控制。

　　反应控制系统在机动过程中使用了 41 lb 的推进剂，以建立阿波罗 11 号指令舱重返地球大气层的正确姿态。在自动模式下，其中一台反向偏航发动机遇到问题，但在手动模式下，发动机正常响应指令。NASA 技术说明 TN D–7151 指出，在指令舱与服务舱分离 65 s 后，两个冗余反应控制系统中的一个失效，可能是该系统发动机出现了故障。

　　自燃推进剂在硬着陆期间构成风险，所以剩余的 RCS 推进剂在航天器靠主降落伞下降时被烧掉了。然后，通过流动的氦气对贮罐和管路进行净化。

## 6.7　供电

　　指令舱与服务舱分离后，由 3 个蓄电池（作为再入和着陆后蓄电池）为其供电。这 3 个蓄电池还用于在负载峰值期间（例如定位 SPS 火箭发动机的万向节时）增加燃料电池的电力。这 3 个蓄电池被称为电池 A、电池 B 和电池 C。

　　这些电池是由伊格尔-皮歇尔（Eagle–Picher）公司生产的，是氧化银/锌型电池。每个电池由 20 个电池单元组成，封装尺寸为 11.75 in×5.75 in×6.88 in，重 28.5 lb。每个电池的额定电量为 40 A·h。蓄电池的开路电压为 37.2 V，25 A 大负载下的标称电压约为 29 V。

　　电池 A 与电池总线 A 相连，电池 B 与电池总线 B 相连。电池总线依次与主直流电源总线相连。通常，只有电池 A 和 B 连接到主电源总线。电池 C 用作备用电池。

　　这些电池可以通过电池充电器充电，由航天员手动控制充电开关。电池充电器用来自 28 V 母线和 115 V、400 Hz 三相交流母线的输入产生约 40 V 的充电电压。将待充电电池与电池电源总线断开，然后通过航天员手动打开电池充电开关为其充电。

　　通过仪表板上的"直流指示灯"（DC INDICATOR）开关选择监测电池、燃料电池和两个主直流母线的电压，并在面板上的电压表上显示数值。所选电路中的电流数值在面板上的电流表上显示。

指令舱中还有两个相对较小的氧化银/锌电池,用于为一系列火工装置供电。这些装置用于发射后抛弃逃逸塔、将 S-IVB 助推器与 CSM 分离、将指令舱与服务舱分离,并在着陆期间展开和切断降落伞。这两个小电池的额定电量为 0.75 A·h,开路电压为 37.2 V,被称为火工电池。尺寸为 6.25 in×2.64 in×2.87 in,重 3.5 lb,在飞行中不充电。火工电池 A 连接到火工总线 A,火工电池 B 连接到火工总线 B。

### 6.7.1 变频器

航天器的一些部件需要的 400 Hz 交流电由固态变频器产生。变频器将来自直流电源总线的 28 V 直流电转换为交流电。使用交流电的设备包括各种泵电机、低温贮罐内的风机、压力服的压缩机和电池充电器。

有三个变频器,每个变频器都能产生 1 250 VA 的三相 115 V、400 Hz 的功率。一次使用两个变频器为两条交流电母线供电。第三台变频器是故障情况下的备用变频器。变频器由仪表板上的开关控制,性能由交流电压表(设置仪表板上的选择开关)监测。

变频器的尺寸为 15.0 in×14.75 in×5.0 in,重 53 lb。它们被安装在冷却板上,并通过水/乙二醇冷却回路进行冷却,该冷却回路将热量传递给服务舱上的散热器。

## 6.8 远程通信系统

有效的远程通信系统对阿波罗任务至关重要。指令舱(CM)的远程通信系统主要包括两个实现 CM 外部通信的子系统:统一 S 波段通信子系统和 VHF 通信子系统。此外,它还包括一个用于航天员之间通信的对讲机,并具备通过磁带录音机记录音频通信和航天器数据的能力。

S 波段是指频率范围在 2～4 GHz 的电磁波波段。VHF 是指频率范围在 30～300 MHz 的甚高频波段。远程通信系统在这两个频段中使用离散频率。

S 波段通信链路用于阿波罗飞船和休斯敦载人航天飞行中心(MSC)之间的远程语音和数据通信。该通信链路是通过载人航天飞行网络(MSFN)实现的。MSFN 是一个环绕地球的地面站网络,具有能够与远距离航天器通信的大型可操纵天线。指令舱和登月舱均采用 S 波段通信系统,通过 MSFN 与休斯敦的 MSC 通信。

VHF 通信链路用于 CM 和 LM 之间的通信,以及接近地球时 CM 和 MSFN 之间的通信。任务结束时,当指令舱在降落伞作用下降落时,回收过程中也使用 VHF 通信。VHF 通信非常适用于航天器上使用相对简单的小型天线进行大范围覆盖的应用。正是由于这些原因,VHF 长期以来一直用于民用航空通信。

图 6-21 显示了指令舱中远程通信系统的功能框图。该图是作者从不同来源收集的图的组合,以简化的形式显示了各种功能。

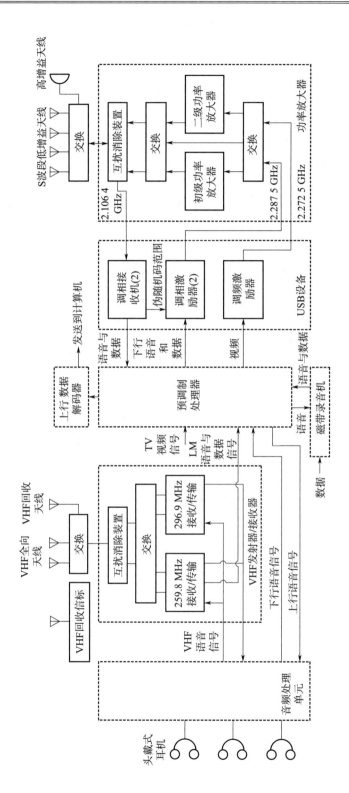

图 6 - 21　指令舱通信系统功能框图

### 6.8.1　远程通信天线

统一 S 波段子系统包括一个高增益天线和四个嵌入式全向天线。全向天线以 90°的间隔分布在指令舱的外围。这些宽波束、低增益天线在绕地轨道期间使用，一直到进入绕月轨道之后使用高增益天线为止。登月舱驾驶员前方仪表板上的开关可以让航天员选择朝向 MSFM 站点最有利的全向天线或选择高增益天线。

高增益天线是可操控的，并且波束宽度是可选择的。它由四个抛物面天线组成，被一个对角尺寸为 11 in 的方形喇叭天线环绕，它安装在服务舱的发动机附近。可以用 LM 驾驶员前面仪表板上的开关选择喇叭天线、一个抛物面碟面天线或四个抛物面碟面组合天线。这三种情况下的 3 dB 传输波束宽度分别为 40°、11.3°和 4.4°。相应的发射天线增益分别为 8.0 dB、18.0 dB 和 25.7 dB。

高增益天线的控制子面板位于指令舱仪表板的右中部。子面板包含一个开关，用于选择天线的 MAN（手动）或 AUTO（自动）定位，或选择 REACQ（重新搜取）让天线以一定角度搜索信号。还有一个波束宽度选择开关，有 WIDE、MED 和 NARROW 3 个选择挡位。一旦天线位在 MSFM 站点线的几度范围内，它就可以切换到自动角度跟踪。

子面板包含两个旋钮，用于定位天线的俯仰和偏航姿态。有两个相应的显示器显示天线的俯仰角和偏航角。面板上的信号强度计协助定位天线，来获得最佳信号强度，并在自动跟踪期间显示信号强度读数。

VHF 子系统通过安装在服务舱两侧的两个弯刀型天线进行通信，每根天线都产生一个近似半球形的辐射模式。通过仪表板上的 VHF 天线开关可以选择其中一根或另一根天线，从而提供几乎球形覆盖。这些天线被称为弯刀型天线，是因为它们的形状类似弯刀刀刃。还有第三个天线开关位置，它允许将 VHF 通信切换到回收鞭状天线。

任务结束时，在主降落伞打开后不久，两根 11 in 长的鞭状天线从指令舱顶部自动展开。其中一根天线通过 VHF 天线开关连接到 VHF 发射器和接收器，用于回收期间的语音通信。另一个鞭状天线与 VHF 回收信标相连。

### 6.8.2　S 波段上行通信

与航天器成最佳角度的一个 MSFN 地面站，以 2.106 4 GHz 的频率传输上行载波。该载波由一个 30 kHz 副载波和一个 70 kHz 副载波进行相位调制。30 kHz 副载波由休斯敦 MSC 的语音通信进行频率调制。70 kHz 副载波由 MSC 开发的航天器上行数据进行频率调制。

上行信号由 CSM 上所选的 S 波段天线接收，经三通天线转发开关发送至统一 S 波段通信设备的接收器上，如图 6-21 所示。NASA 报告中将 S 波段接收和发射设备的集合称为统一 S 波段设备（USB）。接收器的锁相环从上行载波产生相干基准信号，用于提取语音和数据的副载波。这些副载波发送到预调制处理器上，对语音和数据信号进行解调。语音信号发送到音频处理单元，处理后使其适用于航天员头戴式通信设备。

数据信号由预调制处理器提取并发送到上行数据解码器。计算机可获得解码后的数据信号。上传的关键数据之一是航天器的状态向量，这是由地面上非常精确的跟踪设备产生的。作为地面站和航天器之间测距的一部分，上行载波可以用伪随机码进行相移键控调制。航天器接收到上行载波后进行解调，产生再生伪随机码，用其调制下行信号。地面测距仪测量发射的伪随机码和航天器转发的伪随机码相关峰之间的时延，而时延就等效为距离。

伪随机码的比特率为 992 kbit/s，代码长度约为 5.443 s，给出了一个明确的测距范围，约 440 600 n mile，刚好超过了地月间的最大往返距离。NASA 技术说明 D - 6723 报告了测距的精度约为 30 m。考虑到航天器的飞行距离可能超过 219 000 n mile，这一精度较为合理。

## 6.8.3　S 波段下行通信

CSM 发送了两个下行 S 波段载波，一个频率为 2.272 5 GHz，一个频率为 2.287 5 GHz。2.287 5 GHz 的载波源自上行载波，并与其相干。上行载波变频转换到中频，然后通过锁相环提取下移载波，再将其频率倍增回 S 波段，从而产生频率比上行频率高的下行载波，两者频率之比为 240/221。

有两个用于上行信号的冗余接收器和两个用于产生 2.287 5 GHz 下行信号的冗余激励器。来自两个接收器的 2.287 5 GHz 的下行载波传送到两个激励器单元，再用 1.024 MHz 和 1.25 MHz 的副载波对下行载波调相。1.25 MHz 的副载波由航天员的语音通信进行频率调制。不使用语音时，该副载波也被生物医学遥测数据调制。来自航天器系统的各种遥测数据被双相调制到 1.024 MHz 副载波上，以便传回地面。两台激励器的输出功率约为 220 mW。

2.272 5 GHz 的下行载波由单独的激励器产生，用于传输电视信号或科学数据。电视视频信号通过宽带调频调制到载波上。

当航天员选择"HIGH"（高）功率时，功率放大器产生约 20 W 的 S 波段功率；当航天员选择"LOW"（低）功率时，放大器关闭。LM 驾驶员前面仪表板上的开关允许他选择三个激励器中的任何一个连接到两个功率放大器中的任一个，他可以选择 PRIM（主）功率放大器或 SEC（二级）功率放大器。另一组标有 S 波段天线（S - BAND ANTENNA）的开关允许航天员选择全向天线 a、b、c、d 或高增益天线。

地面上的 MSFM 设备提取出与上行载波相干的 2.287 5 GHz 下行载波，并测量双向多普勒频移。多普勒频移与航天器速度成正比。航天器的速度可以高达 3.4 万 ft/s，通过 MSFM 在每秒不到 1 ft 的范围内进行测量。

MSFN 网络中的一个特定站点从航天器获取信号并通过伪随机码测距后，对速度进行积分，以进一步确定距离的变化。然后关闭上行载波上的双相伪随机码调制，以减少与其他上行数据干扰。

### 6.8.4　甚高频 (VHF) 通信

VHF 链路用于指令舱和登月舱之间通信,以及接近地面时用于指令舱和 MSFN 之间通信。VHF 还被用来在两名航天员探索月球表面时进行通信,以及月面航天员与登月舱之间进行通信。

指令舱中的 VHF 通信设备包括两个独立的接收器和两个独立的发射器,以及一个开关,当某个单元发生故障时可以通过开关选择不同的接收器/发射器组合。通常,语音通信是在单工通信模式下进行的,接收器和发射器在同一频率上工作。其中一组接收器/发射器工作频率为 296.8 MHz,另一组工作频率为 259.7 MHz。通过仪表板上的开关,可以选择某组接收器/发射器,也可选择在 296.8 MHz 上发送、在 259.7 MHz 上接收,或在 259.7 MHz 上发送、在 296.8 MHz 上接收,还可以选择在任一频率上仅接收不发送。

来自航天员的话音由航天员佩戴的头戴式耳机上的麦克风接收,语音信号经音频处理单元调制后,传送到 VHF 发射器的调制器。同样,来自 VHF 接收器的语音信号发送到音频处理单元处理后,传送到航天员佩戴的头戴式耳机上。

VHF 通信设备使用开-关调幅方式传送信息。语音信号被放大和硬限幅处理后传送到调制器。调制器打开和关闭 VHF 载波以响应硬限幅音频信号。这种调制方式虽然会有一些信号失真,但有利于提高均方根 (RMS) 调制水平,可以提高弱信号的清晰度。

发射器产生大约 5 W 的 VHF 功率。NASA 报告 M-932-68-08 指出,CSM 与地面使用 VHF 通信的距离约为 2 600 n mile。这个通信距离需要非常大的天线,且地面上要提供高性能的发射和接收设备。

VHF 通信子系统还包含测距功能,用于测量登月舱和指令舱之间的距离。在登月舱从月面返回的上升段,该距离信息在登月舱与指令舱交会对接期间使用。在测距过程中,指令舱中的 259.7 MHz 发射器用三个测距音调幅:247 Hz、3.95 kHz 和 31.6 kHz。这些测距音由登月舱内的 VHF 接收器接收、解调,并在 296.8 MHz 频率上重新发回指令舱。接收器解调测距音并进行处理以确定时延。这三个测距音给出了 327 n mile 的明确范围和大约 100 ft 的精度。

在航天器与地面失去通信时,例如航天器在月球背面,用一台磁带录音机记录语音和航天器数据。恢复天地通信时,通过 S 波段下行链路将磁带录音传回地面。所用的聚酯薄膜磁带有 1 in 宽,录音机可以录制 14 首曲目。可以选择 3.75、15、120 in/s 的磁带速度。磁带速度是根据播放数据的速率自动选择的。可用的录音时间为 2 h (3.75 in/s) 或 30 min (15 in/s)。

早期的指令舱上搭载了一台小型黑白电视摄像机,配了一根长电缆,允许它安装在舱内的三个不同位置或手持拍摄。相机的帧速率为 10 帧/s,每帧 320 行。视频信号由预调制处理器调节,然后发送到 S 波段下行链路设备。后来,阿波罗任务搭载了一台彩色相机,其帧速率为 30 帧/s,每帧 525 行。

## 6.9　环境控制系统

环境控制系统（ECS）担负着极其重要任务，在往返月球的漫长旅程中，让航天员保持活力和舒适。该系统用于支持 3 名航天员工作、生活 14 天，并将电子设备和其他关键设备的温度保持在正常工作范围内。环境控制系统执行三项重要功能：

- 舱内大气控制；
- 水管理；
- 热控制。

### 6.9.1　大气控制

ECS 的一个重要功能是调节指令舱内的大气成分、压力和温度。该功能包括从大气中去除二氧化碳、供氧，并将湿度保持在合适水平。航天员在指令舱内穿着压力服期间，航天服内的大气也受到同样的控制。在飞行的大部分时间里，座舱都维持在穿着"普通衣服"的压力环境。

座舱内的空气体积约为 320 $ft^3$。舱内保持 5 $lb/in^2$ 的氧气压力。氧气的来源是服务舱中的两个低温罐，它们也为燃料电池提供氧气。这些低温罐总共储存了 640 lb 氧气，其中172 lb 用于环境控制系统。座舱压力调节器将舱内的压力维持在 5 $lb/in^2$，并考虑到航天员的氧气使用和泄漏。仪表板上的指示器显示氧气流速，正常速度约为 0.43 lb/h。

座舱内的空气由离心风机循环。座舱空气进入一个回风阀，然后通过一个碎屑过滤器进入风机的输人端。有两个风机可用，但通常一次只有一个风机加电工作。每个风机每分钟可排放 35 $ft^3$ 的空气。将风机出口处的空气通过两个装有氢氧化锂和活性炭的罐，二氧化碳和有害气体将被去除。氢氧化锂和活性炭罐出口处的净化空气通过管道输送至热交换器，在热交换器中空气被冷却，形成的冷凝水通过水-乙二醇冷却回路去除。净化后的冷空气被释放到舱内。

任务期间，每隔 12 h 更换一次氢氧化锂和活性炭罐。如果舱内的 $CO_2$ 分压超过7.6 mmHg，舱内的传感器将点亮主告警面板上的"$CO_2$ PP HI"指示灯。

在发射和再入时，航天员在指令舱内穿着压力服。压力服有两个氧气入口和两个排气口。其中一个氧气入口和一个排气口通过双通道软管连接到服装软管连接器（位于左侧设备面板上）。面板上的端口分为供氧端口和回流端口。面板上有三组这样的端口，分别用于三套航天员的舱内压力服。航天服的排气路径流经服装的软管连接器，并与座舱排风口的管道连接。然后，流经风机、二氧化碳去除罐和热交换器，再返回面板上的服装软管连接器端口。

### 6.9.2　水资源管理

水资源管理是环境控制系统的另一个重要生命保障功能。服务舱内的燃料电池产生了航天器所需的大量电力。燃料电池发电的副产品以每千瓦时 0.77 lb 的速度生产饮用水。典型的 2 200 W 发电功率每小时生产约 0.28 gal 的水。

饮用水和食物制备所需的水储存在 4.3 gal 的饮用水箱中,其余的水被送入 6.7 gal 的废水箱或排到飞船外。舱内的湿气冷凝水也被收集并转移到废水箱中。作为温度控制的一部分,废水箱中的一部分水用于蒸发冷却。

### 6.9.3 温度控制

一个相当复杂的系统被用来控制电子设备、舱内空气和航天员穿着航天服的温度。通过两个水-乙二醇冷却回路(一个主回路、一个副回路)循环管道中的冷却液,将电子设备的热量和为座舱及压力服调节空气温度的热交换器内的热量排出。热量是由座舱照明、未安装在冷却板上的电子设备以及航天员产生的。电子设备的冷却,是通过安装在有冷却剂流过的冷却板上实现的。共有 22 个冷却板。

主回路是任务期间的主要冷却回路。如果需要,也可以启用副回路,它是主回路的备份。使用两台离心泵将约 200 lb 的水-乙二醇冷却剂每小时在冷却回路循环一次。

冷却回路传递的热量有两种散热方式。一种是向外层空间散热,另一种是蒸发冷却。通过冷却过程将冷却剂温度保持在 45 °F 左右。

空间散热器包括两块曲面板,在服务舱靠近发动机端的两侧各有一个。每块面板的面积为 50 ft²,几乎延伸到飞行器外围的一半。嵌有冷却管的面板在其覆盖区域内充当服务舱的外壳。根据航天器的姿态,一块面板暴露在阳光下,而另一块面板则处在寒冷的空间中。为了弥补向阳一侧的面板散热不足,更多的冷却剂被自动分配到这块面板。如果散热器将冷却液冷却至 45 °F 以下,则散热器进口处的一部分冷却液旁路流过散热器,并以适当比例与输出的液体混合,以将冷却液温度保持在 45 °F。

如果散热器出口处的冷却液温度达到约 48 °F,则在冷却液流动路径中紧跟散热器的蒸发器被启动,以降低温度。例如,当航天器绕地球或月球运行时,单靠散热器可能无法提供足够的冷却。

蒸发器由一系列带冷却液流动通道的翅片夹层板组成。翅片也附着在夹层板的外部。金属毡芯堆叠在一起,放在夹层板中间,形成散热器歧管组件。分配系统将废水输送到毡芯的边缘。在低压环境中,从湿芯中蒸发的水具有很强的冷却效果。蒸发产生的蒸汽通过翅片区域后收集在排气管道中,然后通过管道输送到飞船外部。NASA 技术报告 TN D-6718 指出,在 0.1 lb/in² 的环境压力下,流量为 200 lb/ h 的冷却液被蒸发器冷却至 41.5 °F。可以通过控制蒸发器中的环境压力来调节温度。

环境控制系统的控制装置和用于监测环境的指示器位于主仪表板中间偏右下方。仪表板上的一个开关允许选择二级冷却回路,而不是主回路。另一个开关允许选择主回路或二级冷却回路的温度和压力显示在双刻度指示器上。显示的温度分别是空间散热器的入口和出口温度以及蒸发器的出口温度,显示的压力是蒸发器的蒸汽压力和冷却泵出口处的压力,氧流速也显示在一个双刻度指示器上。

双垂直刻度指示器显示压力服回路温度和座舱温度。第二个双垂直刻度指示器显示压力服回路压力和座舱压力。第三个垂直刻度指示器显示压力服回路中的 $CO_2$ 分压。这与没有连接压力服时的情况相同。

## 6.10　再入角度监控系统

指令舱的巨大动能使其以每秒 36 000 ft 的速度飞行，当指令舱下降到上层大气中，大气阻力减缓了航天器的飞行速度时，飞行器的一部分动能必须转换为热能和减速伞动能消耗掉。指令舱的重心偏离 X 轴，导致航天器的气动配平以相对于速度矢量的攻角来确定。这种攻角产生了升力和阻力。升力矢量方向（向上或向下）可以通过滚动航天器来改变。指令舱进入大气层时的升力矢量方向至关重要。

入射角，即指令舱的速度矢量与本地水平方向形成的夹角，受到严格控制。《"阿波罗"操作手册》的图中显示了仅有 1.6° 范围的入射角，从 −5.7° 到 −7.3°。目标入射角为 −6.4°。入射角小于 −5.7° 将导致航天器跳出大气层进入椭圆轨道，稍后再进入低空轨道。入射角大于 −7.3° 会使乘员受到的加速度超过 10 g 的可接受极限。1 g 是地球表面的正常重力加速度。

再入角度监控系统（EMS）用于再入地球大气层期间可视监测关键参数。通常情况下，主制导导航和控制系统引导指令舱进入并通过外大气层。在失去"主制导导航和控制系统"的情况下，使用再入角度监控系统信息进行手动控制，可以成功返回地面。图 6 - 22 显示了再入角度监控系统控制面板。

控制面板左上角的功能开关用于选择监控系统的各种功能。开关右侧有 5 个测试位置。"Vo"开关位置与面板右侧的"ΔV/EMS SET"摇臂开关一起使用，以将速度设置为入射时的预期惯性速度。"ΔV SET"开关位置允许将 ΔV 设置为初始参数。"RNG SET"开关位置允许将 RANGE 设置为初始参数。入射时，控制面板功能开关打到"ENTRY"位置，以监测飞行器入射并通过外层大气的关键参数。

功能开关下方的"MODE"（模式）开关打到"NORMAL"（正常）位置，可激活通过功能开关选择的功能。"BACKUP/VHF RNG"位置可激活用于手动控制的显示信息，也可显示 VHF 测距信息。测距信息在登月舱与指令服务舱交会对接期间使用。

控制面板左下角是滚转姿态指示器。指针显示了升力矢量的位置。显示屏上有两个指示灯，称为升力矢量灯。通过指示灯亮起感知到 0.05 g 重力加速度后，进行 10 s 线路选择测试（corridor determination test）。如果重力加速度大于 0.26 g，显示屏上部的指示灯点亮；如果重力加速度小于 0.26 g，下部的指示灯点亮。正常的控制操作导致滚转姿态指示器指向亮起的灯。

例如，如果下部指示灯亮起，且滚转姿态指示器指向点亮的灯，则表明"主制导导航和控制系统"已将航天器滚转至下降状态，以增加入射角。如果在手动控制模式下，航天员将滚转飞行器，直到滚转姿态指示器指向点亮的灯。

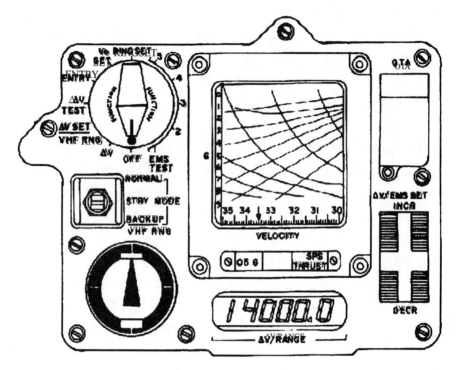

图 6-22　再入角度监控系统控制面板（NASA 图片）

"ΔV/RANGE"显示的数值以 mile 为单位,或以 ΔV（速度差）的单位（ft/s）为单位,具体取决于功能开关的位置。

VELOCITY（速度）指示器下面有两个指示灯。当重力加速度大于 0.05 $g$ 时,0.05 $g$ 指示灯点亮,这表明指令舱刚刚进入大气层。当 SPS 发动机推力启用时,"SPS THRUST"指示灯点亮。

面板上的一个重要显示区域是"VELOCITY"指示器,它显示了速度（单位：ft/s）与加速度（单位：$g$）的函数关系。该指示器显示区域由 90 mm 宽的聚酯薄膜组成,该薄膜根据航天器速度的变化在水平方向上滚动。这种薄膜的背面有一层乳胶涂层,正面印着一系列的参考线。通过测量的加速度,驱动垂直平面内的触针在薄膜的乳液面上划线。薄膜上打印的曲线和划线标记使航天员能够监视或控制再入角度,并通过上层大气。图 6-23 是阿波罗 8 号返回地面时的一小部分薄膜照片。白色曲线是加速度触针的划线。

滚转速度范围是 37 000～4 000 ft/s。垂直刻度线上的加速度范围是 0（顶部）～10 $g$（底部）。进入外大气层时预期的初始速度是在进入前设定的。EMS 单元内的加速度计提供加速度测量值,并将其集成以获得速度差,再用速度差驱动色带滚动,使其经过触针划线。

图 6-23 左上角向下俯冲的线称为过载 $g$ 线,其斜率代表 10 $g$ 的峰值负荷。划线的斜率不应长时间超过过载 $g$ 线的斜率。阿波罗 8 号的划线反映了不断加快减速,直到速度降到约 32 000 ft/s,然后随着速度的进一步下降,减速速度变慢。

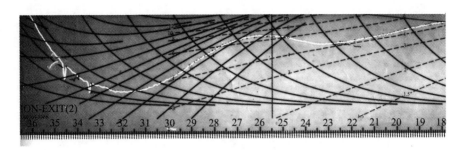

图 6-23　阿波罗 8 号的再入角度监控系统卷轴（图片来自阿波罗 8 号飞行杂志）

从左下角向上划的实线称为超范围线，如果划线斜率长时间超过超范围线的斜率，则需要对航天器进行升降定向。

以 30 000 ft/s 的速度开始向右上方移动的虚线称为距离势线，划线与这些线的交点表示航天器持续减速能力可达数百英里。

# 6.11　着陆系统

指令舱的一个重要系统是着陆系统（ELS），它是最后一个在阿波罗任务期间使用的系统。返回段，降落伞将飞船的速度降至约 440 ft/s，飞船下降至约 24 000 ft 的高度后，着陆系统负责进一步降低指令舱的速度，并将其缓慢地降落到海面回收。

着陆系统包含 4 种不同类型的降落伞和展开机构。降落伞子系统包括：隔热罩、减速伞、引导伞和主降落伞。降落伞展开通常是自动的，由气压开关控制，但手动打开降落伞可以作为备用方式。

图 6-24 显示了阿波罗 14 号指令舱在溅落前靠主降落伞降落的照片。

## 6.11.1　着陆时序

在准备着陆过程中，当航天器下降至约 30 000 ft 高度时，航天员将保护开关"ELS LOGIC"（着陆系统逻辑）转到"ON"位置，为着陆事件的逻辑电路供电。该保护开关位于指令长面前的仪表板下部。通常，与设有"AUTO"或"MAN"两个挡位的逻辑开关相邻的开关打到"AUTO"位置。如果预期事件未自动发生，则将后一个开关设置为手动（"MAN"），并按下标有"APEX COVER JETT"（抛隔热罩）、"DROUGE DEPLOY"（展开减速伞）和"MAIN DEPLOY"（展开主伞）的保护开关，以手动触发事件。

着陆系统安装在指令舱的前舱里，舱室被前舱隔热罩罩住，在降落伞展开之前，必须抛弃前舱隔热罩。着陆期间的主要事件总结如下：

1）抛前舱隔热罩：当航天器下降至 24 000 ft 时，气压开关传感器通过测量气压判断高度，然后关闭锁定继电器，启动着陆程序。经 0.4 s 时延后，飞行器抛前舱隔热罩，并推出一把减速伞将隔热罩带离指令舱。

图 6-24 阿波罗 14 号指令舱正在靠主降落伞下降（见彩插）

2）展开减速伞：抛隔热罩 2 s 后展开两个减速伞，以给航天器定向和减速。减速伞是带状的，有开口，可以让一些空气通过，以减少开口处的冲击力，并避免减速伞的顶篷破裂（如果顶篷是密封的）。当减速伞展开时，航天器速度约为 440 ft/s。降落伞在收紧状态下展开，以进一步减少打开时的冲击。降落伞的收紧是通过在降落伞裙的内侧缝一根穿过环的线来完成的，以防止降落伞完全打开。降落伞的展开造成了爆破信号的时间延迟，降落伞在 10 s 后点燃爆炸螺栓，切断了收紧线，使伞篷完全打开。当降落伞完全打开并充满时，伞盖直径为 13.0 ft。当飞船下降到 10 000 ft 时，减速伞已使飞船减速至 257 ft/s。

3）展开主伞：当航天器下降到 10 000 ft 时，气压开关关闭，3 个导引伞展开，导引伞拉出 3 个主伞并展开。主伞最初是在收紧状态下展开的，有两次释放操作，第一次发生在展开后 6 s，它允许主伞顶篷部分打开，以减轻打开时的冲击；第二次操作发生在展开后 10 s，使主伞顶篷完全打开。当完全打开并充满时，每个伞盖直径为 77 ft。降落伞使指令舱落水时的速度降至 31 ft/s。

4）溅落：主伞通过绳索连接到指令舱，使指令舱与垂直线成 27.5° 角悬挂。与在相对

平坦的底部侧向着陆相比，这大大减少了飞溅时的冲击。溅落后从指令舱切断主伞。溅落
后，作用在降落伞上的地面风有时会在切主伞之前掀翻指令舱，然后航天器将保持稳定的
向下俯冲姿态。如果发生这种情况，航天员就开始给 3 个扶正袋充气，这些袋子在
图 6-25 所示的阿波罗 11 号在水面着陆后的照片中可以看到，它们使航天器旋转到稳定
的向上俯仰姿态。

图 6-25　着陆后的阿波罗指令舱漂浮在海上（见彩插）

5）回收操作：为了应对月球上可能存在有毒生物的微小可能，前几次阿波罗任务都
采取了预防措施，以尽量减少这些生物的传播机会。在早期的任务中，溅落后航天员仍在
指令舱里时，他们穿着生物隔离服。在阿波罗 11 号的回收过程中，美国航空母舰大黄蜂
号上的搜救者将漂浮项圈固定在指令舱上，然后打开舱门。任务期间航天员们一直呼吸舱
内空气，着陆后从舱里出来，呼吸到新鲜的海洋空气，这一定是很美妙的事情。

1969 年 7 月 24 日，阿波罗 11 号在太平洋上溅落，距离目标着陆点约 1.7 mile，距离
大黄蜂号搜救航母约 13 mile。假设溅落地点距离再入大气层时的距离约为 1 400 n mile，
重返大气层时的速度为 36 194 ft/s，其精确度令人印象深刻。

　　航天员们踏上一艘由其中一名搜救者驾驶的橡皮艇,他们在橡皮艇上一个接一个地被送到悬停的直升机上,直升机将他们运送到大黄蜂号航空母舰。航天员进入大黄蜂号上的移动隔离设施,被送往夏威夷,然后从夏威夷飞往休斯敦。

　　NASA已经确定,在阿波罗15号任务之前,月球表面没有有害生物,因此,阿波罗15号及其后续任务省去了烦琐的生物隔离程序。

# 参 考 文 献

［1］ Apollo 15 CM Software，Delco Electronics，Apollo 15 Lunar Surface Journal，undated.

［2］ Apollo Operations Handbook Block Ⅱ Spacecraft，NASA document SM2A − 03 − BLOCK Ⅲ，October 1969.

［3］ Apollo Spacecraft & Systems Familiarization，Apollo Training，August 1967.

［4］ Chilton Robert G. Apollo Spacecraft Control System，Presented at The Symposium on Automatic Control in Peaceful Uses of Space，Stavanger，Norway，June 1965.

［5］ Gibson Cecil R，Wood James A. Apollo Experience Report − Service Propulsion Subsystem，NASA Technical Note NASA TN D − 7375.

［6］ Hoag David D. Apollo Navigation，Guidance，and Control Systems，Presented at the National Space Meeting of the Institute of Navigation，April 1969.

［7］ Martin Frederick H，Battin Richard H. Computer − Controlled Steering of the Apollo spacecraft，Presented at AIAA Guidance，Control and Flight Conference，August 1967.

［8］ Munford Robert E，Hendrix Bob. Apollo Experience Report — Command and Service Module Electrical Power Distribution Subsystem，NASA Technical Note NASA TN D − 7609，March 1974.

［9］ NASA Apollo Command Module News Reference，Prepared by North American Rockwell Corp. ，undated.

［10］ O'Brien Frank. The Apollo Guidance Computer Architecture and Operation，Springer − Praxis books，Chichester，UK，2010.

［11］ Painter John，Hondros George. Unified S − Band Telecommunications Techniques for Apollo，NASA Technical Note NASA TN D − 2208.

［12］ Parker Phil. The Apollo On − board Computer，Apollo Flight Journal，Original article published in October 1974.

［13］ Tomayko James E. Computers in Spaceflight The NASA Experience，NASA Contractor Report 182505，March 1988.

# 第 7 章　阿波罗服务舱

图 7-1 是绕月轨道上阿波罗 15 号指令和服务舱。服务舱是连接有火箭发动机的圆柱形结构，指令舱是服务舱前较暗的锥形结构。服务舱的一块面板在火箭点火时被抛弃，旨在让仪器暴露在环境中。

图 7-1　绕月轨道上的阿波罗 15 号指令和服务舱（NASA 照片，见彩插）

服务舱包含服务推进发动机、反应控制系统以及燃料电池，舱内储存了执行任务所需的大部分耗材，包括氧气、氢气、氦气以及发动机的燃料和氧化剂。

## 7.1　服务舱机械构造

图 7-2 为服务舱构造，图 7-3 为服务舱截面图。

服务舱外侧安装了 4 组操纵航天器的反应控制发动机、高增益 S 波段通信天线和弯刀型甚高频天线。图 7-2 中能够看到 S 波段天线，但图 7-3 上没有显示。

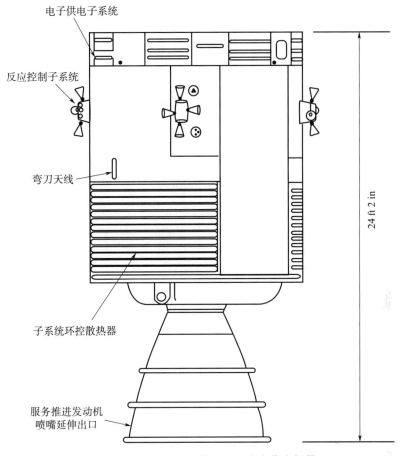

电子供电子系统

反应控制子系统

弯刀天线

子系统环控散热器

服务推进发动机
喷嘴延伸出口

24 ft 2 in

图 7 - 2　阿波罗服务舱构造（图片由作者提供）

　　服务舱外层为 1 in 厚的铝蜂窝板，舱段发动机末端外层为空间辐射板；内部支撑结构由径向铝梁组成，铝梁将内部分为 6 个部分，如图 7 - 3 所示。带有喷嘴的服务推进系统发动机安装在舱段底部的中间位置，燃料和氧化剂加压所需的氦罐也在此处。

## 7.2　服务推进系统

　　服务舱的服务推进系统（SPS）发动机能够产生 20 500 lb 的推力。发动机无法节流，但可以快速开关。一般由指令舱内的计算机控制发动机点火，也支持手动点火。发动机的燃料为 50％肼和 50％不对称二甲基肼的混合物，氧化剂为四氧化二氮，燃料和氧化剂接触后会自动燃烧。

　　发动机推力室内有燃料和氧化剂的喷射器、燃烧室和排气喷嘴，喷嘴上还有一根借助螺栓固定的长扩口加长管。发动机点火时，燃烧室压力通常在 $95 \sim 105$ lb/in$^2$ 之间。仪表板上的一个仪表能显示燃烧室压力，方便航天员在燃烧过程中监测压力情况。

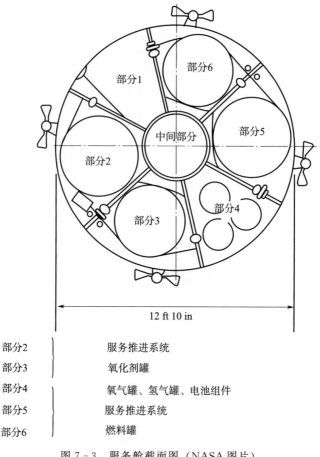

| 部分2 | } | 服务推进系统 |
| 部分3 | } | 氧化剂罐 |
| 部分4 | } | 氧气罐、氢气罐、电池组件 |
| 部分5 | } | 服务推进系统 |
| 部分6 | } | 燃料罐 |

图 7-3　服务舱截面图（NASA 图片）

　　发动机的设计使用寿命为 750 s，至少可重启 36 次，发动机长 160 in，喷嘴延伸出口直径 98 in，重 650 lb。发动机固定在一个万向节上，可以利用推力矢量控制角度。

　　发动机的燃料储存在两个罐子（NASA 官方文件称其为储油罐和沉淀罐）。两个罐子呈圆柱形，端盖呈半球形。储油罐长 155 in，直径 45 in，能够装 8 708 lb 燃油。装载的燃料总量为 15 766 lb。

　　发动机的氧化剂也存于储油罐和沉淀罐中。两个罐子的尺寸与燃料罐相同。储油罐和沉淀罐分别装了 11 285 lb 和 13 924 lb 氧化剂。氧化剂总量为 25 208 lb。发动机点火时，氧化剂和燃料的质量流量比为 1.6∶1。

　　储油罐和沉淀罐通过储油罐底部的管道串联。发动机的推进剂从沉淀罐中注入。两个并联的氦气贮罐中的氦气对贮罐加压。球形氦气罐内径为 40 in，每个氦气贮罐内都装有 19.4 $ft^3$ 氦气，初始压力为 3 600 $lb/in^2$。一台主调节器将压力降至 186 $lb/in^2$，然后利用氦气给燃料和氧化剂贮罐加压。如果主调节器发生故障，可以使用辅助调节器。

　　服务推进系统发动机通过指令长前侧的控制面板进行调控，服务推进系统参数的监测仪表则位于登月舱驾驶员前侧的面板上。

服务推进系统发动机既能由阿波罗导航计算机控制，也能由稳定和控制系统控制，稳定和控制系统具有手动控制功能。

指令长可以先将服务推进系统推力方向（SPS THRUST DIRECT）开关"打开"，手动启动发动机，然后按下开关右侧的"助推"按钮启动发动机。航天器发动机由万向节支撑，允许调整俯仰角和偏航角，保持推力与航天器重心方向一致。万向节通常由计算机自动控制，也可以使用稳定和控制系统中一个旋转控制器的输入信息进行控制。

使用多台单独电机驱动、离合器式制动器，能够调整万向节的俯仰角和滚转角。打开控制面板上的开关启动电机，然后启动离合器，让制动器向上下左右方向移动。万向节的偏航角范围为 $\pm 4.5°$，偏离角度为 $+1°$；俯仰角范围为 $\pm 4.5°$，偏离角度为 $+2°$。出现偏离角度的原因是航天器的质心与中心线有偏离。

在以 SCS $\Delta V$ 模式点燃发动机之前，航天员调整万向节，使推力矢量过航天器重心，通过控制面板上的俯仰和偏航拇指轮设置偏离角，计算机读取俯仰和翻转偏离量的正确值并显示在显示与控制单元上。

阿波罗 11 号任务期间，发动机累计点火 5 次（均由指令舱计算机控制），总计约532 s。点火时长和每秒速度变化如下：

规避机动 2.9 s，$\Delta V = -6$ m/s（19.7 ft/s）

中途修正 3.1 s，$\Delta V = -6.37$ m/s（20.9 ft/s）

进入月球轨道 357.5 s，$\Delta V = -889.41$ m/s（2 918 ft/s）

绕月飞行 16.9 s，$\Delta V = -48.46$ m/s（159 ft/s）

进入地球轨道 151.4 s，$\Delta V = -999.44$ m/s（3 279 ft/s）

## 7.3　反应控制系统

服务舱内的反应控制系统启动小型火箭发动机，以调整指令和服务舱的姿态和位置。可以沿 $X$、$Y$ 和 $Z$ 轴调整俯仰角、偏航角和滚转角，以调整姿态。

服务舱内每 $90°$ 安装 1 台相互独立的反应控制组件，一共 4 台，每台组件包含面板和推进剂罐外的 4 台一组火箭发动机、相关控制器以及面板内部的燃料供应管道。

图 7-4 是绕月轨道上的阿波罗 15 号指令和服务舱，两组反应控制发动机（安装在服务舱朝指令舱一侧的带有 4 个喷嘴的组件）清晰可见。

反应发动机由马夸特（Marquardt）公司研发，长 13.4 in，喷嘴出口直径 5.6 in，能产生约 100 lb 的推力，额定寿命为 1 000 s 和 10 000 次操作。

发动机燃料为一甲基肼一水合物，氧化剂为四氧化二氮，燃料和氧化剂相遇即燃。4台反应发动机组件都包括 2 个燃料罐、2 个氧化剂罐和 1 个氦气罐。氦气的作用是为燃料和氧化剂加压。氦气罐直径约 12.4 in，储存着压力为 4 150psi 的氦气 1.35 lb。借助 1 台调压器能够将压力降至 180 psi，为燃料和氧化剂罐加压。

每台反应控制组件的燃料都装在两个带半球形盖的钛合金圆柱罐中。主罐长 23.7 in，

图 7-4　阿波罗 15 号指挥和服务舱的反应控制发动机(作者提供的 NASA 图像,见彩插)

直径 12.6 in,装有 69.1 lb 燃料。二级贮罐长 17.3 in,直径 12.6 in,装有 42.5 lb 燃料。燃料总量为 111.6 lb。主氧化剂罐长 28.6 in,直径 12.6 in,装有 137 lb 氧化剂。二级氧化剂罐长 19.9 in,直径 12.6 in,装有 89.2 lb 氧化剂。氧化剂的总量为 226.2 lb。

燃料和氧化剂罐内安装燃料和氧化剂的特氟龙气囊。氦气为燃料罐加压,迫使推进剂进入发动机的进料管道。

燃料和氧化剂管道与每台发动机附近的进料喷射器阀门相连。喷射器阀门由弹簧承载,借助通电的电磁线圈打开阀门使推进剂进入。每台喷射器中都有两组线圈,一组用于自动控制,另一组用于手动旋转控制器控制。自动电磁线圈的控制信号由反应喷流和发动机开关控制组件发出。

发动机可脉冲点火,间隔时长小于 70 ms,或持续点火数秒。当航天器由计算机控制时,借助制导计算机的输入信号操作反应喷流和发动机开关控制组件。当航天器由稳定和控制系统控制时,借助电子控制组件的信号操作反应喷流和发动机开关控制组件。

航天员可以将控制面板上的"直接遥控"开关打开,选择备用的手动控制模式。旋转控制器被固定在激活"直接"开关需要控制的轴上。关闭"直接"开关则能为相应推进器注入阀中的直流电磁线圈供电,将控制权交由旋转控制器。

阿波罗 11 号任务期间,指令和服务舱的姿态和轨道转移控制累计消耗了 560 lb 推进剂,仅为准备的 1 151 lb 的一半。

## 7.4　电力系统

指挥和服务舱的电主要来自燃料电池。服务舱内有 3 块燃料电池组件,燃料电池以低温液态的氧和氢为反应物,在额定直流电压为 28 V 的情况下,每块能够产生高达 1 420 W 的功率。

除了燃料电池,航天器还携带 3 块容量为 40 A·h 的 37 V 银氧化锌蓄电池和 2 块 0.75 A·h 电池。燃料电池和蓄电池的氢氧罐都在服务舱中,5 块电池安装在指令舱中。

航天员控制 3 节 40 A·h 的电池,使其始终处于充电状态。这些电池能在用电高峰期替燃料电池分担压力,在飞行任务末期与服务舱分离后,转而为指令舱供电。2 块较小的电池在飞行任务期间提供冲击电力,在飞行过程中没有进行充电。

电源系统控制开关和显示电源系统重要参数的指示灯位于指令舱主仪表板右侧。

### 7.4.1　燃料电池

3 块燃料电池为碱性电池,由普惠飞机公司制造。图 7-5 展示了安装在服务舱架子上的燃料电池,该图源自科特莱特委员会(Cortright Commission)的报告《阿波罗 13 号任务审查委员会的报告》。燃料电池十分坚固:直径 22 in,高 44 in,重 245 lb。31 块燃料电池则装在圆柱状结构靠下的一个加压容器内,靠上部分装有附件和控制装置。

这 3 个燃料电池单元分别称作燃料电池 1、2 和 3 号。1 号和 3 号靠前,2 号靠后。安装架位于一个称为服务舱区域 4 的饼形隔间中,为燃料电池提供反应物的氧气罐和氢气罐安装在区域 4 靠下方。图 7-6 为区域 4 的草图。

每个燃料电池单元由 31 块燃料电池串联而成。用电负荷较小时,每块电池的输出电压为 1 V,累计输出电压为 31 V。每块燃料电池由氢氧化钾和水的电解质溶液组成,溶液位于多孔镍阳极和多孔镍-氧化镍阴极之间。选择镍是因为它能抵抗氢氧化钾的腐蚀,并在阳极处作为氢氧化反应的催化剂。

当电解液中氢氧化钾与水的质量比为 83% ~17% 时,电解液在室温下为固态。若要保持液体状态需要提高温度。调整燃料电池堆温度到 392 ℉ 左右,还需要为燃料电池加压,以防止电解液沸腾。

燃料电池贮罐初始压力是 1 500 psi,利用调压器将膜片和电解液的压力降到 53 psi。通过差动调节器将氧气注入燃料电池,使氧压保持比氮压高 9.5 psi 以上,或 62.5 psi。氢气通过差动调节器注入燃料电池,使氢压保持比氮压高 8.5 psi 以上,或 61.5 psi。

氢气流经氢气再生器后进入燃料电池,将燃料电池中的水蒸气带走。燃料电池出口处的热氢气和水蒸气被引至旁通阀,该旁通阀将一部分热氢气转移至再生器循环加热。通过调节流经再生器的热气量来控制燃料电池的工作温度,再生器反过来又会控制进入燃料电池的氢气温度。

未经预处理的热氢气被传到冷凝器中,乙二醇水冷却回路会吸收氢气的热量,然后再

图 7-5　阿波罗航天器的燃料电池（NASA 照片，见彩插）

将热量转移到服务舱外的空间散热器。冷凝器中温度较低，大部分的水蒸气会冷凝成水。冷凝器输出口与离心式水分离器连接，水分离器提取水分后输送至饮用水贮罐。水分离器输出口的氢气被注入泵中，该泵将氢气压力提升至初始压力值。重新加压后的氢气则会与新的氢气一同输送到燃料电池入口。

　　指挥和服务舱的常规耗电量为 2 200 W，3 块燃料电池在 28 V 电压下可提供的常规电流总量为 78.6 A。《阿波罗操作手册》规定，燃料电池每安培每小时的耗氢量为 0.002 57 lb，耗氧量为 0.020 4 lb，产水量为 0.029 7 lb。在总负载为 78.6 A 时，耗氢量为每小时 0.202 lb，耗氧量为 1.603 lb，产水量为每小时 2.33 lb（0.28 gal）。

　　燃料电池的控件和相关参数在指令舱控制面板 2 右侧和 3 下侧有所显示。面板 3 左下方的燃料电池反应器开关 1、2 和 3 允许氧气和氢气在"打开"状态下流向特定的燃料电池。如果燃料电池的反应物停止输送供给，开关上方的指示灯会显示为条纹。其他开关用

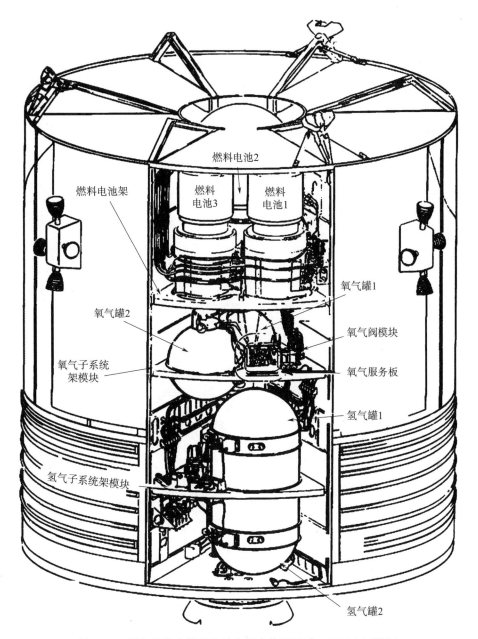

图 7 - 6　服务舱装有燃料电池和反应物的区域 4（NASA 图片）

于控制燃料电池中的加热器和应用于散热器的冷却液量。燃料电池有关的仪表包括显示氧气和氢气流速的垂直指示器以及显示关键物体温度的指示器。通过选择开关监测燃料电池1、2 或 3 的参数。低温氢气和氧气贮罐中的压力和余量显示在面板 2 的垂直显示器上。

　　燃料电池 1 和 2 的电力输出通过开关连接到直流总线 A（DC MAIN BUS A），燃料电池 3 和 2 的电力输出通过开关与直流总线 B（DC MAIN BAS B）连接。直流主通道负责为航天器提供直流电源。

### 7.4.2  低温氢气和氧气贮罐

服务舱内有 2 个低温氢气贮罐和 2 个低温氧气贮罐。氧气贮罐为服务舱的燃料电池和指令舱的环境控制系统供氧。氧气贮罐呈球形,直径 26 in,可储存 320 lb 液氧。氢气贮罐呈圆形,直径 31.5 in,长约 19 in。贮罐的一端有半球形端盖,另一端有平盖。两个氢罐垂直安装在一个架子上,分别可储存 28 lb 液氢。

氢和氧作为常见气体,呈液态时的特性让人很感兴趣。液氢的冰点为 $-259.3\,^{\circ}\mathrm{C}$($-434.8\,^{\circ}\mathrm{F}$ 或 $13.9\mathrm{K}$),沸点为 $-252.9\,^{\circ}\mathrm{C}$,在大气压力下密度为 $4.42$ lb/ft$^3$。液氧的冰点为 $-61.9\,^{\circ}\mathrm{F}$ 或 $54.8\mathrm{K}$,沸点为 $-297.4\,^{\circ}\mathrm{F}$ 或 $90.2\mathrm{K}$,在大气压力下密度为 $73.23$ lb/ft$^3$。大写字母 K 是开尔文(热力学温度单位),开尔文标度等于 $^{\circ}\mathrm{C}+273.18$。零开尔文(K)为绝对零度。

低温贮罐的构造类似于保温瓶,内壳与外壳通过真空区隔开。真空离子泵维持真空状态,控制热量泄漏。氧气贮罐中的压力保持在($900\pm35$)lb/in$^2$ 绝对压力(psia)。通过加热罐内的物质来控制压力。图 7-7 给出了贮罐横截面示意图,114 W 的加热器缠绕在贮罐中间的圆柱管周围。

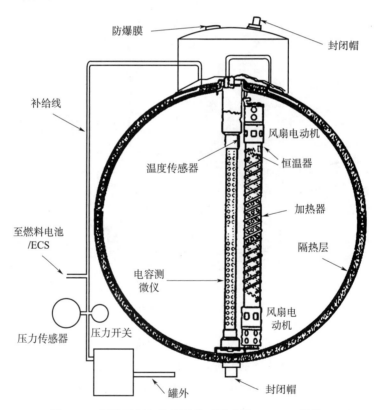

图 7-7  阿波罗氧气贮罐横截面示意图(NASA 图片)

2 台风机分别安装在贮罐底部附近和贮罐顶部附近,在加热器周围循环液氧,防止液体分层。当贮罐引出的管路中的压力低于 865 psia 时,压力开关启动并打开加热器和风机；当压力高于 935 psia 时，压力开关则会关闭加热器和风机。如图 7 - 7 所示，贮罐内安装了一个电容式量表和一个温度表。

氢罐的加热器、风机和量表分布情况与此类似。

加热器和风机通常由压力开关自动控制，也支持手动控制。控制面板上的氧加热器和氢加热器开关可选择自动（AUTO）或手动（ON）控制两种模式。

在手动控制加热器和风机的同时，监测贮罐内的压力就显得非常重要。控制面板 2 的垂直显示指示器上会显示氧气贮罐 1 和 2 以及氢气贮罐 1 和 2 中的压力。压力指示器旁边的垂直指示器上则会显示 2 个氧气贮罐和 2 个氢气贮罐中的余量。

### 7.4.3　阿波罗 13 号的氧气贮罐爆炸

阿波罗 13 号服务舱的氧气贮罐 2 发生爆炸后，阿波罗计划有过重大调整。这次爆炸发生在前往月球的途中，将航天员置于致命的危险之下。

引起这次爆炸的因素多种多样，其中之一是氧气贮罐中一根加注管出现松动后有过应急处置。在发射前测试期间就发现了加注管松动问题。当时的应急处置措施是在加热器上持续施加 65 V 电压，使贮罐中的液氧沸腾。然而贮罐是按照较早的规格制造的，支持的加热器最高电压为 30 V。

65 V 电压产生的高电流使温度达到 80℉ 的限值，这时，加热器试图打开，但供电的触点烧坏了，没能成功打开。贮罐中的极高温度可能损坏了风机接线的绝缘层。没有人注意到出现过热情况，在发射前仍旧向燃料贮罐中重新加注液氧。

阿波罗 13 号的前期飞行阶段显示正常。按照程序要求，航天员定期打开风机一段时间，防止贮罐中的低温液体出现分层。在某一次风机工作过程中，振动导致氧气贮罐中绝缘受损的风机电线触电并产生电弧，点燃了聚四氟乙烯绝缘层，高浓度氧气环境中的火灾导致氧气贮罐内产生极高的温度和压力，发生爆炸。此次爆炸后服务舱内损坏严重。

休斯敦的航天员和任务控制人员在承包商的技术支持下果断采取了行动，避免了爆炸。氧气贮罐 2 的爆炸也导致氧气贮罐 1 泄漏，运行燃料电池的燃料很快消耗殆尽。航天员将导航信息和状态向量从指令舱中的计算机传输到登月舱中的计算机，随后关闭了指令舱电源，以节省电池电量供重返地球大气层时使用。

航天员们进入月球舱，为了延长登月舱电池的使用寿命，不得不将电力降至最低，靠着最低的电力，忍受刺骨的寒冷。地面工程师进行了一系列计算机模拟，确定能尽快返回地球的最佳轨道。登月舱下降引擎点火，航天器围绕月球飞行，沿着预定轨道返回地球。航天员在接近地球时进入指令舱中，利用电池为指令舱供电，指令舱与登月舱和服务舱分离，成功重返大气层，溅落在回收船附近。

不得不说，人定胜天！《纽约时报》毫不夸张地说："从一般意义上来说，我们并不能将阿波罗 13 号算作一次失败的任务载入史册。"

## 7.5 科学仪器舱

阿波罗 15、16 和 17 号服务舱内的科学仪器舱(SIM)包含一系列仪器,目的是在指挥和服务舱进入月球轨道时获取关于月球的更多信息。这 3 次任务中,科学仪器舱均装载了一台 24 in 镜头的全景相机、一台 3 in 镜头的测绘相机和一台激光高度计。两台相机提供了月球表面的全景和地图图像。激光高度计在轨测量距离月面的高度,并绘制表面轮廓。在不同轨道飞行期间,相机和激光高度计在几个轨道段上运行,目的是检查月球表面的重点关注区域。

测绘相机组件包括:一个带有 3 in 焦距透镜的相机,用于月球表面成像;一个 7.62 cm 的焦距相机,用于侧面 96° 角的星场成像,以确定测绘图像的准确姿态;一台重达 275 lb 的激光高度计。

测绘相机的视野为 74°,拍摄的照片记录在 4.5 in×4.5 in 的胶片上。在轨道高度 110 km 时,这么大的照片可覆盖月表面积 167 km²。测绘相机的胶卷长达 1 500 ft,装在一个可拆卸的容器中。在返回地球时,指令舱飞行员出舱取回了所有摄像机的胶片。

全景相机的焦距为 24 in,视野约为 10.8°,月表图像的分辨率约为 2 m。成像过程中,镜头以垂直于飞行线路的方向旋转,以最低点为中心,弧度为 108°。快门在旋转过程中打开,在扫描过程中,一条狭缝将图像聚焦在一条移动的胶片上。

除了相机和激光高度计外,阿波罗 15 和 16 号的科学仪器舱还包含 γ 射线光谱仪、X 射线光谱仪和 α 粒子光谱仪。阿波罗 17 号的科学仪器舱装有照相机、激光高度计、紫外光谱仪、红外扫描辐射计和雷达月球探测器。

这些仪器、照片和收集的其他数据的细节内容相当广泛而丰富,本文主要讨论的是阿波罗主要任务——载人登月相关硬件,因此未涉及这些细节内容。

# 参 考 文 献

[ 1 ]  Apollo Operations Handbook Block Ⅱ Spacecraft，NASA document SM2A - 03 - BLOCK Ⅲ，October 1969.

[ 2 ]  Gibson Cecil R，Wood James A. Apollo Experience Report - Service Propulsion Subsystem，NASA Technical Note NASA TN D - 7375.

[ 3 ]  Munford Robert E，Hendrix Bob. Apollo Experience Report - Command and Service Module Electrical Power Distribution Subsystem，NASA Technical Note NASA TN D - 7609，March 1974.

[ 4 ]  Warshay Marvin，Prokopius Paul R. The Fuel Cell in space：Yesterday，Today and Tomorrow，NASA Technical Memorandum 1023266.

# 第 8 章　阿波罗登月舱

登月舱是实现肯尼迪总统提出的载人登月计划极具挑战的工具。登月舱是一个复杂但功能完备的航天器,在人工辅助计算机控制下,从环月轨道与指令舱、服务舱分离,以软着陆的方式降落到月球表面。图 8-1 为阿波罗 11 号登月舱"老鹰号"在宁静海基地的照片。航天员巴兹·奥尔德林(Buzz Aldrin)正在从登月舱上取下一个实验包。

图 8-1　降落在宁静海基地的阿波罗 11 号登月舱"老鹰号"(见彩插)

登月舱由下降级和上升级组成,这两部分根据其主发动机的作用而命名。登月舱下降级包含着陆支撑腿,主要利用发动机将航天器从环月轨道缓慢减速至动力着陆。位于顶部的上升级,包括乘员舱,利用其发动机从月表上升,并与轨道上的指令服务舱交会对接。在离开月球表面时下降级作为上升级的发射平台。

图 8-2 显示了登月舱的图纸，上升级位于下降级大矩形区域之上。

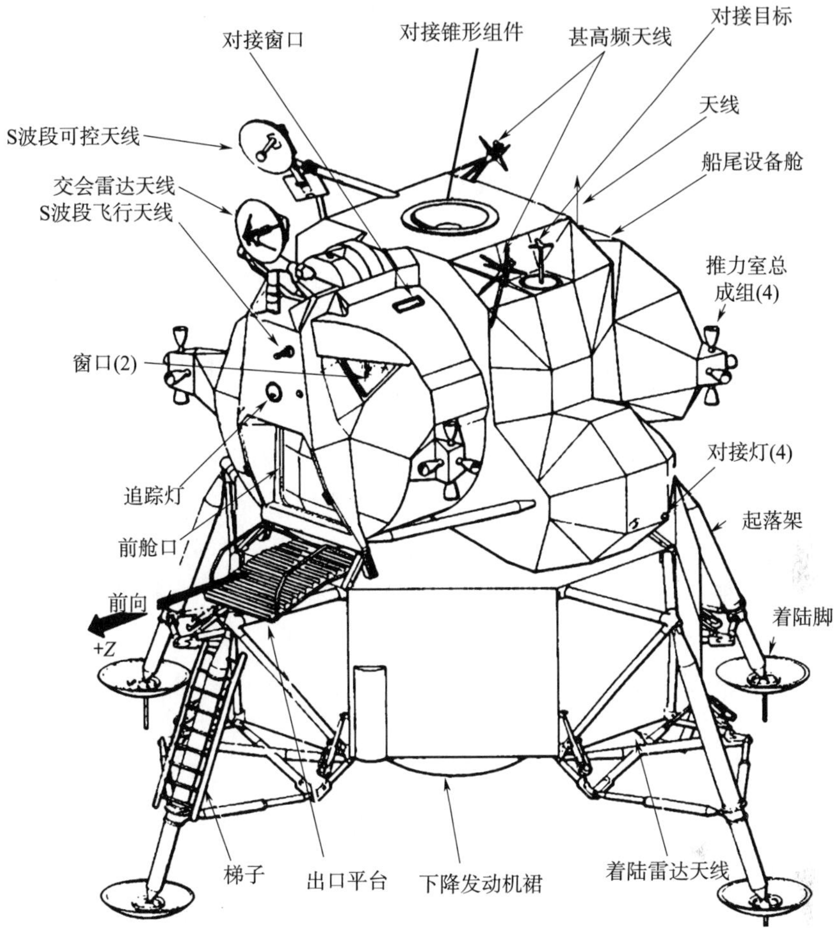

图 8-2　登月舱图纸（NASA 图片）

登月舱是一个大型航天器。从着陆支撑脚垫的底部到 S 波段可转向天线的顶部，大约有 23 ft 高，14 ft 长，14 ft 宽，横跨支撑脚垫的对角线距离为 31 ft。下降级从支撑脚垫的底部到上甲板的顶部有 10 ft 7 in 高，上升阶段的主结构有 9 ft 3 in 高。

携带推进剂、氧气和水的登月舱重量约为 33 200 lb。相比之下，当时格鲁曼公司为美国海军生产的 S-2F 双引擎反潜飞机的最大起飞重量为 26 147 lb。这种坚固的飞机最大速度为 265 mile/ h，续航时间为 9 h，可搭载 4 名乘组人员。

阿波罗计划期间，作者参加了格鲁曼公司长岛工厂举行的几次会议，经常有机会接触登月舱的全尺寸模拟模型。虽然庞大、笨拙，但其实用性的设计令人印象深刻。

## 8.1　登月舱背景

在决定采用环月轨道交会对接方式后，登月舱成为将人类送上月球的一个关键因素。

NASA 为登月舱制定了一系列要求,并在 1962 年 7 月发布了一份招标书,共有 9 家公司提交了提案。1962 年 11 月 7 日,位于纽约贝思佩奇的格鲁曼飞机工程公司中标。格鲁曼公司是一家老牌的飞机制造公司,主要以为美国海军制造战斗机而闻名。

1963 年 3 月,NASA 与格鲁曼公司签订了登月舱的初始合同,金额为 3.879 亿美元。该合同要求提供 10 个地面测试件(LTA)和 15 个飞行件(LM)。当时,格鲁曼公司和 NASA 都没有充分认识到这项工作的复杂性。当项目结束时,登月舱的成本约为 22 亿美元,这大约是阿波罗计划总成本的 8.7%。

格鲁曼公司的管理团队由副总裁约瑟夫·加文(Joseph Gavin)负责,团队由项目经理罗伯特·穆拉尼(Robert Mullaney)、业务经理约翰·斯内德克尔(John Snedeker)和工程经理威廉·拉特克(William Rathke)组成,团队中登月舱总工程师是汤姆·凯利(Tom Kelly)。

在 1966 年,格鲁曼公司为这个项目工作的人员大约有 7 500 人,其中工程师约 3 000 人。格鲁曼公司的工程车间是当时制造大型飞机的典型场所,工程师们在被称为"牛栏"的巨大的开放式房间里工作,每个房间可能有大约 100 名工程师。作者曾经见过公司里一个部门领导几次,他的办公桌在这个巨大的房间里很特别,在一根柱子旁边,而且有一个文件柜。

1962 年 8 月,NASA 在载人航天飞行中心(MSC)为登月舱设立了一个单独的项目办公室,威廉姆·雷克托(William Rector)是项目经理,MSC 的高级领导严格监控格鲁曼公司的进展。

多个 LTA 试验品用于综合测试计划,LTA - 10R 和 LTA - 2R 分别在阿波罗 4 号和阿波罗 7 号飞行任务中绕地飞行。在生产的 13 个飞行件中,有 11 个进入太空,第一个是 LM - 1,作为阿波罗 5 号的一部分进行了无人驾驶飞行,最后一个是运送阿波罗 17 号航天员下降到月球表面的 LM - 12。当决定取消最后 3 次阿波罗飞行计划时,为阿波罗 18 号建造的 LM - 13 已经完成,现在陈列在长岛的航空摇篮博物馆中。

## 8.2　下降级配置

下降级包含一个由万向节固定的下降发动机,以及发动机燃料和氧化剂罐。此外下降级还包括五块电池、一个水箱和一个气态氧气罐,为乘组提供生命保障,下降级还安装了一个四条支撑腿的折叠式起落架。

下降级底部有储物舱,用于存放阿波罗月面实验包和阿波罗后期任务中的月球巡视车。

### 8.2.1　生命保障系统

下降级为乘组提供了下降期间和月球停留期间所需要的氧气和水。气态氧气储存在直径约 27 in 的贮罐中,初始压力为 2 800 lb/in$^2$。加压罐中的氧气调节至 900 lb/in$^2$,然后通过管道输送至上升级氧气控制模块。

水储存在下降级的一个大水箱和上升级的两个小水箱中，氮气压力作用于水箱中的气囊，迫使水从水箱中流出。下降级水箱容量为 44 gal。

## 8.2.2　着陆装置

着陆装置由 4 个底部带有脚垫的铰链支柱组成，在地面发射阶段，着陆装置折叠以适应运载火箭的整流罩。在降落到月表之前，航天员操作登月舱中的开关将着陆装置展开。4 条着陆腿的支撑结构是可压的铝制蜂窝结构，作为减振器减少着陆冲击。脚垫通过转动的球形接头连接到着陆支柱上，脚垫直径为 37 in，外围的上翘边缘延伸 7 in。一旦着陆，脚垫就能稳定航天器。

着陆装置对航天器起支撑作用，使下降发动机喷管底部在可压蜂窝铝结构受压前距离月面大约 18 in。阿波罗 11 号着陆后，阿姆斯特朗报告说，喷管口与月球表面之间大约有 12 in 的间隙。

3 个脚垫下方悬挂 67 in 长的细探针，用来提醒航天员接近月球表面。探针上的开关在接触到月表时被激活，打开仪器面板上的 2 盏月表接触指示灯。上升级舱门下的着陆腿上连接着一个梯子，用来连接上升舱体与月表，供航天员攀爬。连接梯子的着陆腿下方不安装细探针。

## 8.2.3　下降火箭发动机

下降火箭发动机安装于下降级中心的万向节之上。万向节允许发动机在俯仰-偏航平面内 ±6° 范围以内对推力进行定向。发动机可节流，最大推力 9 900 lb，节流范围有限。燃烧室压力约为 100 lb/in$^2$（psia）。

下降火箭发动机包括喷嘴扩张段的长度 90.5 in，其中喷嘴扩张段的直径 59 in。发动机重量为 394 lb。火箭的喷嘴扩张段提供了 47.5∶1 的扩口面积比，采用辐射冷却。喷嘴扩张段进行了专门设计，能够保证航天器落在大石头上时，可以塌陷 28 in 而不会造成着陆器翻倒。

登月舱的变推力发动机存在一个技术挑战，即在一定推力范围内保证点火稳定性。发动机最终设计是可以在最大推力的 10%～65% 范围以及最大推力下稳定工作，但是处于最大推力的 65%～92.5% 范围时无法保证稳定工作，尽管存在这些限制，该发动机还是满足任务需要。

发动机采用质量相同的肼与偏二甲肼的混合物作为燃料，四氧化二氮（$N_2O_4$）作为氧化剂。燃料和氧化剂在发动机内接触点燃。该燃料商业名称为 Aerozine 50。

燃料装在 2 个带有半球形端盖的圆柱形油箱中。从图纸上看，油箱的直径约为 51 in，长 70 in。这 2 个油箱总共有 7 492 lb 的可用燃料。油箱由氮气加压，迫使燃料进入输送管。两个油箱的输送管连接在一起，向发动机供应燃料。

氧化剂四氧化二氮（$N_2O_4$）装在 2 个与燃料贮罐相同大小的加压氧化剂贮罐中。氧化剂贮罐和燃料贮罐一样是相互连接的。这 2 个罐子总共有 11 957 lb 可用氧化剂。注入发动机的氧化剂和燃料的重量比为 1.6∶1。

用于给推进剂增压的氦装在两个氦气贮罐中。一个罐子储存气态氦,用于燃料和氧化剂的初始增压。第二个罐子是一个低温储存器,里面存储了大量超临界状态氦,一旦燃料开始流动,它就用于给推进剂贮罐加压。气态氦罐的体积为 1 ft³,可容纳 1.12 lb 的氦气。低温罐容积为 5.9 ft³,可容纳 49.4 lb 的可用氦。低温罐直径约为 27 in。

氦气流经一个燃料/氦气热交换器,流动燃料加热从超临界氦中沸腾出来的极冷气体。最初的加压需要气态氦,因为来自低温罐的极冷氦气可能会冻结热交换器中的燃料,直到达到良好的流速后可采用极冷氦。经过加热的氦气压力被调节到 245 lb/in²,之后为推进剂贮罐加压。

发动机的允许工作时间是 18 min 20 s,超过这个时限燃烧室可能烧毁。在阿波罗 11 号任务期间,发动机的总工作时间为 13 min 5 s。

阿波罗 11 号登月舱着陆阶段下降发动机具备操控能力,发动机由计算机控制点火,着陆前阿姆斯特朗为避免在一个大坑附近着陆,通过操控改变了飞行路线。

阿波罗 11 号登月舱与指令舱分离后,下降发动机在环月轨道上首次点火,降低轨道,进入 58.5 n mile×7.8 n mile 的轨道。这次机动发动机在降低推力工况下工作了 28 s,此次点火使航天器速度降低了 75 ft/s。

制动阶段发动机在不同推力大小情况下工作,共持续了 8 min 26 s,将速度从 5 560 ft/s 降低到 506 ft/s。

在高度 7 500 ft、速度 506 ft/s 时,制动阶段结束,抵近阶段开始。在抵近阶段的 100 s 内,发动机推力逐渐减小。抵近阶段结束时,高度为 512 ft,速度为 55 ft/s。

抵近阶段结束,着陆阶段开始,持续时间 149 s。阿姆斯特朗为避免着陆在一个周围都是岩石的大坑附近,延长了着陆阶段发动机的工作时间,任务时间 102∶45∶40,触地动作完成,发动机关闭。

阿波罗 11 号着陆过程中,登月舱驾驶员奥尔德林向正在驾驶飞行器的指令长阿姆斯特朗报告计算机显示屏上的高度和速度。在高度 100 ft,离着陆还有大约 1 min 时,奥尔德林报告了剩余 5% 的燃料。

整个过程中发动机共工作了 13 min 5 s。NASA 的技术说明 TN D-7143 表明,在着陆时剩余的悬停时间还有 63.5 s。

### 8.2.4 下降级电力

登月舱电力来自大型银锌电池。上升级有 2 块电池,每块电池的容量为 296 A·h,电压为 28 V。早期任务的下降级有 4 块电池,每块电池的容量为 400 A·h,电压为 28 V。在阿波罗 13 号任务中,当登月舱被迫转为救生舱后,增加了第 5 个电池用来保证后续飞行。这些电池使用银-锌反应和氢氧化钾电解液。

在环月轨道和月面停留期间,下降级电池为登月舱供电。在下降着陆过程中,下降级和上升级电池都为登月舱提供动力。在从月表上升和与指令舱会合阶段，上升阶段的电池用于为上升级提供动力。

## 8.3　上升级配置

上升级由 3 部分组成：乘员舱、中段和尾部设备舱。乘员舱包括乘员的生活空间以及驾驶航天器所需的显示器、开关和控制器。它的直径为 92 in，深 42 in。中段与乘员舱相连组成加压舱，其体积约为 235 ft³。

中段位于乘员舱的正后方，并与之相通。该舱段深 54 in，高 60 in，有一个大约 56 in宽的椭圆截面。中段的地板比乘员舱地板高 18 in。中段包含头顶的舱门和对接通道、环境控制设备和航天员的储物区。

尾部设备舱位于中段后面，包含带有电子设备散热板的设备架，还有 2 个氧气贮罐、两个氦气贮罐（用于给推进剂贮罐加压）、2 块电池、2 个电力逆变器，以及生命保障设备。

图 8-3 是一张登月舱 2 号乘员舱的前视照片，图 8-4 是执行阿波罗 15 号任务的登月舱 10 号仪表板特写照片。LM-2 原计划在地球轨道上进行无人驾驶的测试飞行，但 LM-1 飞行测试大获成功，因此取消了 LM-2 的飞行。该航天器用来进行地面测试。LM-2现在陈列在华盛顿特区的史密森学会国家航空航天博物馆中。

在照片中，向前看乘员舱时，2 个朝前的窗户较为突出。左边头顶上的窗口在与指令舱交会对接时使用。LM 计算机的显示器和键盘（DSKY）通常安装在照片中间的面板开口处。DSKY 与指令舱的描述相同。

图 8-5 和图 8-6 为乘员舱内部空间草图。2 名航天员面前是一个多屏控制与显示面板，每位航天员都有一个前向窗口。指令长站在左侧驾驶位，登月舱驾驶员站在右侧驾驶位，用于恒星观测的光学望远镜位于两驾驶位中间的视线高度。

乘员舱地板宽约 56 in，深约 36 in。地板上覆盖魔术贴，航天员鞋底有魔术贴做成的环，以防止航天员在失重状态下漂离地板。

起初为航天员设计了座位，但是航天员站姿状态离窗口更近，可以看到更广阔的月球表面，连接在航天员腰部的系带将他们固定在垂直于地板的驾驶位。下降段和上升段持续时间相对较短，分别为 2 h 33 min 和 3 h 41 min，因此在这些时间段站立不是问题。

顶部舱门与对接通道位于中段的顶部。顶部舱门直径为 33 in，向内打开。对接通道的直径为 32 in，长 16 in。中段包括环控系统（ECS）设备，制导、导航与控制子系统（GN&CS）设备，航天服液冷服，以及生命保障和中央通信系统，还包括航天员的储物区和食品容器。

图 8-3 登月舱 2 号内部(NASA 照片,见彩插)

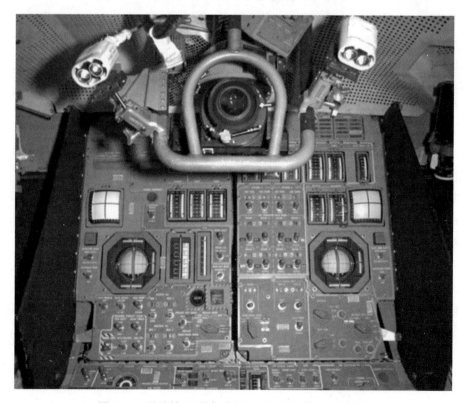

图 8-4 登月舱 10 号仪表板(NASA 照片,见彩插)

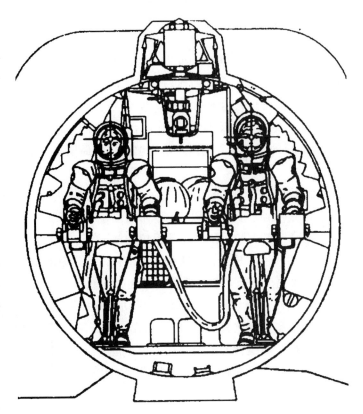

图 8 - 5　航天员站立驾驶位（NASA 绘制）

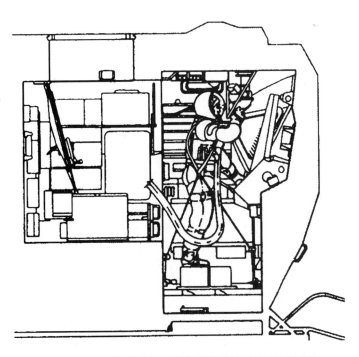

图 8 - 6　站立在光学望远镜处的航天员（NASA 绘制）

### 8.3.1 控制与显示面板

登月舱内共有 12 块面板,2 块主面板(记作 1 号面板和 2 号面板)并排处于中间与视线相平位置。左侧的 1 号面板位于指令长面前,包括飞行仪表、操纵装置、推进剂余量指示器与警告灯。2 号面板位于登月舱驾驶员面前,包括飞行仪表、操纵装置、反应控制系统、环控系统指示器和操作装置,以及警告灯。1 号面板和 2 号面板的图纸如图 8-7、图 8-8 所示。作者将 2 块面板的图纸从美国国家航空航天局的原图中提取出来,使面板上的标题更大,更容易阅读。

3 号面板位于 1 号面板和 2 号面板的正下方,包含雷达、发动机、航天器稳定性、事件计时器和照明等系统的指示器和操纵装置。4 号面板位于 3 号面板正下方的中央,包含 LM 制导计算机的显示键盘(DSKY)和惯性子系统的指示器。5 号面板位于指令长前方腰部高度,包含发动机启动和停止按钮、X 轴平移按钮和任务计时器控件。

6 号面板位于登月舱驾驶员面前,包含紧急任务终止导航控件。

指令长手动姿态控制组件位于 5 号面板右侧,手动平移控制器组件位于左侧。同样,用于登月舱驾驶员的手动姿态控制组件位于 6 号面板的右侧,手动平移控制器组件位于左侧。姿态控制组件和平移控制器组件与前面描述的用于指令舱的组件基本相同。

以下简要介绍 1 号面板和 2 号面板上的主要操纵装置和指示器,以及它们在任务期间的使用。

### 8.3.1.1 1 号面板

1 号面板位于指令长面前,顶部有一个警告面板,面板上有 14 个动态的警告指示灯。警告指示灯亮起红色,警告乘组可能影响乘组安全及需要立即注意的问题。警告指示灯亮起黄色,表示存在对乘组安全不重要,但乘组应了解的情况。

任务计时器和事件计时器的数字显示器位于左侧警告面板下方。事件计时器的控件位于 3 号面板上,该面板安装在 1 号面板和 2 号面板正下方。任务计时器的控件安装在 5 号面板上。MAIN PROPULSION(主推进)的数字显示器位于右侧警告面板的下方,显示氧化剂量、燃料量和氦罐压力。

X-指针(X-pointer)指示器的仪器位于面板的左侧。该仪器有一个球形的显示表面,上面有十字指示器,有水平和垂直刻度,中心为零,两端为±20。包括登月舱的前进和侧向速度以及交会雷达天线的仰角和方位角在内的各种参数都可以通过交叉点选择显示。显示器右侧的比例因子开关可以选择高倍率或低倍率。

X-pointer 指示器在着陆阶段显示前进和横向速度,有助于航天员在着陆前将登月舱的前进和横向速度减速至 0。

当着陆脚垫下方的长探头接触月面时,位于刻度开关上方蓝色的月球接触灯点亮。

在面板右侧的同一高度,有 3 个竖向显示器,显示下降发动机相关的推力、温度和压力。推力显示器有单独的刻度,显示指令推力和发动机产生的推力。温度显示器和压力显示器有氧化剂和燃料的单独刻度。

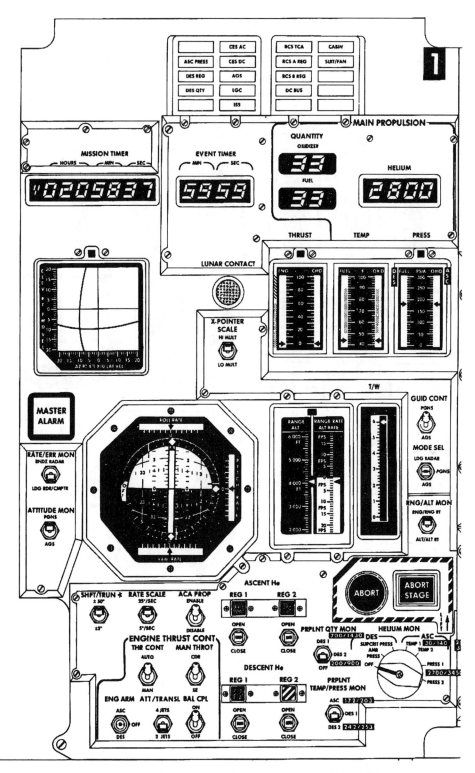

图 8-7　登月舱 1 号控制面板（NASA 图片，由作者剪裁）

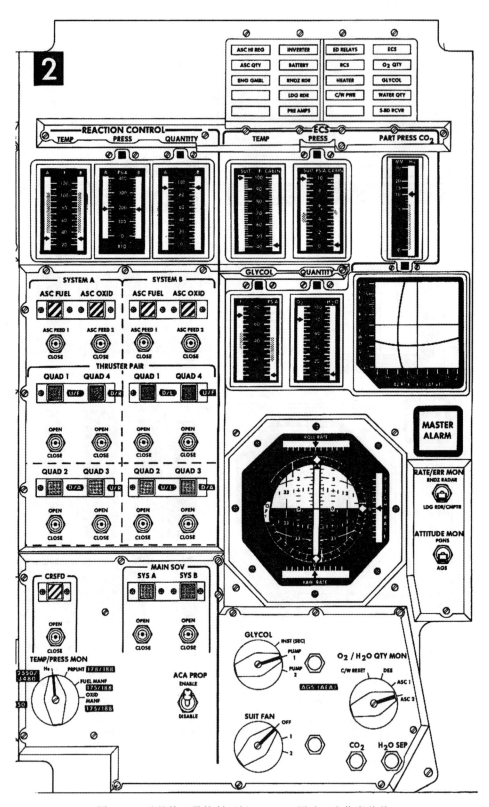

图 8 - 8　登月舱 2 号控制面板（NASA 图片，由作者裁剪）

每当警戒/警告面板上显示出警告时，位于面板左侧的红色主警戒灯就会亮起。

面板左侧的一个主要仪器是指挥员姿态指示器（FDAI），其与第 6 章中描述的指令舱 FDAI 相同。第 6 章还提供了一张 FDAI 的照片。

登月舱姿态显示在 FDAI 中心的旋转球上。球在垂直方向的旋转代表航天器的俯仰角，可以从球上的标记读出。同样，水平方向的旋转代表相对于参考姿态的偏航角，也可以从球上读出。登月舱滚转角由球的滚转来表示，滚转角可以从球外仪器上的角度刻度读出。

FDAI 左侧开关是主姿态和导航系统（PGNS）或紧急任务中止导航系统（AGS）的姿态信息源。本章稍后将讨论 PGNS 和 AGS。

FDAI 外围附近的指示器在顶部显示滚转速率，在侧面显示俯仰速率，在底部显示偏航速率。标尺没有编号，中心是零。比例系数可以通过位于 FDAI 下方的 RATE SCALE（比率表）开关设置为 25（°）/s 或 5（°）/s 的全尺度偏转。

FDAI 的飞行指挥功能由 FDAI 照片里 3 个黄色短针提供，这些针表示每个轴的姿态误差的大小和方向。仪器顶部的垂直针表示滚转误差，水平针表示俯仰误差，显示器底部的垂直针表示偏航误差。航天员可以利用这些针的偏移，使航天器的姿态在人工控制下恢复到设计值。

FDAI 右侧有 3 个竖向显示器。第一个显示范围或高度，下一个显示范围变化率或高度变化率。位于面板右侧的范围/高度监测（RNG/ALT MON）开关用于选择范围/范围变化率或高度/高度变化率。当从会合雷达获取数据时，选用范围/范围变化率模式，而当着陆雷达激活时，使用高度/高度变化率模式。第三个竖向指示器记为 T/W，这是一个推力-重量指示器，提供与沿 X 轴的加速度有关的信息。

2 个标有 ABORT（中止）和 ABORT STAGE（中止级）的按钮位于 T/W 指示灯的正下方。按下 ABORT 按钮，下降发动机待命，并启动发动机点火终止程序。按下 ABORT STAGE 按钮，下降发动机立即关闭，激活用于下降级分离和上升发动机点火的电路。然后，一个上升发动机启动指令开启级间分离和上升发动机的点火。

在 1 号面板底部附近有一组开关，名字是 ENGINE THRUST CONT（发动机推力控制）。标有 THR CONT 的开关允许选择推力控制自动或手动模式。MAN THROT（手动油门）开关允许选择指令长或登月舱驾驶员对手动油门控制。ENG ARM（发动机启动）开关允许选择启动上升或下降发动机或关闭不启动。按下位于 5 号和 6 号面板上的 START（开始）按钮，就可以启动发动机。

面板右下方的旋转开关标有 HELIUM MON（氦监测），可以选择下降级和上升级的氦气罐的温度和压力。这些测量值在面板顶部附近标有 HELIUM（氦）的数字显示器上读取。

## 8.3.1.2　2 号面板

2 号面板位于登月舱驾驶员一侧，面板顶部也有一块提示/警告面板。提示/警告面板下方并列 6 个竖向指示显示，其中左侧 3 个标有 REACTION CONTROL（反应控制）题头，用来显示反应控制系统的参数。2 个独立指示器，分别记为 A 和 B，用于显示冗余反应控制系统 A 和 B 的参数。3 个显示器分别是 TEMP(温度)、PRESS(压力)和 QUANTITY(数量)。位于面板底部的旋转开关用来选择要监测的项目:氦气、推进剂、燃料或氧化剂。

右侧 3 个竖向显示器显示 ECS 题头下的环境控制系统参数。左侧的双指示器显示航天服和座舱的温度,范围在 $20\sim100$ °F。下一个双指示器显示航天服和座舱内的压力,范围为 $0\sim10$ lb/in$^2$。右侧的单个指示器显示 $CO_2$ 分压,范围为 $0\sim30$ in Hg。

在 REACTION CONTROL 下方的面板上有一系列开关,用于控制反应控制引擎。

ECS 显示器是两个双竖向显示器,一个标有 GLYCOL(乙二醇),另一个标有 QUANTITY,位于下方面板的右侧。GLYCOL 双显示器在 $0\sim80$ 的范围内读取温度和压力。QUANTITY 下的双显示器读取 $O_2$(氧气)和 $H_2O$(水),范围为 $0\sim100$%。面板底部有一个标有 GLYCOL 的旋转开关,可以选择 INST(SEC)、pump1 或 pump2。开关位置 INST(SEC)用于选择二次冷却回路。在面板底部有一个标有 $O_2/H_2O$ QTY MON 的旋转开关,可以选择 DES(下降)、ASC 1(上升 1)或 ASC 2(上升 2)。

面板右侧有一个 X - pointer 指示器、飞行指挥仪姿态指示器和主警报器,与面板 1 相同。面板底部的旋转开关标有 SUIT FAN(航天服风机),其位置为 OFF(关闭)、1 和 2。

### 8.3.2 电能

上升段电能主要来自两块银锌电池。每块电池容量为 8.26 kW·h(28 V 电压,50 A 电流,5.9 小时)。每块电池的尺寸为 35.8 in×5.0 in×7.8 in,重量为 124 lb。一块电池连接 CDR 总线,另一块连接 LMP 总线。下降级的电池也连接这两条直流总线。在月球表面时,上升级的电能来自下降级的电池。在从月球上发射之前,主要电源被切换为上升级电池。

上升级有两个逆变器,其关闭 28 V 直流电源总线,以 115 V 和 400 Hz 的频率产生交流电(AC),每个逆变器连接到单独的 28 V 直流电源总线。逆变器的输出连接到单独的 AC 电源总线,记为 AC busA 和 AC bus B。登月舱内 AC 电力负载约为 350 V·A,由一个逆变器调节。另一台逆变器可用作备用。

电源连接至乘员舱内的断路器面板,每个主要电子组件、加热器和照明电路都有一个专用断路器。如果线路上的电流过大,断路器将自动断开。断路器也可以手动打开,以断开特定设备的电源。有两个主断路器面板,其中一个位于指令长位置左侧,包含 89 个断路器。另一个面板位于登月舱驾驶员位置右侧,包含 71 个断路器。

## 8.4 制导、导航与控制子系统

制导、导航和控制子系统(GN&CS)执行对登月舱进行制导和控制以及从环月轨道导航到月球上指定着陆区的任务。离开月球时,导航功能在上升阶段引导登月舱与指令舱会合。

GN&CS 主要由主姿态和导航系统（PGNS）、紧急任务终止导航系统（AGS）和控制电子系统（CES）组成。这些组件与航天器中其他子系统的主要接口，如图 8-9 所示。该框图改编自格鲁曼公司文件 LMA790-2《航天器熟悉手册》中的图片。

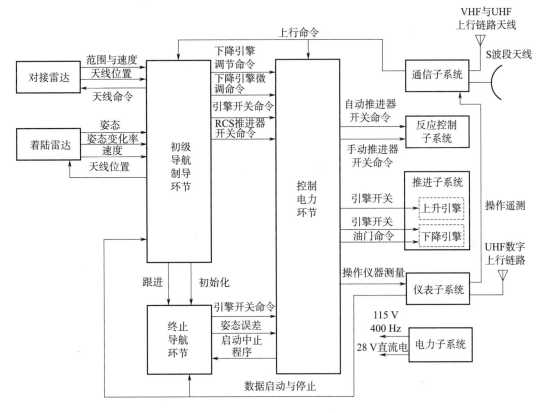

图 8-9　登月舱制导、导航与控制系统简化框图（格鲁曼公司绘制）

### 8.4.1　主姿态和导航系统

主姿态和导航系统（PGNS）由计算机子系统、惯性子系统和光学子系统组成。PGNS 在功能上与指令舱中使用的主姿态导航和控制系统相似。在整个系统图（图 8-10）上给出了主姿态和导航系统的框图。

#### 8.4.1.1　计算机子系统

计算机单元与指令舱中使用的相同，但是软件不同，主要面向月球着陆、月面上升、与指令舱对接等任务。显示器和键盘也与指令舱的相同，只是在提示与警告面板上增加了两个指示显示。

第 6 章对计算机和 DSKY 都有比较详细的描述，所以在此只做一些说明。这台计算机代表了当时计算机功能与小尺寸可靠电路的先进封装技术。该计算机组件长 24 in，宽 12.5 in，高 6 in，重量为 70.1 lb，工作电压 28 V，直流电，功率约 55 W。计算机和显示器及键盘（DSKY）的照片如图 8-11 所示。

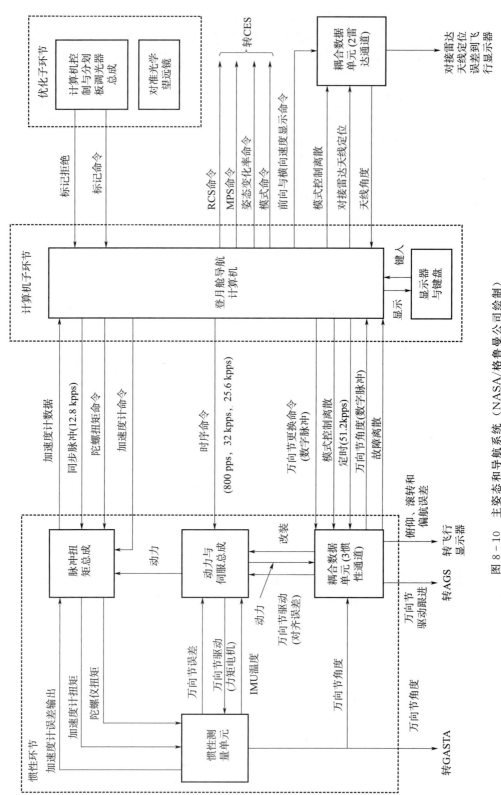

图 8-10 主姿态和导航系统（NASA/格鲁曼公司绘制）

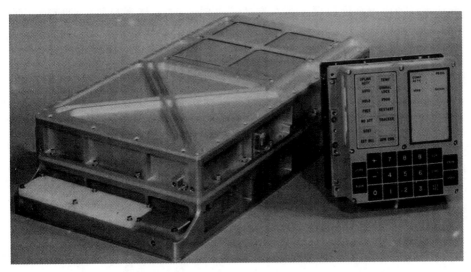

图 8-11　阿波罗计算机和 DSKY（NASA 摄制，见彩插）

　　DSKY 提供了航天员和计算机之间的人机界面，允许航天员选择各种计算机程序并掌握登月舱的功能，输入计算机计算所需的数据，并在任务的各个阶段显示相关数据读数。登月舱 DSKY 位于指令长和登月舱驾驶员之间。安装在前舱口上方的 4 号面板上。

　　乘组人员和计算机之间的通信是通过一个简单而有效的系统进行的，该系统由前面描述的"程序""动词"和"名词"组成。

　　登月舱 DSKY 的警告面板有 12 个标题。当计算机检测到错误或需要警告时，特定的标题亮起。标题的含义见表 8-1。指令舱和登月舱 DSKY 装置的标题相同，但登月舱有两个标记为 ALT 和 VEL 的附加项目。

表 8-1　DSKY 警告/提示面板上的题注

| 题注 | 含义 |
| --- | --- |
| UPLINK ACTY | 正在接收来自地面的数据 |
| TEMP | 稳定平台的温度超出公差范围 |
| NO A TT | 无法从 IMU 获得姿态参考 |
| GIMBAL LOCK | 中间万向节角度大于 70° |
| STBY | 计算机处于待机状态 |
| PROG | 计算机在等待乘员输入的信息 |
| KEY REL | 计算机需要控制 DSKY 来完成一个程序 |
| RESTART | 计算机处于重新启动程序中 |
| OPR ERR | 计算机检测到一个键盘错误 |
| TRACKER | 光学耦合单元中的一个失效 |
| ALT | 着陆雷达的高度数据无利用价值 |
| VEL | 着陆雷达的速度数据无利用价值 |

当着陆雷达通电但高度数据不存在有效信号时,ALT 灯亮起并保持稳定。如果着陆雷达高度合理性测试失败,指示灯闪烁。当着陆雷达通电但速度数据不存在有效信号时,VEL 灯亮起并保持稳定。如果着陆雷达速度合理性测试失败,指示灯闪烁。

阿波罗 11 号的登月舱制导计算机(LGC)中加载的软件名为 LUMINARY 1A(发光体 1A)。该软件针对阿波罗 15 号之前的每次后续阿波罗任务都进行了更新。阿波罗 15、16 和 17 号使用了 LUMINARY 1E。

航天员与计算机通信时,首先需要一个特定的计算机程序:输入一个两位数的程序号,然后再输入 ENTER(回车)。登月舱的 LUMINARY 软件包含 32 个计算机程序,列为 P00 到 P77。并非所有的程序号都被使用。

表 8-2 是一些程序和它们的标题。

**表 8-2 程序及标题**

| 项目 | 标题 |
| --- | --- |
| P00 | LGC 空载 |
| P52 | IMU 重新调整 |
| P63 | 制动阶段 |
| P64 | 抵近阶段 |
| P66 | 着陆下降速率(下降率) |
| P12 | 动力式上升 |
| P20 | 会合导航 |

通过按 VERB、两个数字以及 ENTER 来选择一个特定程序所需的动作或 DSKY 上所需的数据读取格式。显示的数据是通过按 NOUN(名词)和两个数字以及 ENTER 来选择的。动词通常请求一个动作,而名词通常指定要显示什么数据。有 99 个数字对分配给动词,其中有几个数字对标有 SPARE(空闲)。有 99 个数字对分配给名词,同样有几个标有 SPARE。键入 Verb 37(动词 37)后,计算机就可以接收一个新的程序。

计算机使用来自惯性测量装置和各种下降软件程序的信息来计算下降发动机的推力指令和反作用控制喷气机的制导指令,以沿着预先编程的路径着陆。

程序、动词和名词的使用将通过讲述一些与阿波罗 11 号下降和着陆相关的计算机控制事件来说明。我们将从登月舱在绕月轨道并接近约 50 000 ft 的轨道近月点时开始。

登月舱驾驶员奥尔德林键入 Verb 37,让计算机准备选择新程序,然后键入 63,选择程序 P63。程序 P63 记为"制动阶段",首先控制动力下降启动(PDI)的准备工作。它操纵航天器使推力轴与速度矢量对齐,并计算出发动机点火的精确时间。然后选择 Verb 06 和 Noun 62 来显示 DSKY 上的相关数据。Verb 06 用来在三个数据显示区域显示十进制数据。Noun 62 要求显示"速度绝对值""点火时间"和"$\Delta V$ 累积增量"。

程序在点火之前暂停,并在发动机点火之前向乘员请求 Go(运行)指令。这个关于

"Go" 的询问是以 DSKY 上闪烁的 Verb 99 的形式出现的。乘员大约 5 min 前从任务控制中心收到 "你要进行动力下降"，这样他们可以在闪烁的 Verb 99 出现时立即对其采取行动。看到闪烁的 Verb 99 后，奥尔德林按下 DSKY 上的 PRO（继续），发动机点火，开始制动阶段。在燃烧开始时，发动机被节流至全推力的 10% 左右，持续几秒钟，使推力矢量有时间沿重心定向，然后将其节流至几乎全推力。

程序 P63 继续进入制动阶段，程序控制下降发动机将速度从 5 560 ft/s 降至 506 ft/s。减速的航天器脱离了月球轨道，在制动阶段结束时，它位于月球表面上方约 7 129 ft 的高度。下降发动机在制动阶段的工作持续了 8 min 26 s。阀门从几乎全开减至半开是在约 6 min，即点火后 26 min。在大多数时间里，Verb 06 和 Noun 63 被用于通过 DSKY 上的显示器监控进度。Verb 06 规定了数据的十进制显示，Noun 63 用来显示 "速度绝对值""高度变化率" 和 "计算高度"

发动机工作约 4 min 后，阿姆斯特朗将航天器翻转至正面朝上，不久后，着陆雷达的雷达高度表部分锁定在月球表面。奥尔德林输入了 Noun 68，其中显示 "到着陆点的倾斜距离""制动阶段时间" 和 "LR 高度–计算高度"。最后一项给出了着陆雷达测量的高度与登月舱制导计算机计算的高度之间的差异。考虑到月面上方计算高度的不确定性，大约 2 800 ft 的差异在合理范围内。计算机根据 PNGS 的输入计算高度，在获得休斯敦任务控制中心的批准后，奥尔德林输入 Verb 57（允许着陆雷达更新）和 ENTER，以允许着陆雷达高度数据更新到计算机。

制动阶段持续到下降过程中被称为 "高门" 的一点，在那里制动阶段结束，抵近阶段开始。这时高度是 7 129 ft，速度是 506 ft/s。计算机在制动阶段结束时自动切换到程序 P64。程序 P64，记为 "抵近阶段"，包含旨在引导航天器从 "高门" 到着陆点正上方位置 "低门" 的软件。名义上，航天器在 "低门" 时高度大约为 500 ft。DSKY 上的显示被设置为 Verb 06（显示十进制数据）和 Noun 64。Noun 64 要求显示 "重新指定剩余时间–LPD角度""高度变化率" 和 "计算高度"。

第一个数据字段 "重新指定剩余时间–LPD 角度" 包含一个两位数的数字，给出了重新指定着陆点的剩余秒数，然后在显示屏上显示一个空白，后面是一个两位数字，表示 "LPD 角度"［单位：(°)］。LPD（着陆点指定器）"瞄准网格" 是登月舱窗口上的一条刻线，以度数标示。以 LPD 角度通过 "瞄准网格"，向乘员显示计算机预测的月表着陆面积。带有刻度线 "瞄准网格" 的窗口如图 8-12 所示。

程序 P64 "抵近阶段" 允许乘员在不喜欢 LPD 角度所指示的着陆点时，可以重新选择降落地点。

在大约 1 000 ft 的高度，DSKY 显示器显示 LPD 角度为 35°。阿姆斯特朗不喜欢那个 LPD 的着陆区，因为它侧面有一个巨大的陨石坑。他将 3 号面板上的 PGNS MODE 开关从 AUTO（自动）切换到 ATT HOLD（姿态保持），以通过姿态控制组件（ACA）手动控制航天器姿态。偏转姿态控制组件生成姿态变化率，当 ACA 释放时，PGNS 将保持该姿态。切换到姿态保持是在大约 650 ft 的高度进行的。

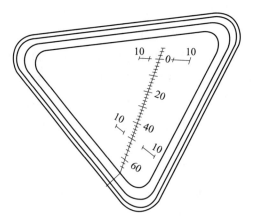

图 8-12　登月舱窗口着陆点指定器瞄准网格

　　阿姆斯特朗在保持前进速度的同时，将登月舱倾斜以减缓下降速度，并使航天器飞越火山口。保持手动控制，他轻按 5 号面板上的下降速率开关，将软件切换到程序 P66。程序 P66 记为"着陆下降速率"。装有弹簧的加载下降率开关形状像一个桨，安装在 5 号面板的底座上，便于指令长使用左手评估。向下按开关命令计算机将下降速度增加 1 ft/s。向上按会使下降速度降低 1 ft/s。

　　阿姆斯特朗看到了一个满意的着陆区域，并操纵飞船飞向该区域。他将航天器倾斜至零前进速度，并控制下降速度，使航天器下降至软着陆。着陆过程中，DSKY 使用 Noun 60 显示"前进速度""高度变化率"和"计算高度"。奥尔德林在着陆过程中每隔几秒喊一次这些数值，向阿姆斯特朗通报着陆进度。

　　下降过程中有一些令人担忧的时刻，这是由于一个程序警报反复出现。在航天器翻转到面朝上的姿态后不久，在动力下降启动后 5 min 17 s，PROG 警告灯亮了起来。奥尔德林将 Verb 5，Noun 9（ALARM CODES）键入 DSKY，出现了警报代码 1202。阿姆斯特朗要求任务控制中心提供 1202 的读数。任务控制中心在大约 27 s 后在警报中回复"Go"。换句话说，继续着陆。在大约 4 min 的时间里，总共出现了 4 次 1202 警报和 1 次 1201 警报。这些警报也显示在发往地球的遥测数据中。

　　报警代码 1201 和 1202 是计算机过载的症状。代码 1201 标记为"executive overflow – no core sets"（执行过载——无核心集），代码 1202 标记为"executive overflow – no VAC areas"（执行过载——无 VAC 区域）。无核心集表示内存中没有空闲的内核供程序运行。同样，无 VAC 区域表明没有向量累加器可用于临时变量。该程序编写得很巧妙，可以通过停止正在执行的操作并清除低优先级数据，同时保留重要信息（如载具状态向量），从而自动清除这些报警中的任何一个。然后，它自动恢复操作，从最高优先级的任务开始。

　　幸运的是，在阿波罗 11 号发射前的任务控制模拟过程中，故意触发过 1201 警报。因此，任务控制指挥官史蒂夫·贝尔斯（Steve Bales）和软件工程师杰克·加曼（Jack Garman）以前都见过这些警报，加曼在一张纸上写下了模拟后需要中止的警报代码。当警报在阿波罗 11 号着陆期间发生时，加曼立即知道，只要软件清除了代码 1201 和 1202 并恢复运行，任务就不会中止。警报器上的"Go"由加曼传给贝尔斯，再传给飞行总监吉因·克兰兹（Gene Krantz），最后传给太空舱通信员查理·杜克（Charlie Duke），后者将"Go"传给乘员。

计算机过载的原因是代表交会雷达天线转向角的信号抖动。即使天线处于静止状态，也需要花费计算机时间来持续更新微小的表面位置变化。交会雷达处于"待机"模式，以防急用，但天线位置信号处于激活状态。抖动是由于位置同步器的 800 Hz 励磁未与计算机使用的 800 Hz 基准锁相造成的。在着陆雷达探测到月球表面并开始提供雷达数据后，警报开始发出。这增加了计算机工作量，交会雷达发出的虚假信号耗尽了处理时间的余量。阿姆斯特朗切换到姿态保持模式后，警报停止，这减少了计算机处理任务。

### 8.4.1.2　惯性子系统

惯性子系统包含惯性测量装置和对应的控制硬件。惯性测量单元（IMU）是登月舱的中央导航元件，计算机处理 IMU 数据，使登月舱的状态向量不断更新。状态向量包含 7 个数值：3 个数值表示航天器在 3 个轴上的速度，3 个数值代表航天器在三轴上的位置，1 个数字表示采集数据的时间。

登月舱使用的惯性测量装置与指令舱的相同。本书第 6 章对指令舱 IMU 进行了详细描述，这里只简单重复了该内容。第 6 章给出了阿波罗 17 号指令舱上飞往月球的惯性测量装置的照片。

IMU 建立了一个固定于惯性空间的稳定平台，用于测量航天器的姿态和加速度。航天器姿态是通过测量航天器坐标轴与稳定平台坐标轴之间的角度差来确定的。通过对安装在稳定平台上的三个加速度计的输出进行积分，确定稳定平台坐标系中的速度。

稳定平台的陀螺仪有轻微漂移，需要定期重新校准平台。登月舱与指令舱分离几分钟后，在降落到月球表面之前，利用恒星观测进行校准。

IMU 在月球表面校准 5 次。使用不同的技术来评估校准技术。使用双星观测器，以传统方式进行了 2 次校准。利用月球的重力矢量和一个恒星瞄准具进行了 2 次对准。一次是使用月球的重力矢量和之前校准中存储的方位角进行校准。所有校准均令人满意。

### 8.4.1.3　光学子系统

登月舱惯性平台校准所需要的恒星是由光学对齐校准望远镜（AOT）拍摄的。AOT 比指令舱中作用相同的六分仪简单。AOT 如图 8-13 所示，光学对齐校准望远镜的控制如图 8-14 所示。

AOT 与 IMU 共同安装在导航基座上，以确保两者之间的固定角度关系。AOT 的轴与航天器 X 轴平行。这架望远镜作为潜望镜使用，具有统一放大倍率。它有一个光标来协助恒星观测过程。望远镜的视场中心为 60°，高于 Y-Z 平面 45°。视场中心可以在 6 个固定卡位的方位角上定位 360°以上。通过旋转仪器上的卡位选择器旋钮来选择位置。

AOT 视场布置如图 8-15 所示。AOT 标线视图如图 8-16、图 8-17 所示。十字线的图形见于格鲁曼公司出版物《阿波罗登月舱新闻参考》。

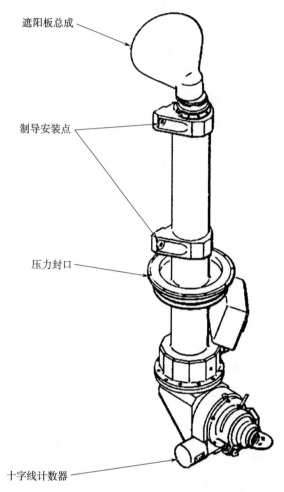

遮阳板总成

制导安装点

压力封口

十字线计数器

图 8-13　光学对齐校准望远镜简化图（NASA 图片）

分划板上有沿仪器 X 轴、Y 轴的十字线,有从原点向 Y 轴正向延伸的两条辐线,还有两条从原点向外侧螺旋平行构成的阿基米德螺旋线。

当登月舱处于自由飞行状态时,通过设置方位角,使恒星处于视野范围内,最好靠近中心,进行恒星瞄准。然后操纵航天器,使十字线的垂直或水平部分与恒星相交。假设 X 轴段首先相交,航天员按下控制盒上的 MARK X（标记 X）按钮。然后,他操纵航天器使星体与十字线的 Y 轴段相交,并按下 MARK Y（标记 Y）按钮。每次按下标记按钮,计算机都会记录来自 IMU 的航天器姿态。这两个角度定义了恒星相对于 IMU 轴的位置。对第二颗恒星重复该过程,计算机使用恒星观测数据计算 IMU 相对于参考坐标系的方向。

当登月舱在月面停留时,由于航天器不能操控,所以采用了不同的恒星观测方法。操作员重新选择一个包含视场中的恒星的方位角止动位置,并将该位置和恒星的代码输入 DSKY。然后,他使用手动分划板控制旋钮来旋转分划板,直到恒星出现在两条辐线之间。位于目镜左侧的计数器上显示了与该恒星的轴角。操作员将这个数字输入 DSKY。然

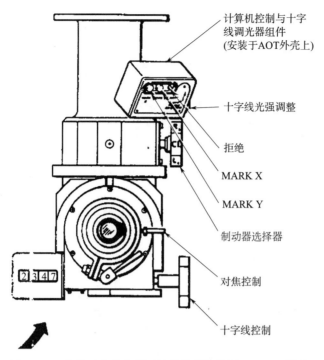

图 8-14 光学对齐校准望远镜的控制简化图（NASA 图片）

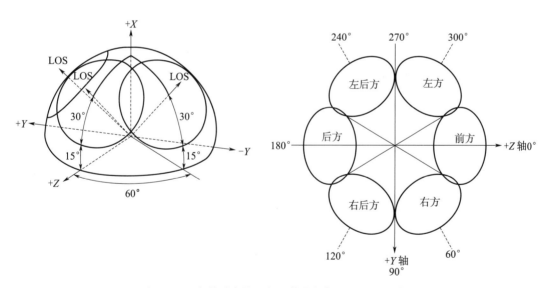

图 8-15 光学对齐校准望远镜的视场（NASA 图片）

后旋转分划板，直到该恒星出现在两条平行的螺旋线之间，并将计数器上的数值输入
DSKY。对螺旋线的旋转角度可以用来计算从中心到恒星的角度。对第二颗恒星重复这一
程序。

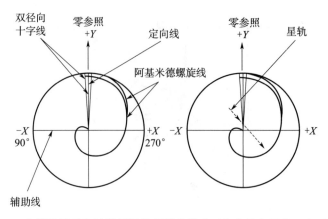

图 8-16　分划板用于飞行期间恒星观测的模式(格鲁曼公司为 NASA 图片)

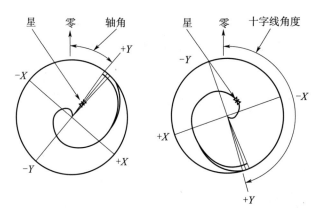

图 8-17　分划板用于登月舱月面停留期间恒星观测的模式(格鲁曼公司为 NASA 图片)

### 8.4.2　紧急任务终止制导系统

紧急任务终止制导系统(AGS)是主姿态和导航系统(PGNS)的备份。如果 PGNS 失效,其任务必须中止,则由 AGS 接管其任务。在登月舱和指挥服务舱组合体分离之后,包括月面停留期间,AGS 必须能够随时接替发生故障的 PGNS。

AGS 由 TRW 公司开发,TRW 公司是当时一家重要的航空航天公司,在建造航天器和航天器部件方面经验丰富。

位于指令长前面的 1 面板上有两个标有 ABORT(中止)和 ABORT STAGE(中止级)的按钮。按下 ABORT 按钮将启动发动机点火的中止程序。

在下降到月面期间如果需要中止,则按下 ABORT STAGE 按钮,下降发动机立即关闭,并启用下降级分离电路和上升发动机点火电路。随后,上升发动机工作指令启动阶段分离并启动上升发动机。

为使 AGS 接替发生故障的 PGNS 控制登月舱,航天员需要将 1 号面板右侧的 GUID CONT(制导控制)开关从 PGNS 切换到 AGS。3 号面板上的 AGS MODE CONTROL

（AGS 模式控制）开关从 OFF 移动到 ATT HOLD（姿态保持）或 AUTO（自动）。开关设置为 AUTO，以允许 AGS 提供制导和发动机控制。

### 8.4.2.1　紧急任务终止传感系统

紧急任务终止传感系统（ASA）包含一个捷联惯性系统，该系统包括 3 个捷联脉冲再平衡摆式加速度计和 3 个捷联脉冲再平衡速率积分陀螺仪。$X$、$Y$ 和 $Z$ 轴各有一个加速度计和一个陀螺仪。加速度计感知沿特定轴的加速度，陀螺仪感知绕该轴的旋转。术语"捷联"是指加速度计和陀螺仪直接安装连接到航天器的结构上，而不是像惯性测量装置那样安装在惯性稳定平台上。ASA 还包含操作和读取传感器的电子设备。

加速度计和陀螺仪使用电流脉冲扭矩来调整输出。提供平衡电流脉冲的脉冲扭矩伺服放大器也产生与 ASA 感知的增量速度和角度成比例的脉冲。这些脉冲的比率为：单脉冲 $2^{-16}$ rad（角度）与 0.003 125 ft/s（速度），提供给紧急任务终止电子系统进行处理。

ASA 与惯性测量装置一起安装在导航基座上。ASA 的尺寸为 5.1 in × 9.0 in × 11.5 in，重 20.7 lb。工作时耗电 74 W。

### 8.4.2.2　紧急任务终止电子系统

紧急任务终止电子系统是一种小型通用计算机，有 4 096 个字的铁氧体核心内存。其中一半内存（2 024 个字）是只读存储器（ROM）内存，另一半是可擦除内存（RAM），用于临时存储。内存字长为 18 位，循环时间为 5 μs。计算机使用 18 位字，由 17 位加一个符号组成。并行算法实现了时长 10 μs 的"加"运算和时长 70 μs 的"乘"运算。

用于紧急任务终止导航系统的软件包被称为 6 号飞行程序。这个更新的程序在阿波罗 11 号任务 LM-5 上首次应用。该软件包括一套包含 27 条指令的指令集，如 ADD、MPY（乘法）和 STQ（存储 Q 寄存器）。该软件是用 LEMAP（LEM 汇编程序）编写的。登月舱在阿波罗计划的早期被称为月球游览舱（LEM）。

AGS 计算机在紧急任务终止导航组件工作时执行的主要功能是：

1）保持姿态参考；

2）执行 LM 和 CSM 导航；

3）解决制导方程；

4）提供转向指令；

5）提供发动机指令；

6）提供自动对准；

7）驱动姿态和导航显示器；

8）提供遥测数据。

航天员可以通过在数据输入和显示组件中键入地址和数字来调用软件中的子模式和制导程序。地址 400 是选择 AGS 子模式；地址 410 是选择制导程序。TRW 公司文件：《LM/AGS 操作手册 6 号飞行程序》包含计算机程序的细节，以及子模式和制导程序的清单。表 8-3 给出了一些子模式的例子。

表 8 - 3　子模式

| 地址 | 数值 | 描述 |
| --- | --- | --- |
| 400 | +00 000 | 姿态保持(保持惯性姿态) |
| 400 | +10 000 | 将 LM 定位到所需的推力方向 |
| 400 | +20 000 | 将 LM 的 Z 轴定位在 CSM 的方向上 |
| 400 | +30 000 | AGS 与 PNGS 中的 IMU 保持一致 |
| 400 | +40 000 | 月球对准模式(在月球表面时) |

表 8 - 4 列出了航天员可以调用的一些制导程序。这些程序可引导他们与指令舱会合。

表 8 - 4　制导程序

| 地址 | 数值 | 描述 |
| --- | --- | --- |
| 410 | +00 000 | 轨道插入模式将登月舱引导到与 CSM 轨道共面的绕月轨道(通常高度为 30 000 ft) |
| 410 | +100 000 | 椭圆轨道入轨序列启动模式计算水平点火的幅度，以建立椭圆轨道机动 |
| 410 | +200 000 | 恒定高度差模式计算使登月舱进入保持与指令服务舱组合体之间的高度差恒定的轨迹的机动 |
| 410 | +300 000 | TPI 搜索模式在末端阶段启动(TPI)操作之前使用，以确定何时应执行 TPI |
| 410 | +400 000 | TPI 执行模式执行末端阶段开启机动 |

登月舱和指令服务舱组合体的导航都由计算机根据 PNGS 提供或手动输入的登月舱和指令服务舱组合体最终状态向量信息连续执行。使用闭合轨道方程为指令服务舱组合体生成连续导航数据，并将捷联导航系统的输入用于登月舱导航。因此，紧急任务终止导航系统始终有登月舱和指令服务舱组合体的最新计算状态向量。

### 8.4.2.3　数据输入与显示组件

数据输入与显示组件（DEDA）是紧急任务终止导航系统的人机界面。它允许航天员使用键盘选择 AGS 的操作模式，并通过键盘手动输入数据。它有电子发光显示器，可以通知航天员计算机内存中调用的地址以及该地址的数据值。DEDA 的图纸如图 8 - 18 所示。DEDA 安装在位于登月舱驾驶员前方的 6 号面板上。图 8 - 18 所示图纸是从 TRW 文件中复制而来的，NASA 文件中的图纸与之基本相同。图纸左上角的箭头指向一个 STOP 开关，登月舱飞行员可以使用该开关关闭下降发动机或上升发动机。

DEDA 有两排电子发光显示器。上面一行三位数显示所需操作或数据的地址，下面一行五位数及加号显示所寻址项目的值。显示器下方有一个 16 个按键的键盘。键盘包括 0～9 数字键、加号键、减号键以及 4 个专用键。专用键为：

1）CLR（清除）：初始化（清除）DEDA 并清空所有亮起的字符。在将数据输入 DEDA 之前，需要按下 CLR。

2）READOUT（读取）：命令显示所选数据的三位数地址以及数据的符号和五位数值。

3）HOLD（保持）：保持显示屏上的数值，直到按下 READOUT（读取）或 CLR（清除）按钮。

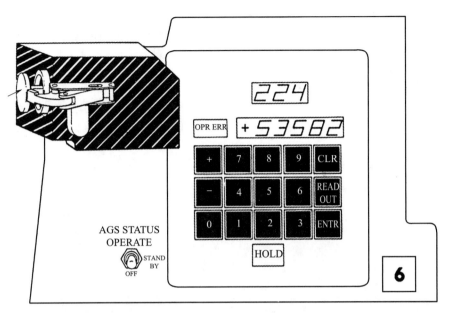

图 8-18　登月舱 6 号面板（TRW 图纸）

4）ENTR（键入）：输入航天员设置的地址和数据。

插入数据的程序是先按下 CLR 键，再按下与要插入数据的 AEA 存储器地址相对应的三个数字。接下来输入数据的符号及五位数。如果显示器上的地址和数值都是正确的，操作员按下 ENTR 键，将数据输入计算机。

要从计算机中读出数据，操作者首先按下 CLR 键，然后是代表地址的三位数。按下 READOUT 键，显示地址和该地址的数据数值。例如，三位数地址为"317"，将显示从登月舱到指令服务舱组合体的距离，单位为 n mile，精确到 0.1 n mile。同样，三位数地址为"440"，将显示从登月舱到指令服务舱之间的距离变化率，单位为 ft/s，精确到 0.1 ft/s，并带有符号。

### 8.4.3　雷达子系统

登月舱搭载了两个雷达单元：着陆雷达和交会雷达。着陆雷达提供登月舱相对于月面的距离和速度数据。这些数据被输入 PNGS 和显示器，以实现自动或手动控制的抵近和月球软着陆。交会雷达提供从登月舱到指令服务舱组合体的距离、距离变化率和角度数据。这些数据被提供给 PNGS 和显示器，以便引导登月舱在上升阶段与指令服务舱组合体会合。

#### 8.4.3.1　着陆雷达

着陆雷达由瑞安航空公司开发，该公司为阿波罗之前登陆月球的勘测者飞船开发了类似的雷达。作者是瑞安航空公司的技术负责人。这里介绍的着陆雷达的大部分材料和照片来自作者的档案。

惯性导航系统是登月舱 PNGS 的核心部件，提供惯性空间中航天器状态向量信息，但要实现软着陆,必须使用与月面直接接触的传感器。为了说明这一点,阿波罗 11 号任务报告指出,当雷达高度计首次在约 4 4000 ft 的高度获取月球表面时 PNGS 计算的月面以上高度与雷达测得的实际高度相差约 2 800 ft。一项任务规则要求,如果在 PGNCS 估计高度降至 10 000 ft 时着陆雷达尚未更新高度值,则中止下降。

着陆雷达由两部分组成:天线组件和电子组件。图 8-19 是放置在工作台上的天线组件和电子组件的照片。拍摄照片时,天线组件尚未在蜂窝状玻璃纤维框架上安装隔热毯。

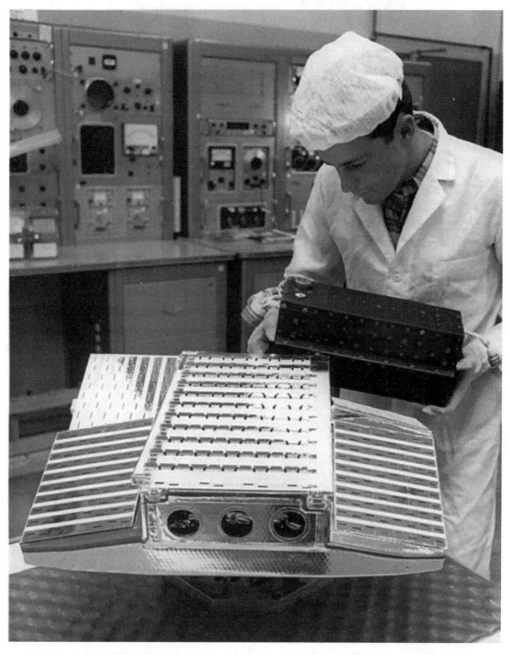

图 8-19　着陆雷达的天线组件放置在工作台上,电子组件正在搬运中(来自作者的档案)

着陆雷达由多普勒速度传感器和雷达高度计组成。多普勒速度传感器通过测量传输到地面的连续波（CW）微波能量的三个窄波束的多普勒频移来确定速度。反射回雷达的信号的多普勒频移 $f_D$ 与沿波束的速度成正比，公式为 $f_D = 2V/\lambda$，其中 $V$ 为速度，$\lambda$ 为传输信号的波长。

发射频率为 10.51 GHz，对应波长为 0.093 6 ft，沿天线波束速度的多普勒比例因子为 21.37 Hz/ ft/s。频率跟踪器精确测量三个波束的多普勒频移，并将结果分解为沿 $X$、$Y$ 和 $Z$ 轴的速度分量。

雷达高度计通过将调频微波能量的窄波束发射到地面，并将反射回雷达的信号频率与当前发射的信号频率进行比较来实现高度测量。频率调制是以 9.58 GHz 传输频率为中心的线性锯齿函数。反射信号和发射信号之间的频率差与发射信号和接收信号之间的时间延迟以及多普勒频移成正比。用方程形式表示，频率差（$f_{R+D}$）可以写成：$f_{R+D} = 2SR/c + 2V/\lambda$，其中 $S$ 是频率调制的斜率，$R$ 是到月面的距离，$c$ 是光传播速度（光速）。斜率 $S$ 在 2 500 ft 及以上的高度为 1 141 MHz/s，在 2 500 ft 以下为 5 705 MHz/s（图 8 - 19）。

线性锯齿调频传输信号在高度＞2 500 ft 时偏差为 8.0 MHz，在高度＜2 500 ft 时偏差为 40 MHz，低高度处的较大偏差导致测距精度提高。线性扫描的持续时间为 7.0 ms，然后回扫时间为 0.7 ms。在高度＞2 500 ft 时，量程比例因子为 2.32 Hz/ ft，在高度＜2 500 ft 时，量程比例因子为 11.60 Hz/ ft。在高度计传输频率下，多普勒频移 $2V/\lambda$ 等于 19.48 Hz/ft/s。在随后的信号处理中，利用多普勒速度传感器的数据消除多普勒分量。

雷达高度计需要在 40 000～10 ft 的高度范围内工作。速度传感器需要在 25 000～5 ft 的高度范围内工作。速度传感器工作的高空范围受到登月舱姿态的限制，以使天线波束与月球表面保持良好的入射角。

速度传感器的精度依据天线坐标系（$V_{xa}$、$V_{ya}$ 和 $V_{za}$）的速度而定。天线坐标系和载具坐标系之间的关系如图 8 - 21 所示。当天线在位置 2 时，$V_{xa}$ 轴与航天器的 $X$ 轴对齐。

在高度为 25 000～5 ft 时，$V_{xa}$ 规定的 $3\sigma$ 精度为总速度的 1.5％或 1.5 ft/s，以较大者为准。在高度＞2 000 ft 时，$V_{ya}$ 和 $V_{za}$ 规定的 $3\sigma$ 精度为总速度的 2.0％或 2.0 ft/s，以较大者为准。在高度＜2 000 ft 时，$V_{ya}$ 和 $V_{za}$ 规定的 $3\sigma$ 精度为总速度的 2.0％或 1.5 ft/s，以较大者为准。精度规定"$3\sigma$"意味着 99.73％的测量值在规定的精度范围内。

高度＞2 000 ft 时，雷达高度计规定的 $3\sigma$ 精度为距离的 1.4％ ±15 ft，在高度≤2 000 ft 时为距离的 1.4％±5 ft。

电子组件的物理尺寸为 15.75 in×6.75 in×7.38 in。天线总成长 20.0 in，宽 24.6 in，高 6.5 in。着陆雷达的总重量为 42.0 lb，最大功耗为 132 W。天线总成由镁制成，以减轻重量。瑞恩航空公司率先采用浸钎焊镁工艺，将数十个机械加工件组装成天线。

图 8 - 20 为作者文件中着陆雷达的简化框图。

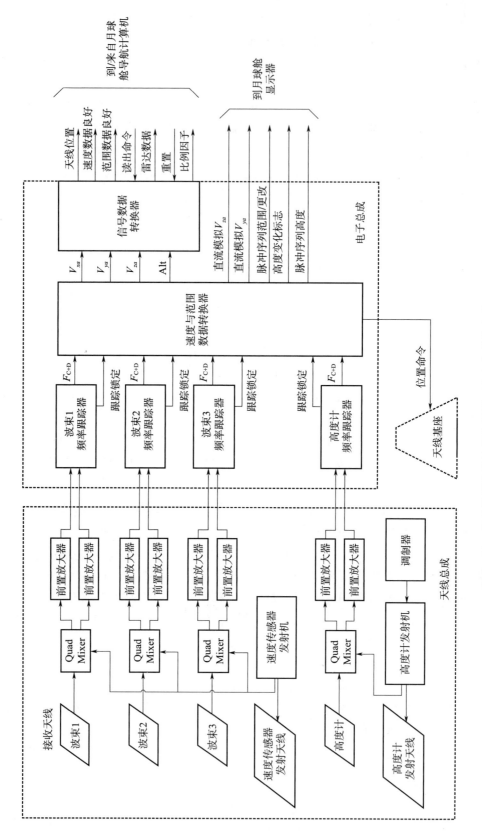

图 8-20 登月舱着陆雷达简化框图（来自作者的文件）

#### 8.4.3.1.1　天线总成

天线总成包括发射和接收天线、发射机、高度计发射机、调制器、微波接收机和多普勒前置放大器。

（1）天线

速度传感器使用一个与雷达高度计的缝隙阵列发射天线交错的缝隙阵列发射天线。两个交错发射天线是图 8-20 中天线中心的大型结构。速度传感器发射天线阵列生成 4 个窄天线波束，如图 8-21 所示，仅使用了 4 个波束中的 3 个。雷达高度计发射天线产生 2 个窄波束，其中一个波束指向两个速度传感器波束的平面，如图 8-21 所示。另一个天线波束未使用。

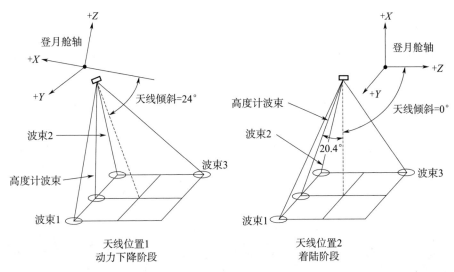

图 8-21　着陆雷达天线波束定向（NASA 图片）

有 4 个独立的接收阵列天线指向有源发射波束的角度。如图 8-20 所示，这些天线围绕发射阵列进行分组。雷达高度计接收阵列位于图 8-20 的左上角。接收器阵列产生的单天线波束在阵列的宽侧。

速度传感器波束与天线波束中心线成 $24.55°$ 角。波束偏离天线 $X-Z$ 平面中心线 $\pm 20.38°$，偏离天线 $X-Y$ 平面中心线 $14.88°$。高度计波束位于波束 1 和波束 2 之间，与天线波束中心线成 $20.38°$ 角（图 8-21）。3 个速度传感器天线波束的双向增益分别为 $49.2$ dB，双向波束宽度为 $3.7°\times 7.3°$。雷达高度计波束的双向增益为 $50.4$ dB，双向波束宽度为 $3.9°\times 7.5°$。窄天线波束宽度位于航天器 $Z$ 轴上，该轴是动力下降期间的行进方向。

天线组件安装在天线基座上，允许天线位于两个位置之一，以适应登月舱相对于当地垂直面的姿态。基座的位置或者与速度传感器光束组中心线沿载具的 $X$ 轴，或者与光束组中心线偏离 $X$ 轴 $24°$ 角。波束中心线是图 8-21 中表示天线波束方向的虚线。天线基座安装在下降段，使得天线的 $Y$ 轴与登月舱的 $Y$ 轴偏移 $6°$。

3号控制面板上的LDG ANT开关有AUTO、DES和HOVER三位。通常,开关被设置为AUTO,登月舱制导计算机控制天线座的开关。底座可以手动切换到DES(下降)、(天线位置1)或HOVER悬停(天线位置2)。在AUTO位,当登月舱在大约7 600 ft的高度到达"高门"点时,登月舱制导计算机将基座从天线位置1切换到天线位置2。

在动力下降的制动阶段,载具的X轴向前倾斜,以允许发动机逆速度矢量推进。当飞船在大约45 000 ft的高度上开始转向到窗口向上姿态时,飞船的X轴与当地垂直线成73°。窗口朝上的位置允许着陆雷达天线波束照射月球表面。在此期间,天线基座设置为24°移位,以便雷达高度计波束、速度传感器波束1和波束2以有利角度照射月面。雷达高度计波束指向垂直线前方约28.6°。在阿波罗11号着陆期间,雷达高度计在44 000 ft的地面上实现了锁定,然后完成转向到窗口上升姿态。

随着航天器下降,航天器X轴相对于垂直方向的移位减小,并且速度传感器的所有三个波束都在大约28 000 ft处获取信号。"速度数据良好"信号证明了这一点。

在抵近阶段开始时,天线切换到位置2,高度约为7 500 ft。在位置2时,天线的中心线与航天器X轴对齐。在切换到位置2的时间结束时,航天器X轴位于当地垂直线前方约45°。

图8-22显示了作者拍摄的安装在登月舱LM-2下降段底部的天线组件的照片。天线座位于位置2。用于地面测试的登月舱LM-2正在史密森国家航空航天博物馆(NASM)展出。

图8-22 安装在LM-2下降段的天线组件(见彩插)

（2）发射机

天线发射的微波能量由两个发射机产生。一个以连续波模式运行，用于速度传感器，另一个以调频模式运行，用于雷达高度计。发射机由美国无线电公司（RCA）制造。RCA 为登月舱开发了交会雷达，因此该雷达发射机的功率输出和工作频率与着陆雷达的要求相似。为了避免重复工作，RCA 修改了着陆雷达使用的基本发射机设计。

速度传感器发射机以 10.51 MHz 的频率产生至少 200 mW 的连续波功率。雷达高度计的发射机经过频率调制，中心频率为 9.58 GHz。它接收来自调制器的中心频率为 99.78 MHz 的线性调频输入信号。线性频率扫描的持续时间为 7.0 ms，随后是 0.7 ms 的回扫时间。发射机将该信号倍增并放大至 175 mW 的最小输出功率水平和 9.58 GHz 的中心频率。在高度大于 2 500 ft 时，发射机输出的总频率偏差为 8.0 MHz，在高度小于 2 500 ft 时为 40 MHz。

（3）接收器

通过将接收信号与发射信号的样本混合，在速度传感器接收机中提取多普勒频率。来自每个接收天线的接收信号被用于两个混频器，这两个混频器是从相位正交的发射信号样本中激励的，得到的多普勒信号正交对用于前置放大器。在高度较高时，当信号电平较低时，前置放大器的增益为 88 dB（25 119 倍）。当高度较低时，信号强度上升到预设阈值时，增益自动降低到 55 dB（562 倍）。

雷达高度计接收机与度速传感器类似，通过将接收信号与发射信号的样本混合，提取距离多普勒信号。正交混频器之后是双前置放大器。

8.4.3.1.2　电子组件

电子组件处理来自天线总成的信号，并向登月舱制导计算机和驾驶舱显示器提供速度和距离数据。

（1）频率跟踪器

前置放大器输出的正交信号由频率跟踪器处理。每束电波使用单独的频率跟踪器。正交输入信号在频率跟踪器中的单边带调制器中进行升频。信号采集是基于比较两个上移位边带中的能量值。真多普勒或真距离信号本质上是单边带信号，出现在混频过程的一侧频带，而接收器噪声或来自振动航天器结构的伪信号出现在两侧频带。通过比较两个边带中的能量，可以测量信噪比。如果跟踪滤波器中的信噪比超过 3 dB，则接收真多普勒或真距离信号。虚假信号被自动拒绝。

有限的天线波束宽度导致多普勒频率的扩展。多普勒频谱的宽度是航天器速度和速度矢量与天线波束之间角度的函数。频率跟踪器使用包含多普勒信号预期频谱宽度的跟踪滤波器在预期信号的频带上搜索多普勒信号。最初速度较高时，跟踪滤波器的频宽为 2 800 Hz。随着航天器减速，信号频谱宽度变窄，跟踪滤波器的频宽自动减小到 400 Hz。雷达高度表频率跟踪器在高海拔使用 3 200 Hz 的跟踪滤波器频宽，在低海拔使用 400 Hz。

频谱中心一旦获得就会被精确地跟踪。速度传感器的频率跟踪器通过发出被称为跟踪器锁定的离散信号,获取并锁定多普勒信号。当三个速度传感器通道都采集到多普勒信号时,生成一个离散信号:速度数据良好,并发送到登月舱制导计算机。当雷达高度计通道采集到距离多普勒信号,多普勒速度传感器波束 1 和波束 2 也采集到信号时,向登月舱制导计算机发送信号:距离数据良好。速度传感器波束 1 和波束 2 的数据对于消除距离多普勒信号的多普勒偏移是必要的。

(2)速度和距离数据转换器

速度传感器频率跟踪器的输出应用于速度和距离数据转换器,其中沿三个天线波束的速度分量被分解为参考天线坐标系的正交集。速度坐标系表示为 $V_{xa}$、$V_{ya}$ 和 $V_{za}$。当天线旋转到位置 2 时,天线的 $V_{xa}$ 轴与航天器 $X$ 轴对齐。当天线处于位置 1 时,$V_{xa}$ 轴向与航天器 $X$ 轴偏移 24°。

高度计频率跟踪器的输出也应用于速度和距离数据转换器。通过将速度传感器波束 1 和波束 2 沿线的速度分量分解为天线波束的方向,然后从高度计信号中减去标度频率,消除高度计信号上的多普勒分量。

速度和距离数据由速度和距离数据转换器开发,并以脉冲串形式提供给信号数据转换器。速度和距离信息也以驱动 LM 控制面板上各种显示器所需的形式提供。速度分量 $V_{ya}$ 和 $V_{za}$ 以直流模拟形式提供给 $X$ 指针指示器,当天线处于着陆位置(位置 2)时,$X$ 指针指示器显示前后和横向速度。高度和高度速率($V_{xa}$)以脉冲串的形式提供给控制面板上的 Range/Alt 和 Range - Rate/Alt 速率表。脉冲重复率与量程和量程速率成正比。提供了一个直流离散信号来指示高度速率的意义。

(3)信号数据转换器

速度和距离数据转换器中生成的速度分量和距离信息以脉冲串的形式提供给信号数据转换器。信号数据转换器通过接收来自登月舱制导计算机(LGC)的选通信号,将这些选通信号组合为 15 位串行二进制格式的距离和速度数据,将其读取到 LGC,从而与 LGC 进行交互。信号数据转换器向 LGC 提供的其他信息包括天线位置、速度数据良好、距离数据良好和距离比例因子。

#### 8.4.3.2　交会雷达

登月舱在月面停留以及上升阶段飞行过程中,交会雷达用于跟踪指挥服务舱组合体,跟踪由组合体的应答器辅助。应答器接收到交会雷达发送的信号,并以不同的频率重新发送。因此,交会雷达接收到的信号比依靠组合体(表面跟踪)反射的信号强得多。交会雷达确定组合体的距离、距离变化率、视线角和角度变化率。这些测量值被提供给登月舱制导计算机和登月舱控制面板上的显示器。

交会雷达由天线总成和电子组件组成(图 8 - 23)。天线总成安装在登月舱顶部,电子组件安装在登月舱内部。天线总成具有一个 24 in 抛物面反射器,安装在 2 自由度的基座上。天线可以设为角度搜索模式,以搜索指令舱中的应答器信号,一旦获得,可以以较高的角度精度跟踪指令舱。

交会雷达以 9 832.8 MHz 的 X 频段频率发送连续波信号,登月舱内的应答器以

9 792.0 MHz 的连续波信号响应。交会雷达和应答器的标称辐射功率为 300 mW。交会雷达发送的连续波信号由 3 个频率进行相位调制：200 Hz、6.4 kHz 和 204.8 kHz。应答器提取音调，并将其作为其传输信号的相位调制重新传输。交会雷达电子组件中的信号处理器测量接收音调的延迟，以确定指令舱的距离。交会雷达的测距能力为 400 n mile。最小测距能力为 80 ft。

指定的角度跟踪精度是根据偏置误差和随机误差给出的。以 mrad 为单位，允许偏差为 8 mrad。规定的允许随机误差在 400 n mile 处为 5.3 mrad，在 5 nmile 处为 4.7 mrad。1 mrad 等于 0.057 3°。

图 8-23　交会雷达天线。EVA 后从阿波罗 14 号登月舱的梯子上拍摄的照片
（NASA 照片，由作者裁剪）

距离精度也根据偏置误差和随机误差给出。在距离大于 50.6 n mile 时，允许的偏差为 ±500 ft；在距离小于 50.6 n mile 时，允许的偏差为 ±120 ft。在距离为 400～5 n mile 时，允许的随机误差为 300 ft＋距离的 0.25%；在距离为 80～5 n mile 时，允许的随机误差为 80 ft＋距离的 1%。在距离小于 400 n mile 时，角速率精度为 0.4 mrad/s，在距离为 100 n mile～80 ft 时，角速率精度为 0.2 mrad/s。

图 8-24 为根据 NASA 图片改编的交会雷达简化框图。

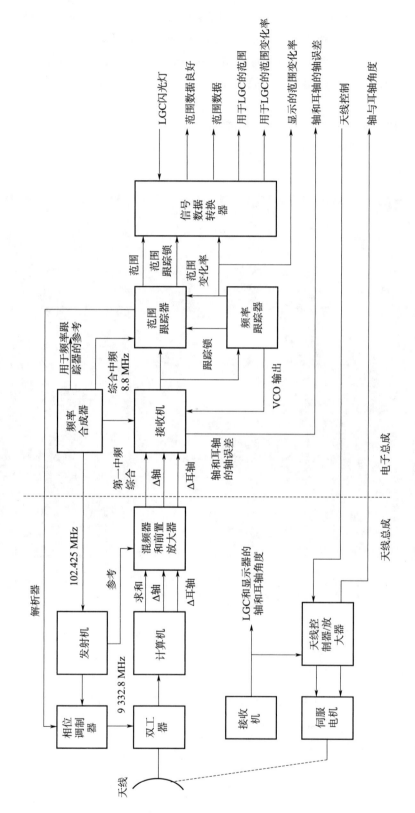

图 8 - 24　交会雷达简化框图（改自 NASA 图片）

8.4.3.2.1　天线总成

天线总成安装在登月舱顶部前舱口上方。图 8-23 是阿波罗 14 号航天员站在通往月球表面的梯子上拍摄的天线总成照片，前景中带有白色圆环的暗圆形物体是光学望远镜。

天线支座的俯仰轴与航天器 Y 轴平行。耳轴垂直于轴线。用于定位的驱动电机与旋转变压器一起连接到俯仰轴和耳轴上，以提供角度位置。

（1）天线

该天线为"卡塞格伦"（Cassegrain）型，带有 24 in 抛物面反射器和 4.7 in 双曲线副反射器。四端口馈电喇叭位于副反射器的焦点处。馈电喇叭的四个端口允许对目标进行双轴单脉冲跟踪。发射器和单脉冲接收器安装在抛物面天线的背面。总和模式的增益为 32 dB，总和模式的波束宽度为 4°。

天线波束可以通过三种模式之一进行定向：自动跟踪、手动回转或登月舱制导计算机控制。航天员可以通过 3 号控制面板上的交会雷达选择开关设置所需的模式。有两个天线定向：1 号天线定向用于交会期间的跟踪。2 号天线定向是在月面进行预处理。航天员通过 DSKY 的输入选择方位。

在天线方向 1 时，视线相对于 $+Z$ 轴的角度覆盖范围为 $-70°\sim+60°$，耳轴覆盖范围为 $-55°\sim+55°$。在天线方向 2 时，视线轴相对于 $+Z$ 轴的覆盖范围为 $+45°\sim+155°$，耳轴相对于 $-Z$ 轴的角度覆盖范围为 $-55°\sim+55°$。

（2）发射机

发射机由变容管倍频器组成，该倍频器接收来自电子组件的 102.425 MHz 连续波信号，并将该输入信号频率乘以 96 倍，以获得 9 832.8 MHz 的发射频率。发射机输出三个频率 200 Hz、6.4 kHz 和 204.8 kHz 进行相位调制。最低频率实现超过 400 n mile 的可测距离，最高频率实现更高的测距精度。标称辐射功率为 300 mW。

发射机的输出通过双工器馈送到天线的总和端口。双工器允许天线同时发送和接收信号。

（3）应答器

指挥服务舱组合体中的应答器通过一个宽波束的喇叭型天线接收来自交会雷达的信号，以适应登月舱的预期视角。应答器配置为在 $\pm104$ kHz 频带上搜索来自交会雷达的信号。频率搜索范围适应了信号的预期多普勒偏移。一旦获得频率，应答器就会激活锁相环，以与交会雷达载波项锁相。锁相载波被升频 40.8 MHz，并用与接收到的音调相位一致的测距音调重新传输。应答器的标称传输功率为 300 mW。传输是通过接收到交会雷达天线信号的同一宽波束天线进行的。

（4）接收信号处理

交会雷达天线从应答器接收到的信号被引导至天线的四个馈电端口。来自每个馈电端口的信号被应用于比较器。比较器通过添加来自四个馈电端口（A+B+C+D）的信号形成总和模式。轴的差异模式通过组合（A+D）−（B+C）获得，耳轴的差异类型通过组合（A+B）−（C+D）获得。雷达术语中，轴和耳轴通常被称为仰角轴和方位轴。

混频器应用两个信号的和信号、差信号，以及来自发射机的参考信号。差频（第一中频）为 40.8 MHz，加上距离变化率引起的多普勒频移。三个中频信号由前置放大器调节，并在电子组件的接收器中应用单独的通道。

### 8.4.3.2.2　电子组件

参考前面所示的交会雷达框图，天线总成的中频（IF）为 40.8 MHz 的和差信号向下转换为 6.8 MHz 的第二中频频率，并进一步放大。6.8 MHz 和信号用于频率跟踪器和距离跟踪器。频率跟踪器通过将总和信号与频率合成器的参考频率进行比较来补偿信号上的多普勒偏移。频率跟踪器中的锁相环调整了压控振荡器（VCO）的频率，因此当与 40.8 MHz 和信号混合时，差值正好为 6.8 MHz。VCO 频率和 40.8 MHz 参考频率之间的差异是多普勒频移。多普勒频移被转换为表示距离变化率的信号，该信号被送入控制面板上的显示器和信号数据转换器。

多普勒校正的 6.8 MHz 和信号被送入距离跟踪器，其中提取了 200 Hz、6.4 kHz 和 204.8 kHz 的相位调制范围频率。将测距音的相位与参考音的相位进行比较，以确定时延，从而确定 CSM 中应答器的距离。测距输出应用于信号数据转换器和显示器。

轴和耳轴的和信号与差信号在接收器中从第二中频 6.8 MHz 向下转换为第三中频 1.7 MHz。差频通过与和信号混合解调。结果是每个轴上的一个信号，其振幅表示天线视轴的目标角度误差，符号表示误差方向。在自动角度跟踪模式下，天线定位器使用错误信号来消除角度误差。

天线的轴和耳轴角度由旋转变压器确定。来自旋转变压器的模拟数据应用于耦合数据单元（CDU），该数据单元将信息转换为数字形式，以输入登月舱制导计算机。CDU 还格式化了角度数据，以便在驾驶舱的仪表板上显示。

来自距离跟踪器和频率跟踪器的信号被发送到信号数据转换器，以登月舱制导计算机可以访问的形式输入。这些信号包括距离、距离跟踪器锁定、距离变化率和多普勒感知（距离变化率感知）。信号数据转换器还提供了航天员通过控制面板命令功能与交会雷达元件之间的接口。

LGC 通过在选通线路上发送一系列选通脉冲，然后发送一系列脉冲，以读取带有距离数据的 15 位移位寄存器，从而请求距离数据。同样，为了读取距离变化率数据，向距离变化率选择选通线路发送了一系列脉冲，然后发送脉冲以读取现在加载了距离变化率数据的 15 位移位寄存器。

当距离降至 50.6 mile 时，距离比例因子发生改变。对于大于 50.58 n mile 的距离，15 位距离字的最低有效位是 5 ft。对于 50.6 mile 或更小的距离，15 位距离字的最低有效位为 9.4 ft。指示距离比例因子的信号从信号数据转换器发送至 LGC。

## 8.5　反应控制系统

反应控制系统（RCS）由 4 组安装于上升级的推进器组成，用于登月舱绕 3 个主轴的姿态控制和平动。推进器通常由制导、导航和控制子系统（GN&CS）控制，但也可以由航天员手动控制。

阿波罗 14 号登月舱上升级安装的一组四个 RCS 推进器如图 8 - 25 所示，该图是 NASA 登月舱照片的放大裁切。四组四推进器分别位于上升级的四角，共有 16 个推进器。

图 8 - 25　阿波罗 14 号登月舱反应控制系统推进器（NASA 照片，由作者裁切，见彩插）

每个推进器长 13.4 in，喷嘴出口直径为 5.6 in，启动时产生 100 lb 的推力。照片中纵向对称的两个推进器平行于登月舱 X 轴，一个指向 X 轴正方向，另一个指向 X 轴负方向。其他两个推进器平行于登月舱的 Y 轴和 Z 轴。

推进器使用等量肼和偏二甲肼的混合物作为燃料。使用四氧化二氮（$N_2O_4$）作为氧化剂。燃料和氧化剂相遇即可发生自燃。打开燃料和氧化剂管线中的电磁阀以启动推进器。阀门可以打开 14 ms，但通常推进器会持续几秒钟的脉冲。每个推进器都包含燃料和氧化剂电磁阀、燃烧室和渐扩喷嘴。

有两套反应控制系统作为冗余。每套反应控制系统都有自己的燃料和氧化剂供应和控制装置。每个独立系统为八个推进器供电。在其他系统发生故障的情况下，可以实现所有轴的完全控制。通常，两套 RCS 系统同时使用。每个冗余 RCS 系统的燃料箱直径为 12.5 in，长 32 in，装有 99.3 lb 可用燃料。每个 RCS 系统的氧化剂箱直径为 12.5 in，长 38 in，装有 194.1 lb 可用氧化剂。

油箱内的聚四氟乙烯气囊中含有燃料和氧化剂。氦气被输送到油箱,挤压气囊,迫使燃料和氧化剂进入推进器的供给管线。

通常,RCS 在自动模式下运行:GN&CS 的登月舱制导计算机控制推进器点火,以实现必要的姿态或平动操作。一种称为"姿态保持模式"的半自动模式允许航天员通过姿态控制器组件改变姿态。推进器工作持续时间与控制器的位移成正比。当控制器组件返回卡位或零位时,计算机保持新的姿态。当处于姿态保持模式时,航天员可以通过移动平动控制组件来手动平动载具。当平动控制组件返回卡位或零位时,推进器停止工作。

## 8.6 上升推进系统

上升火箭发动机安装在上升级底部中央。与下降发动机不同,上升发动机不可节流,也不安装在万向节上用于转向。发动机可以点火、关闭和重启多达 35 次。安装时,其推力轴与登月舱 $X$ 轴在 $Z$ 轴正方向成 1.5°角,以使推力线靠近上升级重心。

发动机标称推力为 3 500 lb。工作时腔室压力为 120 lb/in$^2$。上升发动机的尺寸约为下降发动机的一半,长 47 in,喷口直径为 34 in,重 180 lb。

上升发动机使用等量肼和不对称二甲基肼的混合物作为燃料。使用四氧化二氮($N_2O_4$)作为氧化剂,燃料和氧化剂接触自燃。燃料装在一个容积为 36 ft$^3$ 的球罐中,根据该体积计算出燃料罐内径约为 49 in,装有 2 011 lb 的燃料。氧化剂罐也是球形的,直径相同,装有 3 211 lb 氧化剂。

通过将氦气导入贮箱,使燃料和氧化剂从贮箱中被挤出,进入通向上升发动机的管路。氦气装在一个容积为 3.35 ft$^3$ 的球罐中,计算得到该球罐内径约为 22 in,室温下贮罐压力为 3 050 lb/in$^2$,可用氦气重量为 5.1 lb。点火时,发动机每秒消耗 4.3 lb 燃料和 7.0 lb 氧化剂,氧化剂与燃料的重量比为 1.6:1。

燃料箱和氧化剂箱的温度显示在控制面板上的 FUEL(燃料)和 OXID TEMP(氧化剂温度)指示器上,压力显示在 FUEL 和 OXID PRESS(氧化剂压力)指示器上。带有推进剂的上升级总重量约为 10 500 lb。然而,月球的重力约为地球重力的 16.5%,因此月球上升级有效重量约为 1 733 lb。上升发动机的 3 500 lb 推力轻松地将上升级从月球表面抬起,并将其推进月球轨道。

通常,上升发动机的点火由登月舱制导计算机使用计算机程序 P12 控制。如果计算机出现故障,发动机点火由紧急任务终止制导系统控制。通过将控制面板上的 ENG ARM(发动机启动)开关设置为 ASC(上升)并按下 START 按钮,也可以手动启动发动机。

如果在任务期间一切顺利,在航天员探索月面后,使用上升发动机从月面启动上升级,并与指令舱交会对接。如果出现需要立即中止任务的问题,将采取一系列措施将登月舱送入绕月安全轨道。例如,如果在动力下降期间调用中止,登月舱制导计算机程序 P71将用于关闭下降发动机,使上升级与下降级分离,调整上升级方向,使上升发动机的推力处于正确的方向,然后启动上升发动机,使上升级进入绕月轨道。

### 8.6.1　从月球起飞

阿波罗 11 号航天员做离开月球的准备工作，首先需要通过参考恒星观测器和月球的重力矢量，对准在 PGNCS（主制导导航和控制系统）的惯性平台。登月舱在月面的位置以及计算机控制上升所需的其他信息都是从载人航天网络（MSFN）接收到的，并下载到 PGNCS 中。此信息包含上升级发射的时间。根据计算，最佳发射时间为指令服务舱组合体通过登月舱上空后的几秒钟。PGNCS 中的状态向量被传输到为 PGNCS 提供备份的终止制导系统。

当航天员做好离开月球的准备时，DSKY 选择程序 P12（POWERED ASCENT），并显示发射时间倒计时。就阿波罗 11 号而言，发射时间应为任务时间 124：22：00。点火前 5 s，DSKY 开始闪烁 Verb 99，让航天员决定是否继续。看到闪烁的 99 后，经事先同意，任务指令长阿姆斯特朗按下 ENGINE ARM 和 ABORT STAGE 按钮，奥尔德林按下 DSKY 键盘上的 PRO 按钮。ABORT STAGE 按钮引爆爆炸螺栓，将上升级从下降级释放出来，并启动切断级间电缆和管道的闸机。当倒计时到零时，计算机启动上升发动机。

上升级垂直上升约 10 s，当垂直速度达到 40 ft/s 时，开始程序转弯使飞行轨迹与垂直方向成 50°夹角。程序转弯使航天器能够获得进入月球轨道所需的水平速度，一旦达到轨道速度，计算机就会关闭上升发动机。阿波罗 11 号乘组在点火约 7 min 后，于 124：29：17 报告关闭发动机。进入月球轨道的高度为 60 300 ft，垂直速度为 32 ft/s，水平速度为 5 537 ft/s。该轨道远月点为 47.3 n mile，近月点为 9.5 n mile。

上升发动机已经完成了将上升级送入月球轨道的预定功能，不再使用。随后使用反应控制系统（RCS）推进器推进，和指挥服务舱组合体会合。RCS 以其低得多的推力和更容易控制的推力持续时间实现了交会轨道的微调。PGNCS 使用交会雷达对组合体的距离、距离变化率、角度和角度变化率进行测量，以计算与组合体交会的各种机动的推进器工作时间。

登月舱与组合体交会并对接后，登月舱乘组成员带着收集的月壤和月岩转入组合体。阿波罗 11 号的上升级于任务时间 130：09 从组合体上脱离。上升级留在月球轨道上，最终撞向月球。阿波罗 11 号下降级仍然位于月面的宁静海基地。

## 8.7　登月舱通信子系统

有效的电子通信系统对阿波罗任务的成功至关重要。该系统的高光是阿姆斯特朗的名言：“休斯敦，这里是宁静海基地。‘老鹰号’已经着陆。”这些话来自刚刚在距离地球 386 253.1 km（208 560 n mile）的月球上软着陆的“老鹰号”登月舱。

登月舱的通信子系统与前面描述的指令舱类似。通信子系统的主要组成部分是 S 波段通信设备和 VHF 通信设备。

S 波段链路用于登月舱与地球上的载人航天网络中心之间的通信。休斯敦载人航天中心（MFC）通过 MSFN 进行通信。VHF 链路用于登月舱和指令服务舱组合体之间，以及登月舱和探索月面的航天员之间的通信。当航天员在登月舱外时,VHF 也用于航天员之间的通信。登月舱是探索月面的航天员与休斯敦 MFC 之间通信的中继站,航天员通过 VHF 链路与登月舱的设备通信,该通信通过 S 波段链路转发给 MSFN,然后再转发给 MFC。

图 8-26 为登月舱通信子系统的简化框图。该图是作者将多张 NASA 图片组合起来,以简化形式显示各种功能。

### 8.7.1　VHF 通信

登月舱的 VHF 通信包括两个独立的接收器和两个独立的发射器。一对收发两用机:信道 A,工作频率 296.8 MHz;信道 B,工作频率 259.7 MHz。这些工作频率对应于 CSM 中 VHF 接收机发射机中使用的频率。登月舱中的每个 VHF 发射机的输出功率为 5 W。

特定接收器和特定发射器可以通过位于登月舱驾驶员(LMP)工位右侧的控制面板 12 上的开关接通电源。这些开关允许打开或关闭接收机。每个发射机都由一个三位开关控制,每个开关的中心位置都处于关闭状态。发射机 B 可以在 VOICE、DATA 或 OFF 之间切换。数据由低比特率信息组成,例如登月舱的状态和脉冲编码调制(PCM)格式的生物医学数据。发射机 B 可以在 VOICE、VOICE/RNG 或 OFF 之间切换,VOICE/RNG 位置允许重新传输接收到的声音信号,也允许语音传输。

框图显示的信号处理器组件包含指令长和登月舱驾驶员的单独音频部分。8 号控制面板包括开关,允许指令长选择要使用的接收机发射机,并设置接收机发射机的音量。同样,12 号控制面板包含开关,允许 LMP 选择要使用的接收机发射机,并设置接收机发射机的音量。

与 CSM 的 VHF 通信信道类似,登月舱中的 VHF 通信设备使用开关幅度调制来传输信息。这种类型的调制虽然会有一些失真,但有利于提高均方根(rms)调制水平。这提高了较弱信号的可理解性。

登月舱的 VHF 通信子系统可以切换到三根天线中的一根。两根天线称为飞行天线,安装在上升级靠近顶部的一侧。其中一根为前天线,安装在载具前侧,另一根是后天线,安装于后侧。这些天线几乎全方位覆盖,可以通过 12 号控制面板上的开关进行选择。两根天线用于与指令舱进行通信,具体取决于哪根天线具有最佳的 CSM 视野。

第三根 VHF 天线被称为 EVA 天线(EVA 为舱外活动),允许探索月面的航天员与登月舱的设备通信,然后登月舱通过 S 波段通信设备将通信中继到地球。EVA 天线是一种圆锥型天线,其方位角全方位覆盖,位于上升级顶部。VHF 通信接收机发射机可以通过 12 号控制面板上用于选择机载天线的同一个开关切换到此天线。

航天员在探索月面时佩戴的便携式生命保障系统(PLSS)包含一个小型 VHF 接收机发射机和一个鞭状天线,以便通过 EVA 天线相互通信,并与登月舱的 VHF 设备通信。登月舱设备通过 S 波段链路将这些通信中继至地面 MSFN。

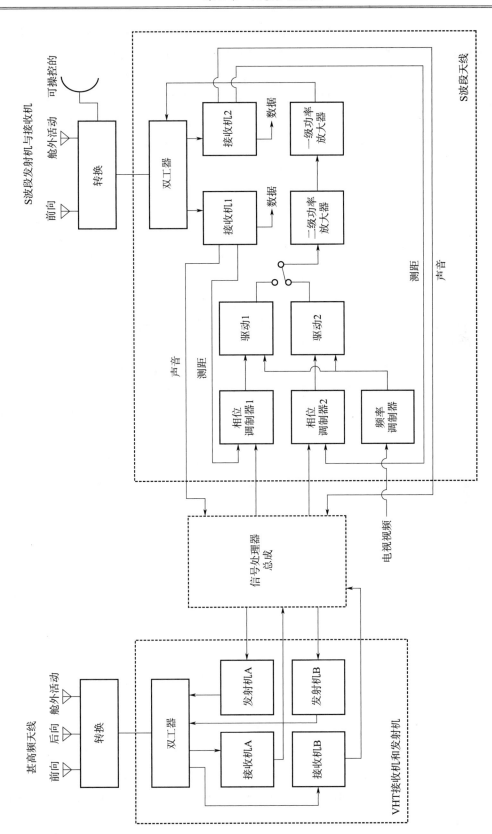

图 8 - 26　登月舱通信子系统简化框图

指令服务舱组合体和登月舱中的 VHF 通信子系统包含测距功能，用于测量登月舱和指令服务舱组合体之间的距离。当登月舱从月球返回时，登月舱上升级与组合体交会期间使用了距离信息。测距期间，登月舱的 259.7 MHz 发射机使用三种测距频率进行振幅调制：247 Hz、3.95 kHz 和 31.6 kHz。这些测距信号由登月舱的 VHF 接收机 B 接收、解调，并由 VHF 发射机 A 以 296.8 MHz 重新传输回组合体。测距音调由组合体中的接收器解调，并进行处理以确定时间延迟和范围。这三个音调提供了明确的 327 n mile 的范围和大约 100 ft 的精度。

### 8.7.2　S 波段通信

S 波段通信设备与前面描述的指令舱类似。它通过 MSFN 在登月舱和休斯敦载人航天中心之间提供数据和通信的上行和下行。从地面到登月舱的数据和通信上行过程以及从登月舱到地面的通信和数据下行过程与指令舱的过程类似。

S 波段设备包括一个主接收机、一个辅接收机、一个主发射机和一个辅发射机。发射机配置包括相位调制器、驱动器和功率放大器。可以选择主接收机或辅接收机以及主发射机或辅发射机。双配置在出现故障时提供备份。

登月舱航天员和地球上的 MSFN 之间的语音通信是通过航天员的耳机和麦克风，通过信号处理器组件和 S 波段接收器和发射器的音频部分进行的。当航天员离开登月舱展开月球探测时，他们通过 VHF 链路与登月舱通信，登月舱内的设备通过 S 波段链路将通信转发给 MSFN。

从 MSFN 到登月舱的上行信号的载波频率为 2 101.8 MHz。从 MSFN 上传的数据，包括登月舱的状态向量，在 70 kHz 子载波上进行频率调制，然后在上行载波上进行相位调制。数据由接收器提取、解码并馈送至登月舱制导计算机。上行语音通信在 30 kHz 子载波上进行频率调制，该子载波在上行载波上进行相位调制。语音信号由接收器提取，并传输至信号处理器组件的音频部分，供指令长和登月舱驾驶员使用。

上行载波也由长伪随机噪声（PRN）码进行相位调制，该码用于确定从 MSFN 到登月舱的距离。PRN 码由登月舱中的 S 波段接收机解调，并馈送至发射机信道的相位调制器。该信号向下传输至 MSFN，测量 MSFN 接收代码的往返延迟，并用于确定登月舱的距离。

通过测量上行至登月舱的 S 波段载波的双向多普勒频移，可以非常准确地确定从 MSFN 到登月舱的测距速率，该载波频率偏移并重新传输回 MSFN。

电视摄像机的视频被用于发射机链输入端的频率调制器。频率调制器还用作遥测和语音通信的备份。

发射机的一级功率放大器在 2 282.5 MHz 下的标称功率输出为 18.6 W。二级功率放大器的输出（通过一级功率放大器中的一条路径）在 2 282.5 MHz 下为 14.8 W。这些功率放大器是一种称为增幅管的微波设备，它是一种交叉场微波放大器，具有独特的特性，即断电时，通过该设备的信号损失非常小。这对串联放大器在冗余方面工作得很好，因为如果主放大器发生故障，可以关闭其电源，而无须切换输入和输出即可打开辅助放大器的电源。

#### 8.7.2.1　S 波段天线

　　登月舱 S 波段通信子系统可以切换到 3 个天线中的 1 个。2 根天线被称为飞行天线，安装在上升级的侧面，其中天线 1 安装在载具前部，天线 2 安装在后部。这些是具有全向天线模式的锥形螺旋天线。在高增益可操纵抛物面天线发生故障时，机载天线作为备用天线。

　　第 3 根 S 波段天线是可操纵抛物面反射型天线。抛物线直径为 26 in，天线增益为 20 dB。该天线的高增益允许与地球进行高质量的语音和数据通信，并有利于地面 MSFN 对登月舱的跟踪和测距。天线可以在 174°的方位角（偏航）和 330°的仰角（俯仰）范围内操纵。可以使用 12 号面板上的 PITCH 和 YAW 控件手动定位天线。12 号面板上一个 TRACK MODE 开关设置为 SLEW，以允许定位天线。当天线指向 MSFN 视线的 12.5°范围内时，开关可以设置为 AUTO，天线将自动跟踪 MSFN 的视线。

　　阿波罗 12 号和阿波罗 14 号上使用的第 4 根 S 波段天线是一种大型、轻型、高增益、可竖立的抛物面天线。天线被折叠并存放在下降级一个隔间里，可以被航天员拆除并安装在月球表面。天线架设时直径约为 9.8 ft，增益为 34 dB。这种高增益允许向地球传输高质量的彩色电视数据。将电缆连接到登月舱设备的天线。

## 8.8　阿波罗月表实验包

　　阿波罗月球表面实验包（ASLEP）旨在从航天员部署在月表的仪器中收集有关月球的信息。实验包包括一个与地球通信的中央站和一组部署在中央站周围并与之相连的实验仪器。这些仪器设计运行一年，但有些仪器一直运行到 1977 年监测计划关闭。

　　ASLEP 的电力由 SNAP - 27 放射性同位素热电发生器（RTG）提供。SNAP - 27 需要能够在 16 V 电压下为阿波罗早期任务提供至少 63 W 的电力，持续 1 年，为阿波罗 17 号提供 69 W 的电力，持续 2 年。

　　阿波罗每次任务所携带的仪器各不相同。可选仪器如下：

（1）被动月震实验仪

测量自然月震活动和物体撞击月球的响应。

（2）主动月震实验仪

使用仪器在一定距离测量小型爆炸造成的月震反应。

（3）热流实验仪

测量 2.3 m 深的钻孔中不同深度处的温度。

（4）月面磁力计

三轴磁通门磁力计在长时间内测量三轴磁场分量。

（5）月尘探测器

安装在中央站的一系列光电管，通过测量光照反射来确定月球尘埃的收集。

（6）太阳风光谱仪

7 个传感器排列在仪器周围，测量太阳风的能量和扫过方向。

（7）超热离子探测器和冷阴极离子计

这些仪器用来测量月球表面由太阳风产生的氢和氦离子。

（8）带电粒子月球环境实验仪

测量月球表面太阳风中质子和电子的能量。该实验只在阿波罗 14 号任务中开展过。

（9）月表重力计

通过测量几个地点的重力场来确定月球重力场的变化。该实验只在阿波罗 17 号任务中开展过。

（10）月球喷出物与陨石

设计用于调查撞击月球的陨石及其撞击月球表面的喷射物。该实验只在阿波罗 17 号上开展过。

（11）月球大气成分实验

灵敏质谱仪用于测量月球大气成分。该实验只在阿波罗 17 号上开展过。

图 8 - 27 显示了阿波罗 16 号任务期间一些 ALSEP 项目的部署情况。被动月震实验处于前面，中心站在后面。SNAP - 27 位于中心站的左侧和后面。

图 8 - 27　阿波罗 16 号任务期间 ALSEP 项目部署（NASA 照片，见彩插）

# 参 考 文 献

［1］ Apollo 11 Mission Report，NASA document NASA SP‐238，1971.

［2］ Apollo 17 Mission Report，NASA document JSC‐07904，March 1973.

［3］ Apollo Operations Handbook Lunar Module，NASA document LMA790‐3‐LM，April 1971.

［4］ Bennett Floyd V. Apollo Experience Report‐Mission Planning for Lunar Module Descent and Ascent，NASA Technical Note NASA TN D6846，June 1972.

［5］ Brooks Courtney G，Grimwood James M，Swenson Loyd S. Chariots for Apollo，Dover Publications，Mineola，New Y ork，2009.

［6］ Dietz Reinhold H，Rhoades Donald E，and Davidson Louis J. Apollo Experience Report‐Lunar Module Communications System，NASA Technical Note NASA D‐6974.

［7］ Eyles Don. Tales from the Lunar Module Guidance Computer，Presented at the 27th annual Guidance and control Conference of the american Astronautical Society，February 2004.

［8］ Farkas Andrew J. Apollo Experience Report‐Lunar Module Display and Control subsystem，NASA Technical Note NASA TN D‐6722.

［9］ Hooper John C. Performance Analysis of the Ascent Propulsion system of th Apollo Spacecraft，NASA Technical Note NASA TN D‐7400，December 1973.

［10］ Kurten Pat M. Apollo Experience Report‐Guidance and Control Systems：Lunar Module Aboart Guidance System，NASA Technical Note NASA TN D‐7990.

［11］ LEM Guidance，Navigation，and Control Subsystem Course No. 30315，Grumman Aircraft document，March 1966.

［12］ LM/AGS Operating Manual Flight Program 6，TRW document 11176‐6033‐T000，July 1969.

［13］ Lunar Excursion Module Familiarization Manual，Grumman Document LMA 790‐1，July 1964.

［14］ Lund Thomas J. Radar Velocity Sensors and Altimeters for Lunar and Planetary Landing Vehicles，Presented at Firt Western Space Congress，October 1970.

［15］ NASA Apollo Lunar Module News Reference，Prepared by Grumman Aircraft Corp.，undated.

［16］ Reel L S，Poehls V J. The Apollo Lunar Landing Radar，Presented at Institute of Navigation National Space Meeting，April 1969.

［17］ Rozas Patrick，Cunningham Allen R. Apollo Experience Report‐Lunar Module Landing Radar and Rendezvous Radar，NASA Technical Note NASA TN D‐6849.

［18］ Shelton D Harold. Apollo Experience Report‐Guidance and Control Systems：Lunar Module Stabilization and Control System，NASA Technical Note NASA TN D‐8086.

# 第 9 章　阿波罗乘员个人装备

　　阿波罗计划将乘员的安全舒适置于首要位置，所有装备在设计上都前所未有的可靠。登月计划十分复杂且具有潜在危险性，因而这种安全意识贯穿于航天员服装设计的整个过程。探索月球表面尤为危险，在阳光直射下，月球上物体的温度可达 240 ℉，而在月球阴影面物体的温度可降至−140 ℉。辐射和微流星体也值得关注，因为月球上没有像地球那样的大气层，所以航天服需要实现这种防护功能。

　　当航天员在登月舱内或在月球表面进行出舱活动时，乘员的个人装备需要提供生命保障，保障航天员人身安全。这种既能包裹航天员全身上下，又能提供生命保障的闭环压力服装称为舱外机动装置（即舱外航天服，EMU）。

　　当航天员在舱内时，EMU 与登月舱的环境控制子系统（ECS）相连，从而提供水和氧气；航天员在舱外时，EMU 与便携式生命保障系统（PLSS）相连。

　　图 9-1 为巴兹·奥尔德林在阿波罗 11 号任务期间，身着舱外航天服站在月球表面。

## 9.1　EMU 和 PLSS 的研制背景

　　1962 年 4 月，NASA 发布了研制 PLSS 和 EMU 的征求建议书。1962 年 7 月，联合飞行器公司的汉密尔顿标准分部在设备的开发竞标中胜出。

　　1962 年 10 月 5 日，双方签署了价值为 155 万美元的合同，规定压力服的研制转包给国际橡胶公司（ILC）。国际橡胶公司在当时以生产合身、柔韧的橡胶紧身衣而闻名，商标为 Playtex。

　　ILC 生产的第一套 EMU 样机与指令舱的舱室不兼容，汉密尔顿标准公司以性能不佳为由解除了与 ILC 的合同。NASA 随后对航天服研制进行竞标，ILC 也是投标者之一。在评估投标者的服装设计时，ILC 设计的服装胜出。最后，NASA 直接与 ILC 签订了航天服设计合同。PLSS 由汉密尔顿标准公司负责研制。

　　NASA 负责研制 PLSS 的首席工程师是莫里斯·卡森（Maurice Carson）。哈密尔顿标准公司负责 PLSS 项目的经理是卡尔·贝格斯（Cal Beggs），首席工程师是厄尔·巴尔（Earl Bahl）。伦纳德·谢泼德（Leonard Shepard）是国际橡胶公司负责阿波罗航天服的项目经理，乔治·德尼（George Durney）是高级开发工程师。国际橡胶团队的另一位重要成员是负责缝制的组长埃莉诺·福拉克（Eleanor Foraker）。

图 9-1　巴兹・奥尔德林身着 EMU 站在月球上（NASA 照片，见彩插）

## 9.2　舱外航天服

舱外航天服（EMU）由三部分组成，分别是：
- 液冷服；
- 压力服组件；

• 集成微流星防护服。

阿波罗航天服是为每位航天员量身定做的,组装航天服需要格外注意细节。例如,在制作集成微流星防护服时,需要将 14 层材料缝合在一起。大多数缝纫都是手工完成而非缝纫机,针脚长度需符合严格标准。

### 9.2.1 液冷服

液冷服包含一个细水管网络,使得水流能够在航天服内循环。水流在航天服内流动能吸收人体热量,液体传输回路再将温热的水流转移到外部升华器,升华器中的水流在返回航天服之前冷却。当航天员在舱内时,使用的是登月舱环境控制子系统中的升华器;在舱外时,使用 PLSS 中的升华器。图 9-2 为液冷服示意图。

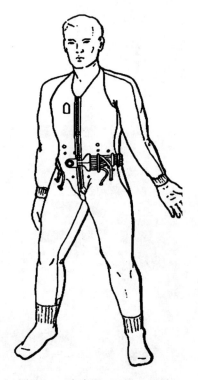

图 9-2 液冷服(NASA 图片)

### 9.2.2 压力服组件

压力服是一种可移动生命保障服装,可在舱内失压时穿。压力服包括一套灵活的躯干四肢套装,可覆盖除头部和手以外的整个身体。外加一顶头盔和一双舱内手套则组成了整套装备。

躯干四肢套装有 4 个氧气接口,2 个用于进氧,2 个用于排氧。该套装还有一个进排水接口和一个电气接口。这些接口与管道以及电缆连接,当航天员在登月舱内时,这些管道和电缆连接到环境控制子系统;当他们在舱外时,这些管道和电缆连接到 PLSS。压力服如图 9-3 所示。

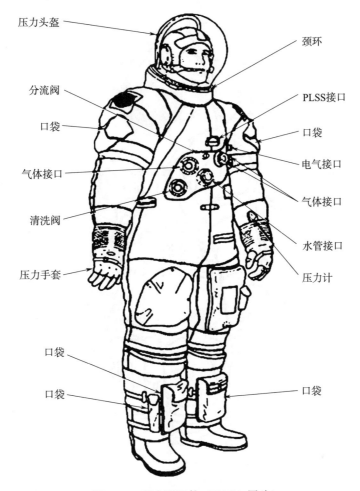

压力头盔

颈环

分流阀

PLSS接口

口袋

口袋

气体接口

电气接口

清洗阀

气体接口

压力手套

水管接口

压力计

口袋

口袋

口袋

图 9-3　压力服组件（NASA 图片）

## 9.2.3　集成微流星防护服

　　集成微流星防护服包裹航天员全身，确保航天员在出登月舱时免受辐射、热传递和微流星体的影响。集成微流星防护服紧贴着躯干四肢，由多层材料制成。防护服最外层具有保护性能，第二层是微流星体屏蔽层，第三层是像热毯一样的镀铝聚酯薄膜，最后是保护性衬衣。

　　图 9-4 所示为一名航天员身着集成微流星防护服进行出舱活动。该图中，航天员身着便携式生命保障系统及其控制装置。

　　舱外手套能抗冷抗热，取代了压力服组件的手套。压力服组件上的头盔配有舱外遮光面窗组件，能发挥更大作用。舱外遮光面窗组件为航天员提供了额外保护，能抵挡太阳眩光、紫外线辐射、空间粒子和太阳热。舱外靴套在压力服靴的外面。这些设备可以保护航天员不受月球表面极端温度的伤害。

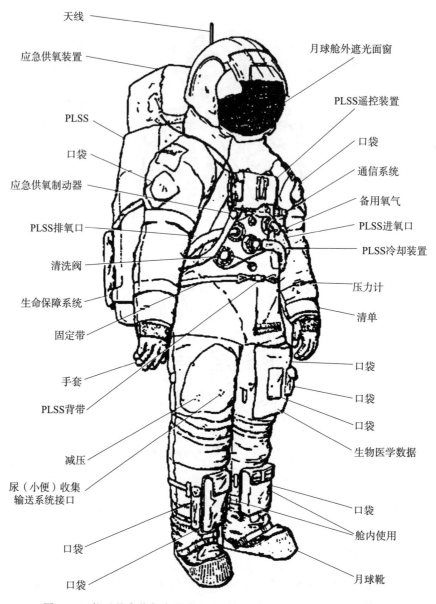

天线

应急供氧装置

PLSS

口袋

应急供氧制动器

PLSS排氧口

清洗阀

生命保障系统

固定带

手套

PLSS背带

减压

尿(小便)收集
输送系统接口

口袋

口袋

月球舱外遮光面窗

PLSS遥控装置

口袋

通信系统

备用氧气

PLSS进氧口

PLSS冷却装置

压力计

清单

口袋

口袋

口袋

生物医学数据

口袋

舱内使用

月球靴

图 9-4  航天员身着集成微流星防护服进行出舱活动(NASA 图片)

## 9.3  便携式生命保障系统

便携式生命保障系统(PLSS)是一套设施齐全、可充电的环境控制系统,它能帮助航天员在登月舱外度过几个小时。该系统由联合飞行器公司的汉密尔顿标准部研制。

PLSS 由 4 条固定带缚在身穿防护服的航天员背上。图 9-5 展示了巴兹·奥尔德林在执行阿波罗 11 号任务中,从"老鹰号"登月舱上下来,身着生命保障系统的场景。照片中,PLSS 背包顶部还有一个小包,里面装着名为氧气净化系统的备用氧气源,小包上贴着美国国旗标志。

图 9-5　巴兹·奥尔德林穿着 PLSS 走下"老鹰号"登月舱（NASA 照片，作者裁剪，见彩插）

PLSS 提供的调节氧气可达 $3.9\ lb/in^2$，用来供航天员呼吸，给航天服通风，并排出压力服循环氧气中的二氧化碳和水分。在风机驱动下，风速约为 $5.5\ ft^3/min$。氢氧化锂过滤罐可去除气流中的二氧化碳。湿气在流经冷凝升华器的过程中被冷凝，冷凝水被收集起来，从而去除空气中的水分。调节器能供给新鲜氧气，来弥补航天服泄漏的氧气以及航天员呼吸时消耗的氧气。

通过水泵，PLSS 以大约 $240\ lb/h$（$28.8\ gal/h$）的速度使冷却水循环通过液冷服。航天员可以控制冷升华器通路的水量，进而控制流经液冷服的水温。

PLSS 的一个重要组成部分是升华器，升华器可以冷却氧气通风回路，降低液冷服的循环水温。升华器包含一个烧结镍多孔板，暴露于真空之中。将水加到多孔板上，会有少量水渗入多孔板的细孔中。升华器外表的水结成冰，然后升华成蒸汽。升华是一种强力的冷却过程，能够冷却升华器的整个结构。一个独立的消耗型水源能为多孔板提供持续水源。

液体传输回路中的水流通过液冷服,在升华器通路中得到冷却。压力服内的氧气流经升华器中的其他通路得以冷却。航天员呼出的和皮肤中排出的湿气被氧气流吸收被冷凝,与升华器相连的水气分离器会收集这些冷凝水。

在早期任务(阿波罗 9 号至 14 号)中,PLSS 在补充水、氧气以及更换电池和氢氧化锂过滤罐之前可以在太空环境中运行 4 h。到了阿波罗 15 号至 17 号,其运行时间可延长至 8 h。后续任务计划包括驾驶登月车在月表行驶,同时延长出舱活动时间。航天员可在登月舱中补充水和氧气。每次进行出舱活动前都会安装新电池和新氢氧化锂过滤罐。

PLSS 的氧气储存在一个直径约 6 in、长约 17 in 的氧气罐内。阿波罗 9 号至 14 号的加注压强为 1 020 psi,阿波罗 15 号至 17 号压强上升为 1 410 psi。升华器的消耗型给水储存在主储水箱内的水袋里,该主储水箱为早期任务储存了 8.5 lb(约 1 gal)的水。阿波罗 15 号到 17 号增加了一个能装 3.3 lb 水的辅助水箱,延长了任务时间。来自氧气通路水气分离器内的冷凝水被压入水箱与供给水袋之间。

航天员的代谢水平平均 1 600 BTU/h,最高 2 000 BTU/h,PLSS 需要适应这种代谢负荷。液体传输回路通过液冷服和升华器使水循环,从而带走热量。PLSS 的右下角有一个三位分流阀,航天员可以选择流经升华器的水量。三个位置标记为最大(MAX)、中间(INT)和最小(MIN)。液体传输回路中的水温范围分别为 45~50 ℉、60~65 ℉ 和 75~80 ℉。航天员通常使用分流阀的最小档,当代谢增加时切到中间档。

PLSS 包含一个甚高频通信系统和一根鞭状天线,用于语音通信和遥测。有了该系统,航天员之间可以进行语音通信,航天员和休斯敦载人航天中心可以通过登月舱 S 频段链路进行通信,该系统还能实现两名航天员的连续遥测。

PLSS 连同遥控装置共重 104 lb。月球重力低于地球,航天员的有效载荷为 17.2 lb。PLSS 高 26 in,宽 20.5 in,深 10.5 in,由 16.4 V 的银锌电池供电。早期任务中,电池容量约为 279 W·h,后期任务提高至约 360 W·h。

## 9.4  遥控装置

PLSS 的遥控装置(RCU)支持航天员启动和监测 PLSS 的关键功能。RCU 装在外罩的胸前。

图 9-6 为遥控装置示意图。大多数控制装置位于上方。RCU 正面有一个相机底座。右侧有一个氧气净化系统的启动装置。

控制器包括风机开关、泵开关、通信模式选择器开关、按键通话开关和通信音量控制器。显示器包括 1 个 PLSS 氧气量计量器和 5 个状态指示器。状态指示器及其功能见表 9-1。

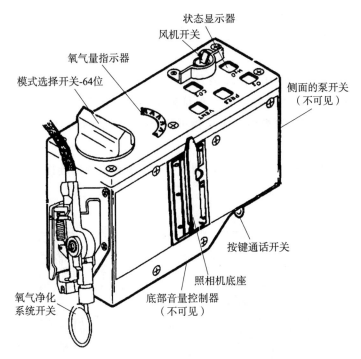

图 9 - 6　PLSS 遥控装置（NASA 图片）

**表 9 - 1　遥控装置状况指示**

| 功能 | 标注 |
| --- | --- |
| 氧气浓度高 | $O_2$ |
| 航天服压力低 | PRES |
| 通风量低 | VENT |
| 供给水压低 | $H_2O$ |
| 二氧化碳浓度高 | $CO_2$ |

若这些功能中的任何一个出现问题，特定警示灯会亮起。

# 9.5　氧气净化系统

出舱活动期间，PLSS 顶部安装了一个应急氧气供应装置，即氧气净化系统（OPS）。在之前展示的巴兹·奥尔德林出舱图片中，OPS 置于航天员背部的小包内。一旦 PLSS 失灵，OPS 可以提供大约 30 min 的氧气。

OPS 包含两个球形罐，每个罐可容纳约 2.1 lb 的可用氧气。两个罐的出口并联连接，并通向截流阀，截流阀由遥控装置上的致动器远程控制。出口软管处的输出量调至 3.7 lb/in²。出口软管连接到压力服组件上的氧气入口。OPS 重 35.1 lb，长 18.4 in，高 10 in，深 8.0 in。

## 9.6 伙伴生命保障系统

"伙伴生命保障系统"是一个特殊装置,能让一名航天员用一台工作的 PLSS 向失灵 PLSS 的冷却回路提供冷却水。这是为了保证航天员在月表 PLSS 失灵时仍能安全返回登月舱。其氧气净化系统能在紧急情况下提供可呼吸的氧气。独立的小包内有一根连接两台 PLSS 的软管。

图 9-7 展示了阿波罗 14 号压力包内两个 PLSS 装置之间的连接图。

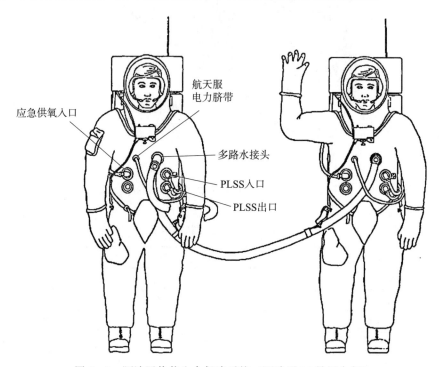

图 9-7　阿波罗伙伴生命保障系统(阿波罗 14 号压力包)

# 参 考 文 献

［1］ Apollo Operations Handbook Lunar Module，NASA document LMA790 - 3 - LM，April 1971.

［2］ Apollo Space Suit，A Historic Mechanical engineering Landmark，American Society of Mechanical Engineers，ILC Dover，Inc.，2013.

［3］ Space Suit Evolution，NASA document，ILC Dover，Inc.，1994.

# 第 10 章　月球车与月球探测

月球车（LRV）形似电动沙滩车，能极大扩展航天员探索月表的能力。图 10-1 是阿波罗 15 号上使用的月球车照片。该照片展示了大卫·斯科特（David Scott）和吉姆·埃尔文（Jim Irwin）第三次也是最后一次乘坐月球车前往哈得利溪时的情景，哈得利溪位于月球亚平宁山脉脚下。

图 10-1　阿波罗 15 号登月时的月球车（NASA 图片，见彩插）

阿波罗最后三次任务将月球车带上了月球。这三项任务和每次任务的登月舱机组人员分别是：阿波罗 15 号——大卫·斯科特和吉姆·埃尔文，阿波罗 16 号——约翰·杨和查理·杜克，阿波罗 17 号——尤金·塞尔南和哈里森·施密特。

## 10.1　月球车研制背景

1964 年，由沃纳·冯·布劳恩领导的马歇尔航天飞行中心（MSFC）开始研究是否能在月球上建立一个名为 MOLAB 的大型移动实验室。事实证明，那个项目在当时过于困难。1969 年 5 月，MSFC 开始研究是否能研制出一种名为月球车（LRV）的装置，供航天员在月表上驾驶。MSFC 负责月球车的项目经理是萨维里奥·莫雷阿（Saverio Morea）。

　　1969 年 7 月，MSFC 发出了研制月球车的建议征求书。1969 年 10 月，波音公司中标。这份价值 1 900 万美元的合同包括研制 4 辆月球车和几辆测试车，同时要求在 1971 年 4 月 1 日前交付第一辆登月车。

　　波音公司的工作由波音公司亚拉巴马州亨茨维尔制造厂的亨利·库迪什（Henry Kudish）负责。底盘在该工厂制造，月球车也在此组装。LRV 工程经理是艾伯特·菲德（Albert Fied）。波音公司将制造传动装置分包给通用汽车公司的德尔科分部，其中包括车轮、发动机和悬架的制造。该工作由德尔科的费伦茨·帕夫里茨（Ferenc Pavlics）牵头。

　　波音公司于 1971 年 3 月向 MSFC 交付了第一架登月车模型，比要求日期提前了两周，该项目的最终成本约 3 800 万美元。

## 10.2　月球车性能

　　月球车负载能力强，性能优越，质量可靠，受到了阿波罗工作人员的称赞。阿波罗 15 号、16 号和 17 号每次任务为期 3 天，每天派月球车巡视一次。波音公司编写的《月球车操作手册》指出，LRV 设计为应用于土壤正常剖面，驾驶时间和停留时间为 3 h，每次出舱时间总共 6 h。驾驶速度从 0～8.7 mile/h 不等，具体速度由乘员决定。LRV 导航系统和控制台显示器在整个 6 h 的行驶中保持通电。高增益天线和电视摄像机功能只能在 LRV 停止时使用。

　　任务期间的实际驾驶时间略短于规定的最长时间。三次阿波罗任务对月球车的性能总结见表 10-1。给出的大部分数据来源于 NASA 技术说明 TND-7469：《月球车导航系统性能综述》（*Lunar Roving Vehicle Navigation System Performance Review*）。其他来源的对应数据略有不同。

表 10-1　月球车在月球上的性能

| 统计 | 阿波罗 15 号 | 阿波罗 16 号 | 阿波罗 17 号 |
| --- | --- | --- | --- |
| 总驾驶时间/（时：分） | 3:00 | 3:19 | 4:29 |
| 总里程/mile | 17.3 | 16.5 | 21.6 |
| 平均速度/（mile/h） | 5.8 | 5.0 | 4.8 |
| 离开登月舱最远距离/mile | 3.1 | 2.8 | 4.7 |
| 单次任务最远距离/mile | 7.8 | 7.0 | 12.6 |
| 岩石样本/lb | 170 | 213 | 249 |

　　月球车离开登月舱的最远距离是有限度的，该限度称为"步行返回限度（walk-back limit）"，指在月球车失灵的情况下航天员可以步行返回的距离。该限度约 6 mile，而便携式生命保障设备会在这种情况下派上用场。《月球车操作手册》给出的速度上限是 8.7 mile/h。塞尔南在阿波罗 17 号任务中创下了 11.2 mile/h 的月表行驶记录。

## 10.3 月球车机械配置

月球车可折叠,能够收纳到登月舱下降段的舱内。铝制底盘由 3 个铰接部分组成。当折叠的月球车通过绳索和滑轮从登月舱的储物舱下放时,装有弹簧的部分迅速就位并锁定。车轮也是可折叠的,当底盘从下降器下降时,车轮卡到位并锁定。

组装完毕后的月球车长 122 in,宽 77 in,高 45 in。轴距 90 in,车轮中心间距为 72 in。月球车重 463 lb,可以在月球上携带 1 080 lb 的有效载荷,在高达 45° 的斜坡上能够保持稳定。图 10-2 为带有标注的月球车示意图。

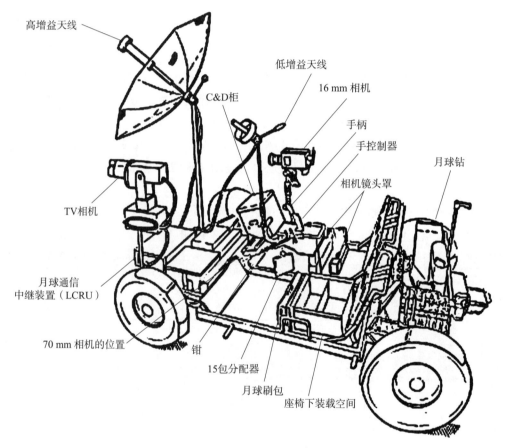

图 10-2  月球车示意图(NASA 图片,由作者裁剪)

车轮直径 32 in,轮胎由钢丝织成。

胎面上有一连串人字形钛片,这些钛片铆接在铁丝网上。图 10-3 展示了月球车车轮上的金属丝网和人字形钛片。月球车实心内轮直径为 25 in,可以在车轮碾过大岩石时起到缓冲作用。

每个车轮都装有一个牵引驱动装置,该装置由一个 0.25 马力的直流电机和一个有效传动比为 80:1 的减速驱动装置组成。每个车轮都有一个机械驱动的鼓式制动器。每个车轮都可以手动与牵引驱动装置断开，这样，若驱动装置出现故障，车轮还可以自由转动。悬架系统包括上下两个三角形支架，每个支架由一个扭杆固定到底盘上。每个车轮上的减振器可以提供减振阻尼。

电动马达由驱动控制电子组件控制。该组件能将操作员发出的速度指令转换成脉宽调制的 36 V 矩形波，并传送给电机。脉冲重复率为 1 500 Hz。

图 10-3　有金属丝网结构和人字形钛片的月球车车轮（NASA 照片，见彩插）

月球车速度提高，则脉宽增加，马达的平均功率增大。若速度较慢，则脉宽较短，平均功率较低。

前轮和后轮可以由小型电动马达独立操纵。当月球车前后转弯时，月球车转弯半径为122 in。也可以选择仅前轮转弯或仅后轮转弯。

图 10-4 是阿波罗 17 号指挥官塞尔南驾驶月球车在金牛座-利特罗高地着陆点的照片。照片中月球车在月表平稳行驶。

图 10-4　塞尔南在金牛座-利特罗高地着陆点驾驶月球车（NASA 照片,见彩插）

## 10.4　供电设备

推动和操纵车辆以及操作电子设备和显示器的电力来自两个银锌电池。每个电池的额定电压为 36 V,电量为 115 A·h。电池不可充电。每块电池的尺寸约为 9.12 in×10.0 in×7.9 in。电池安装在月球车两个前轮之间的平台上,外层是隔热层。

正常情况下,两个电池之间的电力负荷大致相等。电池 1 为母线 A 和母线 B 供电,电池 2 为母线 C 和母线 D 供电。如果一个电池出现故障,所有电荷可由另一块电池承担。显示器和控制台上的仪表可以监控电池电压和电流消耗,显示剩余电量和每块电池的温度。

## 10.5　月球车的控制

图 10-5 所示为月球车控制显示模块和手控器。显示面板上方显示导航信息。下方是发动机和电池的开关和计量。控制显示面板大小为 10 in×12 in。

两名航天员之间的基座上是 T 形手动控制器,他们中任何一人都可以驾驶阿波罗月球车。

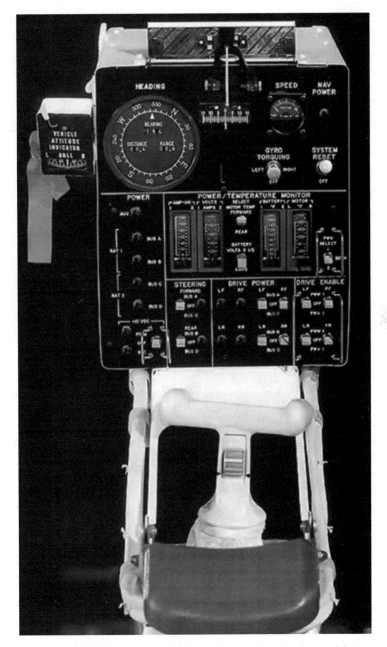

图 10 - 5　月球车控制显示模块和手控器（NASA 图片，见彩插）

　　图 10 - 5 照片前景中的白色 T 形控制器是手动控制器。手柄下方设有扶手。手动控制器与驱动控制电子组件相连。驱动控制电子设备，可以驱动月球车的各项功能。

　　向前推动手动控制器，月球车以与控制器向前位置成比例的速度向前行驶。向左移动控制器，则车辆向左转向，向右移动控制器，则车辆向右转向。向后拉动手动控制器，月球车反向行驶或刹车，取决于控制器杆上的开关位置。向上推开关可以进行反向行驶。手动控制器向后拉时，向下推开关可刹车。控制器一直向后拉时，弹簧锁扣接合，并将制动器锁定在停车位置。

　　控制面板下部的"转向"（STEERING）标签下有两个开关。较高的开关将前轮转向的电源从关闭切换到总线 A 或总线 C。较低的开关将后轮转向的电源从关闭切换到总线 B 或总线 D。

　　在"驱动动力"标签下有 4 个开关，用于控制 4 个车轮的动力。开关标记为 LF、RF、LR 和 RR。LF（左前）和 RF（右前）开关可以从关闭切换到总线 A 或总线 B。LR 和 RR 开关可以从断开切换到总线 B 或总线 D。最后，在"驱动启用"（DRIVE ENABLE）标签下有 4 个开关，允许将每个车轮驱动电路从关闭（OFF）切换到 PMW1 或 PMW 2，其中 PMW 是脉冲宽度调制的缩写。

　　面板上有 4 个垂直的仪表。左边的仪表显示每个电池的剩余安培小时数。显示范围为 −15～120 A·h。旁边的仪表显示每个电池消耗的电压或电流。电表旁边的开关可选择伏特或安培，显示范围为 0～100。开关右侧的仪表显示每个电池的温度，显示范围为 0～180 ℉。最后一个仪表显示 4 个驱动电机的温度。通过电机温度开关选择左前和右前电机的温度或左后和右后电机的温度，显示范围为 200～500 ℉。

## 10.6　月球车导航系统

　　导航系统提供了重要的状态数据，包括返回登月舱的距离和方位、行驶距离和车速。到 LM 的距离和方位读数也可以用于导航到预定位置。

　　导航系统包括一个方向陀螺仪，它最初始设定为显示车辆相对于月球真北的方向。随后，随着车辆的机动，它提供了相对于真北的车辆航向，这对导航至关重要。导航系统监测来自 4 个车轮的里程表脉冲，并使用来自脉冲率位于第 3 高的车轮的信息（速度）来计算行驶的距离。一台小型模拟/数字计算机收集航向和里程表信息，并计算出行驶距离、车速、到 LM 的范围和到 LM 的方位。

　　月球车行进期间的导航需要相对于月球真北方向初步正确设置航向指示器。首先将 LRV 大约停在下行太阳线上，并读取日影装置（SSD）刻度上的指针阴影来完成设置。SSD 是一种简单而有效的工具，可以帮助确定车辆相对于真北的航向。图 10‑6 为控制面板上 SSD 部署的草图。

　　月球车的俯仰和滚动，SSD 刻度上的读数被传送到休斯敦的载人航天中心。控制显示面板左上方盒子里有一个受小摆锤驱动的指示器，可读出俯仰角和滚转角。

　　月球车初始航向根据以下方程式进行计算。载人航天中心的计算机根据航天员读的测量值和从星历中获得的太阳方位角和仰角进行求解。然后，航向指示器的设置值（α）被传回给乘员。

　　航向指示器设置值计算公式如下：

$$\alpha = (太阳方位角 - 180°) - (\pm SSD) + 滚动校正 + 螺距修正$$

其中，SSD 读数为 SSD 上读到的角度；

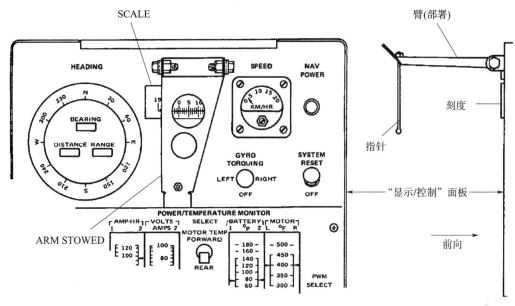

图 10-6　控制面板上 SSD 部署草图（NASA 图片）

滚动校正 $= \gamma(\sin\beta)/0.065$；

$\gamma = 3.36\sin\eta$，$\beta =$ 滚动角度，$\eta$ 是太阳俯仰角；

螺距修正 $= \text{SSD}[1 - 0.88(\eta - 26) + 0.46\sin P]$，$P$ 是螺距角。

　　航天员通过调整控制和显示面板上的右－左陀螺将计算出的航向初始值输入航向指示器。

　　月球车在月球表面行驶时，LRV 计算机通过航位推算法进行导航，期间使用来自里程表的距离脉冲和来自测向仪的航向信息。导航结果为靠近登月舱附近起始点到南北和东西方向的距离。计算机还持续计算返回登月舱的距离和方位。控制面板上的重置按钮允许在每个飞行任务开始时将所有显示重置为零。

　　导航信息显示在控制和显示面板上的航向指示器上。这些信息包括月球车航向、行驶距离、返回登月舱的距离和登月舱的方位。一个单独的仪表显示车辆的速度，从 0～20 km/h。

　　导航数据规定的 $3\sigma$ 精度见表 10-2。

表 10-2　导航数据规定的 $3\sigma$ 精度

| 导航参数 | 精度 |
| --- | --- |
| 相对于北方的方向 | $\pm 6°$ |
| LM 相对方向 | $\pm 6°$ |
| 与 LM 的距离 | 600 m，速度为 5 km/h |
| 行驶距离 | 2% |
| 速度 | $\pm 1.5$ km/h |

## 10.7  月球车出动时与休斯敦的通信

月球车舱内或舱外的航天员与休斯敦载人航天中心(MSC)之间的通信是利用甚高频和S频段链路,通过LRV上的月球通信中继装置(LCRU)实现的。

中继装置子系统包括一个LCRU,一根低增益天线,一根高增益天线。载人航天中心通过载人航天飞行网络(MSFN)实现的通信功能有:

1)航天员的双工语音通过甚高频调幅与LCRU相连,LCRU通过S频段连接到MSFN。飞行管制员的声音从MSFN通过S频段传给LCRU,甚高频AM(调幅)将LCRU传输给航天员。

2)MSFN遥测数据通过S频段传送给MSFN。

3)视频由LCRU通过S频段发送到MSFN。

4)指令数据从MSFN通过S频段传输给LCRU,继而传送到由地面控制的摄像装置。

航天员检查完基础装置后会立即将低增益天线、高增益天线和LCRU安装在月球车上。

### 10.7.1  月球通信中继装置

月球通信中继装置(LCRU)由美国无线电公司建造,是一个长22 in、宽16 in、高6 in的长方形组件,重55 lb。LCRU的控制面板如图10-7所示。

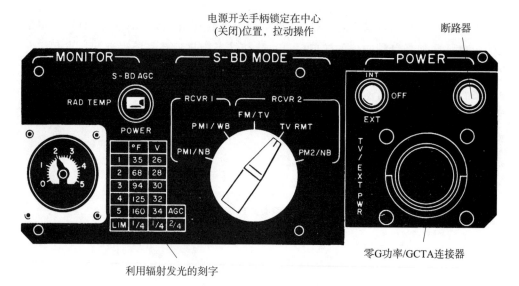

图10-7  LCRU控制面板图示(美国无线电公司/NASA图片)

LCRU安装在月球车前段平台上,这样航天员就可以看到该装置的控制面板,并能同时将高增益天线置于最佳信号位置。LRV停下后,航天员会下车,站在月球表面放置天线。

当控制面板右上方开关置于 S - BD AGC（S 频段自动增益控制）位置时，面板左侧的仪表会给出信号强度。开关处于中间位置时，仪表读取散热器的温度，处于下侧位置时，仪表读取电池电压数。仪表读取的相关温度和电压会显示在仪表右侧的表格上。下文将详述 S 频段模式转换。

中继装置包含甚高频和 S 频段通信设备。甚高频设备包括一个接收发射器和一个伸缩天线。接收器的工作频率为 259.7 MHz。它负责接收来自配有 PLSS 的航天员的调幅语音和 4 个副载波，其 PLSS 装有甚高频通信系统 EVA - 1。甚高频载波通过 FM 调制，将装有 EVA - 2 的 PLSS 内的语音和数据传输到 EVA - 1，这些语音和数据继而与 EVA - 1 中的声音和数据相结合。LCRU 中的甚高频接收器接收两名航天员的语音和数据后，通过 S 频段链路传输到休斯敦。

来自休斯敦的飞行控制人员的语音通过 S 频段链路接收，并由 LCRU 的甚高频发射器调幅后重新发送。发射器工作频率为 296.8 MHz，输出功率为 320 mW。LCRU 发射的信号由两名航天员接收。

LCRU 包含两个 S 频段收发器。1 号收发器由一个工作频率为 2 265.5 MHz 的相位调制发射器和一个相位调制接收器组成。发射器的标称输出功率为 6 W。

1 号收发器的 S 频段接收器接收来自 MSFN 的频率为 2 101.8 MHz 的上行载波，并提取飞行控制器的语音信号。语音信号用来调幅甚高频发射器，继而由两名航天员接收。1 号收发器与低增益天线相连。2 号收发器由一个能进行相位或频率调制的发射器和一个相位调制接收器组成。电视摄像机的视频会通过调频传输。发射器的频率为 2 265.5 MHz，标称输出功率为 8 W。2 号收发器与 LRV 的高增益天线相连。

2 号收发器中的接收器与 1 号收发器中的相同，不同之处是前者可以解码频率为 70 kHz 的副载波，该副载波包含来自 MSC 的控制信号，用于摄像装置。

LCRU 由可更换的银锌型电池供电。该电池标称电流为 3.1 A，直流电压为 29 V。

### 10.7.2　与 LCRU 相关的天线

与 LCRU 相关联的 S 频段天线有两个，分别是低增益天线和高增益天线。当 LRV 移动和停下时，低增益天线用于与休斯敦进行语音和数据交流。低增益天线有一个螺旋馈源和一个杯状反射器。该天线在基准轴上增益为 10 dB，在 60°圆锥装置上增益至少为 6 dB。天线通过将轴杆插入 LRV 的左柄安装。

月球车出舱时，航天员可以改变天线的俯仰角和方位角，使地球保持在天线的宽频带内。

高增益天线一般是被折叠起来送往月球，展开后，该天线是一个有着支撑骨架的网状抛物面。反射器的部署直径为 36 in。高增益天线在基准轴上的增益为 24 dB，在 10°圆锥上的增益为 20.5 dB。天线是通过把桅杆下端装入 LRV 左前侧的插座中进行安装的。电视视频需要通过高增益天线传送回地球。

高增益天线的俯仰角和方位角定位通过带有球接头的定位柄实现。光学瞄准镜有助于将天线波束指向地球。从月球上看,地球正对着一个大约 1.8°的角度。通过观察 LCRU 单元控制面板上的信号强度计进行精细定位,从而获得最佳信号强度。一旦定位后,天线方向通过摩擦锁定在适当位置。月球车停车后,开始定位和使用高增益天线。

### 10.7.3 地面控制的摄像装置

由地面控制的摄像装置(GCTA)包含一个彩色电视摄像机和一个电视控制装置。名字中的"地面指令"反映出:相机可以通过来自地面(地球)的信号实现远程控制和指向。因此,航天员在探索其他区域时,休斯敦的操作人员可以通过平移、倾斜和缩放相机来观察不同的区域。航天员离开月球时,这一装置还用来观察上升段的点火和发射情况。

航天员在月球上检查完基本装置后,会立即将 GCTA 安装在月球车上。附在电视控制装置上的照相机,如图 10-8 所示。GCTA 是由 RCA 公司开发和生产的。

图 10-8  由地面控制的摄像装置(美国无线电公司图片)

该相机使用硅增强靶（SIT）单色显像管与同步帧率的旋转色轮生成彩色视频。该相机使用标准 NTSC 线和帧率。每个字段有 262.5 行扫描，一帧中有两个交错的字段，每帧总共有 525 行。字段刷新频率为 60 MHz。

相机光学变焦比为 6∶1，光圈控制范围为 $f/2.2$ 到 $f/22$。它还具有自动电平控制（ALC）功能，能适应一系列的场景亮度。灵敏度和亮度动态范围为 1～10 000 英尺朗伯，可容纳的场景动态范围为 32∶1。

电视控制装置接收由 MSC 发送的命令，它可将摄像头向右平移 214°，向左平移 134°。可将摄像头向上倾斜 85°，向下倾斜 45°。航天员可将摄像机从电视控制装置中取出。

## 10.8　使用 LRV 的阿波罗 17 号探索任务

阿波罗 17 号是 NASA 阿波罗计划中最后一次登月任务，其任务产出是最多的。航天员创造了出舱时长最长纪录 22 小时 5 分钟，出舱距离最长纪录 21.6 mile。航天员哈里森·施密特是一名地质学家，他仔细挑选了很多岩石标本带回地球。

本次任务的登月点，陶拉斯—利特罗山谷，在澄海的东南部，金牛山脉的西南。图 10-9 是登陆舱在轨道上拍摄的登陆地点。

图 10-9　阿波罗 17 号着陆点（NASA 图片，见彩插）

　　图片中心的那座山就是南山丘，北山丘在它右边的山谷对面。着陆点在卡米洛特火山口右侧约 1 km 处，是图片中心附近的小火山口群上方的一个火山口。

　　阿波罗 17 号的乘员包括指令长尤金·塞尔南（Eugene Cernan）、指令舱驾驶员罗纳德·埃万斯（Ron Evans）和登月舱驾驶员哈里森·"杰克"·施密特（Harrison "Jack" Schmitt）。图 10-10～图 10-12 展示了在指令舱内拍摄的最后一批阿波罗乘员登月的非正式照片，这些照片均拍摄于任务期间。尤金·塞尔南和哈里森·施密特乘坐登月舱下降到月球表面，罗纳德·埃万斯留在驾驶轨道上的指令服务舱里。

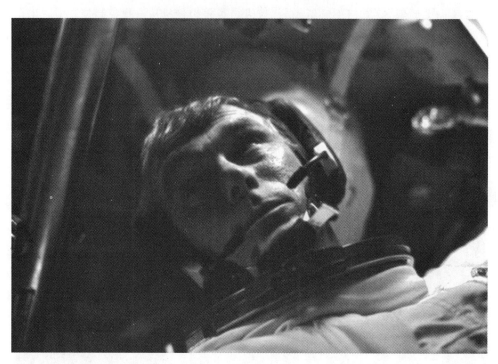

图 10-10　尤金·塞尔南，指令长（见彩插）

　　塞尔南和施密特在月球上停留了 3 天多（75 h）。他们曾 3 次驾驶月球车进行月表探索，每次需一天。在月表探索期间，他们在月球表面进行了 11 项实验。这些实验中有 8 项是首次通过阿波罗 17 号在月球执行的。首次进行的实验有：月震剖面实验、表面重力仪、月球大气构成分析、月球喷出物和陨石、表面电性能、中子探测器和出舱重力仪。

　　月震分析是一项很强大的实验。它包括在地表上以同一种模式部署 4 部地震检波器，然后月球车到达指定地点设置 8 个炸药包。一些炸药包位于距检波器阵列几千米的地方。这些炸药包内置一个天线和接收器，炸药包对从地球上发出的引爆指令做出反应。月震仪将它们收到的信号发送到中央处理器，中央处理器将信号传回地球。

　　航天员离开月球后，这些炸药由来自地球的指令单独引爆。爆炸产生的月震信号使科学家们深入了解了金牛座-利特罗地区的月球结构。在月表附近，月震波传播速度为 250 m/s 左右。在大约 248 m 以下的深度，月震波速度为 1 200 m/s，这表明有熔岩流动。

图 10-11　罗纳德·埃万斯，指令服务舱驾驶员（见彩插）

图 10-12　哈里森·施密特，登月舱驾驶员（见彩插）

　　月球重力仪是一种便携式、由电池供电的重力仪，航天员能用其来测量不同地点的重力。重力仪的大小约为 6 in×6 in×12 in，由月球车携带，放置在月球表面的特点位置。通常由塞尔南操作重力仪，并将重力仪在每个地点显示的读数传送到休斯敦。这些读数显示了不同地点下层岩石的密度。

　　阿波罗 17 号探索过程中最精彩的部分莫过于航天员驾驶月球车（LRV）进行的短途旅程。塞尔南驾驶月球车在登月舱附近漫游的照片如图 10-13 所示。

图 10-13　塞尔南在阿波罗 17 号登月舱附近驾驶 LRV（见彩插）

### 10.8.1　阿波罗 17 号使用 LRV 的月面活动

　　阿波罗 17 号探索月球金牛座-利特罗山脉可不是"在公园里散步"。如图 10-14 所示，哈里森·施密特在考察地面巨石时，地形明显崎岖不平。着陆点地势较为平缓。LRV 在工作过程中共收集月球物质 249 lb。

　　在所有收集到的岩石样本中，其中一块编号为 74255，图 10-15 展示了它的位置。岩石被带回地球后，其样本编号由载人航天中心的月球物质研究实验指定。编号的第一个数字表明是阿波罗 17 号收集的。下面的数字表示该岩石在月球上的位置和岩石大小。

　　图 10-16 为月球物质研究实验拍摄的部分岩石返回地球后的照片，该岩石编号为 74255，14。

图 10-14 哈里森·施密特正在考察月球上的巨石，月球车在前面显眼的位置（NASA 照片，见彩插）

图 10-15 月岩 74255 的位置（NASA 照片，见彩插）

图 10-16 月球物质研究实验中拍摄的 74255,14 号岩石照片(见彩插)

阿波罗 17 号的航天员驾驶月球车在月球出舱 3 次,共 21.6 mile。每一次经过的路径如图 10-17 所示。图中,X 表示登月舱的着陆位置,3 次月面活动分别用 EVA 1、EVA 2 和 EVA 3 表示,EVA 表示出舱活动。EVA 1 共行驶 1.5 mile,EVA 2 行驶 12.6 mile,EVA3 行驶 7.5 mile。其中 EVA 1 大部分时间用来部署和检查 LRV 并组织和开展实验。

路径上圆点附近的数字指航天员停下来勘探的站点。哈里森·施密特考察的那块巨石的照片是之前在 EVA2 的 6 号站点拍摄的。地图左边的多箭头线段表示一处陡峭悬崖。地图上还标注了"卡米洛特"和"莎士比亚"等主要的陨石坑。

LRV 上的摄像装置负责记录阿波罗 17 号离开月球时上升段的发射过程。图 10-18 展示了一幅电视图像截图,显示留在月球上的下降级。这个用于探险的人造装置令人惊叹不已,以此作为本章的结尾和阿波罗传奇的结尾再合适不过。

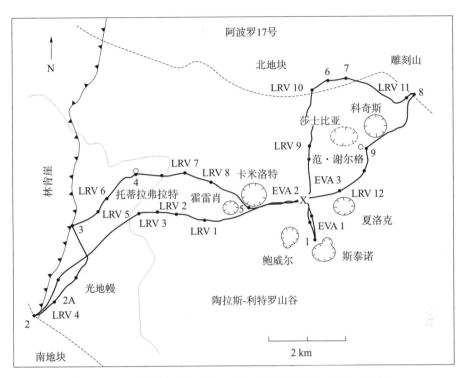

图 10-17　地图显示阿波罗 17 号的月面活动路线（NASA 图片）

图 10-18　阿波罗 17 号登月舱下降级永久留在了月球上（NASA 图片，见彩插）

# 参 考 文 献

［ 1 ］ Apollo 17 Mission Report，NASA document JSC – 07904，March 1973.

［ 2 ］ Lunar Roving Vehicle Operations Handbook，Boeing document LS006 – 002 – 2M，April 1971.

［ 3 ］ Lunar Roving Vehicle Systems Handbook，NASA document FC044，Prepared by Flight Control Division，June 1971.

［ 4 ］ Lunar Roving Vehicle，Boeing Press document，1972.

［ 5 ］ Morea Savero E. The Lunar Roving Vehicle – Historical Perspective，resented at 2nd Conference on Lunar Bases and Space Activities，April 1988.

［ 6 ］ The Navigation System of the Lunar Roving Vehicle，Bellcomm Technical Memorandum，TM – 70 – 2014 – 8，Decembert 1970.

# 第 11 章　俄罗斯运载火箭、硬着陆探测器和飞越探测器

## 11.1　俄罗斯航天探索历程

20 世纪 20 年代和 30 年代初，俄罗斯对航天旅行进行了理论和实践探索。火箭研发百花齐放，一些人尝试发射小型试验性火箭，而正是这些人有朝一日可能成为俄罗斯航天计划的负责人。几篇关于航天飞行的重量级论文陆续发表，到月球和火星的航行正被深入探索。当时对航天旅行颇感兴趣的科学家主要包括米哈伊尔·吉洪拉沃夫（Mikhail Tikhonravov）、康斯坦丁·齐奥尔科夫斯基（Konstantin Tsiolkovsky）、亚历山大·沙吉（Alexander Shargei）、谢尔盖·科罗廖夫（Sergei Korolev）和瓦伦丁·格卢什科（Valentin Glushko）。

这一光明时代随着 1936 年约瑟夫·斯大林总书记发起的残酷大清洗运动而终结。几名技术领导人被逮捕并枪杀。科罗廖夫和其他人被抓进古拉格集中营，格卢什科被软禁在家。第二次世界大战爆发后，古拉格的科学家们被派去设计飞机和军用火箭。

战后，斯大林态度软化，命令科学家们研究军用火箭和弹道导弹。这项工作促使苏联在 1953 年开始研制洲际弹道导弹（ICBM）。同年，斯大林去世，人们开始重新考虑航天飞行计划。使用洲际弹道导弹的基本运载火箭发射地球卫星并不是什么难事。也可以通过增加火箭级数的方法来实现登月。

自 20 世纪 50 年代中期开始，苏联（俄罗斯）开始实施一个强大的航天计划。他们是第一个将人造地球卫星送入轨道的国家（1957 年 10 月发射的斯普特尼克 1 号），也是第一个将人类送入地球轨道的国家（1961 年 4 月，尤里·加加林）。同时，他们也在进行一项雄心勃勃的月球探索计划，此时美国正在实施阿波罗月球探索计划，将漫游者号送入月球。俄罗斯是苏联和航天器发展的中心地带，俄罗斯人的努力在很大程度上推动了航天探索。

俄罗斯无人月球探测项目取得的几次成功令人印象深刻，但同时历经的失败也不胜枚举。不幸的是，载人登月任务要求严格，而彼时硬件设施尚不完善，这导致他们的载人登月计划陷入困境。无人航天器计划包括硬着陆探测器、月球定点区域探测、月球着陆、月球出舱、月球样本采回和月球漫游。

最成功的探月项目莫过于无人月球探测车。探测车的运行表明俄罗斯的航天工程发展状况良好。如果当时项目管理更加有效，苏联政府的指导更加及时且清晰，那么载人项目前景会更加光明。

而苏联所做的只是给脱离地球轨道的航天器命名。大多数失败的发射都对外界和本国

公民保密。因此,外界逐渐形成初步印象,认为苏联航天计划实力巨大,认为苏联开展航天计划是有选择的、有目标的。直到 20 年后,苏联航天计划各种令人困扰的细节才浮出水面。

苏联航天计划的管理和发展由一系列实验设计局组织,被称为 OKB(Opytno Konstruktorskoye Buro)。实验设计一局(OKB-1)为主要设计局,由谢尔盖·科罗廖夫领导。科罗廖夫是航天计划的技术和政治领袖。其他几个在特定领域具有专业知识的设计局给 OKB-1 提供支持。OKB-456 设计局由瓦伦丁·格卢什科领导,负责火箭发动机设计。科罗廖夫和格卢什科两人具有竞争关系,彼此抱有相当大的敌意,这阻碍了航天事业的发展。

OKB-52 设计局是参与早期空间系统构建的设计局之一,由弗拉基米尔·切洛梅(Vladimir Chelomey)领导,他为军队设计弹道导弹;NII AP 由尼古莱·普利因(Nikolai Pilyugin)领导,专门研究制导系统;NII-885 由米哈伊尔·梁赞斯基(Mikhail Ryazansky)领导,致力于发展无线电通信系统。NII 是科学试验研究所(Nauchno-Issledovatel'skly Institut)的首字母缩写。

苏联军队对资助项目施加了巨大压力,他们试图发展洲际弹道导弹(ICBM)来维持苏联的军事力量。1953 年,OKB-1 的谢尔盖·科罗廖夫负责研制第一枚苏联洲际弹道导弹,命名为 R-7。R-7 洲际弹道导弹研发非常成功。1957 年 10 月,地球上的第一颗人造卫星斯普特尼克 1 号由 R-7 导弹发射升空,并进入地球轨道。

## 11.2 探月航天器运载火箭

苏联月球探测器从拜科努尔航天发射场发射。这个古老的发射场最初用于苏联洲际弹道导弹,自 1957 年发射斯普特尼克 1 号以来,一直用于太空探索。如今,航天发射场设施齐全,能够向国际空间站顺利发射飞船。

苏联早期用于月球探测的运载火箭是以军用洲际弹道导弹发射装置为基础的。下面将介绍用于月球探测的运载火箭。就像美国早期研发运载火箭一样,苏联的发射有成功也有失败。

### 11.2.1 月球号 8K72 运载火箭

月球号 8K72 运载火箭发射了前 9 枚月球探测器,其中 3 次取得成功。1958 年,在谢尔盖·科罗廖夫的领导下,OKB-1 开始研发月球号 8K72 运载火箭

月球号 8K72 运载火箭是由 R-7 洲际弹道导弹改进而来,增加了一级。另一个基于 R-7 的运载火箭是将航天员送入太空的东方号。莫斯科展览中心展出的东方 8K72K 运载火箭的照片如图 11-1 所示。外观与月球号 8K72 运载火箭相似。

R-7 有 1 个一级火箭和 4 个捆绑式助推火箭。月球号 8K72 运载火箭基本上使用了与 R-7 相同的芯级和捆绑式助推火箭。月球号 8K72 的第三级安装在靠近火箭顶部的后方。

月球号 8K72 运载火箭三级使用的推进剂都是液氧和煤油。

一级火箭包括 4 个助推器，这 4 个助推器由配备推进剂罐的圆柱形外壳和一个 RD-107 发动机组成，发动机推力为 8.31 万 kg（18.32 万 lb）。RD-107 发动机有 4 个燃烧室，分别给 4 个喷嘴和 2 个较小的姿控发动机供能。姿控发动机是可以操纵的。

助推器外壳直径为 2.68 m，长 19 m。燃烧时间可持续大约 120 s。助推器在推进剂耗尽后丢弃。

图 11-1　苏联东方号火箭（图片由谢尔盖·阿瑟耶夫上传至维基百科，见彩插）

月球号 8K72 的第一级核心火箭直径为 2.99 m,长度为 28 m。它使用的发动机为 RD-108-8D55,在海平面上的推力为 740.7 kN。这台发动机有 4 个燃烧室和 4 个喷口。第一级火箭还带有 4 个可操控的姿控发动机。燃烧时间约为 310 s。核芯级和助推器同时发射。发射时总推力约为 89.93 万 lb。

月球号 8K72 的第二级直径为 2.56 m,长度为 9.31 m。它使用 RD-105 发动机,在真空环境下推力为 628 kN。燃烧时间持续 440 s。

第三级火箭安装在第二级末端格子上,由月球号 8K72 运载。Block E 是火箭第三级,直径为 2.4 m,长 5.2 m,由 RD-105 火箭发动机提供动力,推力为 49.4 kN。

## 11.2.2 闪电号运载火箭

闪电号运载火箭用全新的两个上面级代替第三级,其运载能力强于月球号运载火箭。新的第一级上面级火箭在真空中产生 30 t 推力,燃烧时间为 200 s,其直径为 2.6 m,长 2.8 m。新的第二级上面级火箭在真空中产生 6.7 t 推力,燃烧时间为 192 s,其直径为 2.6 m,长 2.8 m。两级火箭均用液氧和煤油作推进剂。

1963 年 1 月至 1969 年 2 月,闪电号运载火箭共发射 21 个月球探测器。其中,2 个探测器成功在月球软着陆,5 个绕月飞行。其他探测器因不同原因而发射失败。

## 11.2.3 质子-K 运载火箭

为后人所知的质子号运载火箭也称为 UR-500 运载火箭。在弗拉基米尔·切洛梅 (Vladimir Chelomey) 的领导下,OKB-52 设计局设计制造了这款运载火箭,用来将重型军用载荷送入地球轨道。有了 UR-500 运载火箭,在用运载火箭发射月球探测器方面,OKB-52 设计局成为 OKB-1 的竞争对手。

UR-500 运载火箭的第一项任务是把"质子号"科研卫星送入轨道。4 次发射中有 3 次发射成功。运载火箭在发射该卫星之后便命名为"质子号",一直沿用至今。

质子-K 运载火箭可以配置三级或四级运载火箭,第四级由 Block D 上面级组成。Block D 在许多探月任务中充当了太空拖船的作用。1967 年 3 月,配置了 Block D 上面级的质子-K 运载火箭首次发射。

质子-K 运载火箭曾用来发射数个月球探测器以及金星和火星探测器,也曾用来将组件送入俄罗斯"和平号"空间站和国际空间站。在被质子-M 运载火箭取代之前,质子-K 已经进行了 311 次发射。图 11-2 展示的是质子-K 运载火箭携带星辰号服务舱前往国际空间站的照片。

质子-K 运载火箭的第一级包含 6 个助推火箭,均连接在独立燃料箱的末端。连接着火箭发动机的燃料箱将中心氧化剂箱包围其中。氧化剂箱的直径约为 4.1 m,每个燃料箱的直径约为 1.6 m。第一级的总长度为 21.2 m。每个火箭发动机都设计了万向节结构,以便于第一级的转向。

图 11-2　俄罗斯质子-K 运载火箭（NASA 图片，见彩插）

瓦伦丁·格卢什科是 OKB-456 设计局的总负责人,他设计了具有传奇色彩的发动机 RD-253,并用于助推火箭。该发动机在当时十分先进,在海平面上可产生 1 470 kN 的推力。6 个助推器发动机的总推力约为 8 820 kN,燃烧时间约为 120 s,第一级火箭在燃料烧尽后分离。

发动机的燃料是偏二甲基肼(UDMH),氧化剂是四氧化二氮。这种燃料和氧化剂一接触就会被点燃(高热条件)。质子-K 运载火箭的第二级和第三级是由格卢什科设计的,也使用了这种燃料和氧化剂。

第二级包含 4 个火箭发动机,安装在一个万向节结构上,可以在飞行中转向。4 个发动机在真空中的总推力约为 2 400 kN,燃烧时间为 209 s。第二级的直径为 4.14 m,长 17.07 m。第二级燃料烧尽后便和第三级分离。

第三级直径为 4.15 m,长 4.11 m,包含 1 个主发动机和 4 个有万向节结构的调姿发动机。调姿发动机可以实现转向和精准的推力控制。主发动机的推力在真空中为 574 kN,燃烧时间约为 236 s。第三级可以将航天器推入约 200 km 高的地球停泊轨道。第三级还包含一个飞行控制系统,在前三级的发动机燃烧期间控制质子-K 运载火箭。

第四级,也称为 Block D,直径为 4 m,长 5.5 m。其 RD-58M 发动机使用煤油燃料和液氧氧化剂,推力为 85 kN,燃烧时间约为 600 s。该发动机可以多次启动和停止。Block-D 在几次登月任务中充当了太空拖船。

### 11.2.4　N1 运载火箭

N1 是一种大型运载火箭,升空推力为 4 620 t。载人登月项目和探索火星在内的其他航天探索计划由 N1 运载火箭执行。由于资金限制,N1 的开发项目于 1956 年开始,但研发水平不高。直到 1964 年 8 月,苏联领导人批准了一项载人着陆任务,才将 N1 的开发放在优先位置。正如本书第 14 章所叙述的那样,开发 N1 投入了大量的时间和精力,但它从未成功发射。

## 11.3　月球硬着陆任务

月球硬着陆任务由谢尔盖·科罗廖夫领导的 OKB-1 负责,飞行中的硬件也由该局开发。科罗廖夫是苏联重要的航天系统设计师,也是苏联航天项目中受人尊敬的领导者。

硬着陆探测器由月球号运载火箭发射到月球。Block E 第三级将其送入地月转移轨道。图 11-3 展示的是成功的硬着陆探测器模拟图,即月球 2 号探测器。探测器为球形,直径为 0.9 m,重约 390 kg。

硬着陆探测器的任务是在撞击月球之前,收集地球和月球之间夹层空间的科学信息和月球的科学信息。科学测量的对象包括磁场、辐射、宇宙粒子和微流星撞击。此举潜在目的是向世界表明,苏联有技术和能力将有史以来第一个探测器送上月球,并指挥它撞击指定地点。

图 11-3　月球 2 号模拟图（NASA 图片）

1958 年 9 月至 1959 年 9 月间，苏联共 6 次发射硬着陆探测器。其中，只有于 1959 年 9 月发射的月球 2 号探测器成功着陆。于 1959 年 1 月发射的月球 1 号探测器与月球擦肩而过，但在飞越定点时收集到了数据。

前 3 次探测器发射均在发射时或升空后不久失败了。第 1 次发射在 1948 年 9 月，出现高频率振荡问题，导致捆绑式火箭助推器的结构损坏而失败。第 2 次发射在 1958 年 10 月，由于振荡问题而再次失败，运载火箭在发射后不久就发生了爆炸。第 3 次发射在 1958

年 12 月,由于过氧化氢泵齿轮箱的故障而失败。

第 4 次发射在 1959 年 1 月,但与成功失之交臂。探测器并没有到达月球,但传回了大量科学数据。在最后阶段,由于地面指挥的问题,探测器的速度过快,Block E 级燃烧后没有及时分离,结果探测器过早地越过了月球的轨道,与月球相差约 3 726 mile。这次发射被命名为月球 1 号。

第 5 次发射在 1959 年 6 月,由于制导系统失灵而以失败告终。第 6 次发射在 1959 年 9 月,大获成功。成功校准轨道及正确操作之后,探测器成功在月球的"凋沼"地区实现硬着陆。它的传感器和遥测系统直到着陆后才停止运行,并且将科学数据传回地球。这次发射被命名为月球 2 号。

苏联的惯例是只给离开地球轨道的月球航天器命名。因此,只公布了月球 1 号和月球 2 号的发射。

月球 2 号探测器上的仪器包括:

1) 用于测量磁场的磁通门磁强计;

2) 用于测量宇宙粒子的切伦科夫探测器;

3) 微陨石计数器;

4) 用于测量行星际空间等离子体的离子陷阱;

5) 用于测量电离辐射的闪烁计数器;

6) 用于测量电离辐射的盖革计数器。

参考月球 2 号的照片可知,磁强计安装在探测器顶部的细长探头上,以保证磁强计不受探测器干扰。从图片左侧可以看到,两个微陨石计数器其中一个被分成 4 个小矩形装置。探测器表面安装有 4 个离子陷阱。从图片中可以看到微陨石计数器正上方有一个离子陷阱。3 个覆有不同屏蔽材料的盖革计数器被安装在磁强计支撑探头的下端。

科学读数经编码成为遥传信号,并被传回地球。发射器的工作频率为 183.6 MHz,数据被编码为脉冲时间调制。发射器给图片中探测器顶部一侧的 4 根鞭状天线供电。频率为 183.6 MHz 的无线电系统与地面设备一起,用于测量探测器的速度和范围。

由 183.6 MHz 无线电系统遥测到地球的信息也以 19.993 MHz 传输。传输过程使用了由两条钢带形成的"V"形天线,月球探测器与 Block E 分离时,钢带展开。从月球 2 号图片的底部可以看到缠绕的线条。

月球 1 号和月球 2 号探测器的电力来自银锌和氧化汞电池。电池可供探测器运行 40 h,而月球 2 号在撞击前的飞行时间为 33.5 h。

月球 1 号和月球 2 号上的仪器带来了关于月球和行星际空间的重要知识。灵敏的磁强计在月球附近并未测量到磁场。辐射探测器证实,月球周围没有辐射带。检测到微陨石撞击相当于每秒每平方米 0.002 次撞击。离子陷阱检测到了空间中的等离子体流,这种流动现在被称为"太阳风"。

总而言之,苏联向月球发射了 6 个硬着陆探测器,其中 1 个成功着陆。

## 11.4　飞越月球计划

飞越月球计划由谢尔盖·科罗廖夫领导的 OKB - 1 负责。

该计划发射了 3 个探测器，任务是环绕月球并拍摄月球背面的照片。1959 年 10 月至 1960 年 4 月，拜科努尔航天发射场用月球号 8K72 运载火箭进行了 3 次发射。

名为月球 3 号的探测器于 1959 年 10 月第一次成功发射。1960 年 4 月 15 日发射了第二个飞越探测器，这个探测器配备了改进过的照相机。这次任务由于上级发动机过早断开而失败。第三个飞越探测器于 1960 年 4 月 19 日发射，因发射时爆炸而摧毁。

成功发射的月球 3 号探测器被发射到一个轨道上，绕月球环行后返回地球。该探测器在其轨道上拍摄了一系列月球背面的照片。这些照片为胶片拍摄，探测器将其冲洗、扫描，并以电子照片形式传送到地球，这些照片让世界首次看到了月球背面。之后，探测器继续围绕地月系统运行，最终在地球大气层中烧毁。

月球 3 号探测器停置在支架上的照片如图 11 - 4 所示。月球 3 号高约 1.2 m，直径为 0.95 m，重达 278 kg。探测器顶部附近的法兰盘支撑着上下表面的太阳能电池。太阳能电池围绕着探测器圆柱形中间部分和下部带状结构排列。相机就位于图片顶部的圆柱体开口中，用一个 200 mm 焦距的镜头和一个 500 mm 焦距的镜头同时拍摄成对图像。成像介质是特殊的抗辐射 35 mm 胶片，可以拍摄 40 帧图像。

相机镜头固定在探测器上，需要操纵探测器将相机对准月球，通过操纵安装在探测器下部的氮气喷嘴控制姿态，如图 11 - 4 所示。

月球 3 号探测器绕过月球背面时，月球背面正被太阳照射。光电管能够感知到太阳的方向，其信号用来确定探测器的方向，使其一端对准太阳，而持有相机的一端对准月球。

探测器绕过月球背面时，相机端上的光电管感应到明亮的月球并触发拍摄了前两张照片。当时，该探测器位于月球上方 63 500 km，在这个距离上，200 mm 焦距的镜头拍摄了整个月球，而 500 mm 焦距的镜头以更高的分辨率拍摄了一个较小的区域。在接下来的 40 min 里，连续拍下了 29 张照片，最后一张照片是在月球上方 66 700 km 处拍摄的。

曝光后的胶片移到胶片处理机中，进行显影、定影和干燥处理。冲洗过的胶片由地面发出指令，转移到扫描仪上。该扫描仪由产生细小亮点的阴极射线管（CRT）、输片机构和位于胶片反面的光电管组成。胶片框放置在阴极射线管旁，阴极射线管对其进行光栅扫描，一个光栅有 1 000 条刻痕。胶片反面的光电管在扫描胶片时接收到不同的光强度，并产生视频信号。

扫描频率可快可慢，在慢速扫描的情况下，扫描一行刻痕的时间为 1.25 s，而一帧的传输时间约为 30 min，快速扫描的速度明显加快，帧扫描时间为 10 s，帧传输时间为 15 s。慢速扫描的视频信号带宽更窄，因此在地球上接收扫描结果时具有更高的信噪比。

扫描过程中产生的视频信号用来对 183.6 MHz 的发射器进行频率调制。向地面传输

图 11-4　月球 3 号探测器（NASA 照片）

　　图像与扫描同时进行。发射器向由 4 根杆子组成的四极天线供电，在月球 3 号图片的顶部可以看到这些杆子。

　　NASA 戈达德航天中心的威廉姆斯和弗里德兰德为月球 3 号探测器拍摄的照片编写了目录。用 200 mm 焦距镜头拍摄的第一张月球背面图像如图 11-5 所示。

　　该图像噪点较多，可能是因为传输到地球上的信噪比较低。月球背面的照片显示，月球背面的地势比正面的更崎岖，只有几个月海，在图像中显示为黑色区域。还用 500 mm焦距镜头拍摄了特写照片，这些照片的噪点相当多，这里不做展示。

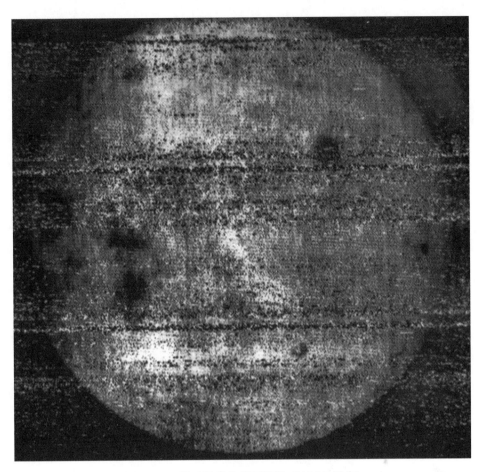

图 11 - 5 第一张月球背面图像（NASA 图片）

俄罗斯的飞越探测器让世界第一次看到月球背面，这是在地球上从未见过的景色。尽管发射的 3 个探测器中只有 1 个成功，但该计划还是开启了人类绕月飞行的征程。月球 3 号探测器传回的照片对于揭开月球未知特征非常重要。

# 参 考 文 献

［1］ Embry - Riddle Aeronautical University course "Russian Space Operations and Technology."

［2］ Hardesty Von，Eisman. Gene Epic Rivalry - The Inside Story of the Soviet and American.

［3］ Space Race. National Geographic，Washington，DC，2007.

［4］ Harvey Brian. Soviet and Russian Lunar Exploration，Praxis Publishing，Chichester，UK，2007.

［5］ Kruse Richard. R - 7 Family of Rockets / Proton (UR - 500) Family of rockets，http：// historicspacecraft. com/Rockets _ Russian. html.

［6］ Siddqi Asif A. Deep Space Chronicle，NASA Report NASA SP 2002 - 4524.

［7］ Zak Anatoly. Vostok Launch Vehicle，russianspaceweb. com.

# 第 12 章 俄罗斯的软着陆探测器、轨道飞行器以及探测器

苏联（俄罗斯）在用硬着陆探测器和飞越探测器进行探索之后，向月球发射了一系列软着陆航天器。其中，有的航天器在月球上着陆并拍照勘察；有的成功登陆，收集月球土壤样本，且将其送回地球；也有的绕月球轨道飞行。月球探测车也在月球上软着陆。在地面控制中心的驱动下，这些航天器在月球表面长时间行驶，并进行复杂的科学实验。

## 12.1 登月任务

共有 13 个航天器发射到月球，其任务是软着陆并在着陆点拍摄照片。其中 2 个航天器成功软着陆，2 个未成功着陆月球，3 个撞击月球，而另一个航天器并没有离开地球轨道。这些航天器由闪电号运载火箭运载，从拜科努尔航天发射场发射。表 12-1 列出了 13 个登月航天器的飞行概况。

表 12-1 俄罗斯登月航天器发射概况

| 发射时间 | 任务名 | 结果 |
|---|---|---|
| 1963 年 1 月 | — | 电力耗尽,航天器停留在地球轨道 |
| 1963 年 2 月 | — | 姿态控制系统失灵,航天器未到达地球轨道 |
| 1963 年 4 月 | 月球 4 号 | 姿态控制系统失灵,中段修正失败,航天器与月球擦肩而过 |
| 1964 年 3 月 | — | 第三级过早分离,航天器未到达地球轨道 |
| 1964 年 4 月 | — | 第三级过早分离,航天器未到达地球轨道 |
| 1965 年 4 月 | — | 上面级发射失败,导致航天器滞留地球轨道 |
| 1965 年 4 月 | — | 第三级发射失败,航天器未到达地球轨道 |
| 1965 年 5 月 | 月球 5 号 | 由于人为失误导致陀螺仪失灵,航天器在月球坠毁 |
| 1965 年 6 月 | 月球 6 号 | 制动火箭在中段修正后未关闭,导致航天器未到达月球 |
| 1965 年 10 月 | 月球 7 号 | 着陆途中姿态控制系统失灵,航天器坠毁于月球 |
| 1965 年 11 月 | 月球 8 号 | 着陆途中安全气囊破碎,航天器坠毁于月球 |
| 1966 年 1 月 | 月球 9 号 | 成功着陆并拍摄照片 |
| 1966 年 12 月 | 月球 13 号 | 成功着陆并拍摄照片 |

OKB-1 的俄罗斯工程师和管理者毅力非凡,连续 11 次的失败足以考验人的意志。

第 12 次发射在 1966 年 1 月,终于大获成功!此次发射的航天器被命名为月球 9 号探测器。第 13 次也是最后一次发射是在 1966 年 12 月,也大获成功,此次发射的航天器被命名为月球 13 号探测器。

成功发射的月球 9 号探测器的复制品的照片如图 12-1 所示。从照片上可看到月球 9 号探测器的复制品连接在 E-6 主舱上。该探测器在法国巴黎的航空航天博物馆展出。

图 12-1　月球 9 号探测器的复制品（图片由派恩发布在维基百科网上，见彩插）

月球 9 号和月球 13 号探测器发射成功，并在月球的风暴洋地区着陆。月球 9 号探测器降落在月球坐标系中的北纬 7.08°、西经 64.37°，月球 13 号探测器降落在北纬 18.87°、西经 62.06°。两个探测器都在其着陆区周围进行了录像调查。月球 9 号探测器传回了有史以来第一张月球表面照片。

月球 9 号和月球 13 号系列探测器由两部分组成，即 E-6 主舱和一个着陆舱。从月球 9 号的照片中，可以看到着陆舱安装在飞船顶部的球形结构中。主舱将着陆舱载到略高于月球表面的位置，主舱下方的探测器接触到月球表面时，着陆舱弹出。球形着陆舱在月球上降落，弹跳几下，摆正位置，并伸出踏板稳定之后进行电视录像调查。

图 12-2 所示为着陆舱的艺术家绘图。着陆舱在月表停置时，用于稳定着陆舱的踏板会延长。

图 12-2　月球 9 号着陆舱踏板展开的画像（NASA 图片）

## 12.1.1　着陆顺序

月球 9 号探测器接近月球时，调整了方向，将制动火箭指向月球的垂直方向，准备进行制动燃烧。主舱上的雷达高度计在大约 77 km 的高度上做了一个标记，用于发射制动火箭,为保护着陆舱的气囊充气,并抛弃不会再使用的设备,包括雷达高度计。

发射制动火箭时,探测器的速度约为 2.6 km/s。下降过程中的探测器速度是通过对最后已知速度的加速度进行积分计算出来的。当速度下降到一个预设值时,制动火箭关闭,这发生在大约 250 m 的高空。4 个游标发动机在探测器下降时继续施加推力。延伸到主舱下方 5 m 的接触探测器接触到月球表面时,游标发动机关闭,着陆舱弹出。

着陆舱在安全气囊的保护下,以大约 22 km/h 的速度撞向地面,弹跳几下后停了下来。安全气囊气体放出,着陆舱以较重的踏板面朝下的状态保持静止。踏板打开以稳定着陆舱,将天线展开,准备好拍照。

## 12.1.2　月球 9 号探测器总述

整个月球 9 号探测器,包括 E-6 主舱和着陆舱,共长 2.7 m,重 1 538 kg。着陆舱呈球形,直径为 0.58 m,重达 99 kg。主舱上配置有 1 个制动火箭、4 个游标发动机、燃料和氧化剂罐,以及包括雷达高度计在内的制导和导航系统。

制动火箭使用胺燃料和硝酸氧化剂,二者结合燃烧。制动火箭产生了 45.5 kN 的推力,可以关闭也可以重新启动。主舱加压圆柱段位于着陆舱正下方,其中包含通信设备、控制和导航系统组件以及电池。

球形着陆舱中配备了通信设备、天线、摄像系统、辐射传感器和电池。着陆舱的踏板打开时,天线便自动展开,有末端系重物的绳索连接到探针天线的末端。这些都是用来给相机图像提供月球垂直度参考的。

该相机用一个扫描镜通过物镜来反射图像,物镜上覆着带针孔的膜片。针孔中的图像,代表了月球表面的一个扫描点,应用于光电倍增管。物镜聚焦在超焦距处,从大约 1.5 m 到无限远的距离拍摄的图像锐度都是可以接受的。顺便说一句,"傻瓜相机"就是在超焦距处聚焦的。

扫描镜装置在着陆舱顶部的圆柱形物体中,在夹角 29°的位置快速向上扫描。唐·米切尔(Don Mitchell)在对苏联太空相机的处理中指出,在 360°的全景扫描中,扫描到 6 000 条垂直线。扫描镜在水平面内旋转了一个像素的宽度,每一次垂直扫描都是如此。

对 29°方向进行 360°全景扫描大约需要 100 min,相当于每秒钟进行一次垂直扫描。基于 360°全景扫描的 6 000 条垂直线的水平分辨率是 0.06°。米切尔报告说,模拟视频信号为 250 Hz,对应 500 像素,那么垂直分辨率便是 0.058°。

这些图像传送到地球上,用的是地球上使用的标准传真编码,通过电线或无线电发送图片。月球 9 号探测器传输的图像被英国卓瑞尔河岸天文台的大型天线接收,天文台的工程师发现,传输图像用的是标准的传真格式。工程师从《每日快报》报社借了传真机,并下载了这些图像。《每日快报》早在苏联获得这些照片之前就将其发表,这让苏联领导人和科学家感到沮丧。

在月球上用相机拍摄的第一张月球景观照如图 12-3 所示。这张照片是在 1966 年 2 月 3 日探测器着陆后不久拍摄的。照片中地平线的倾斜表明,着陆舱降落时,与垂直方向的夹角约 15°。第一张照片中，从前景的岩石投下的长阴影可以看出，太阳角度很低。

2 月 4 日，探测器拍摄了完整的 360°全景照片，2 月 5 日拍摄了另一张全景照片，2 月 6 日再次拍摄。月亮 9 号探测器测量出，每天的辐射量约为 30 mrad。2 月 6 日晚，探测器电池耗尽，通信也随之结束。

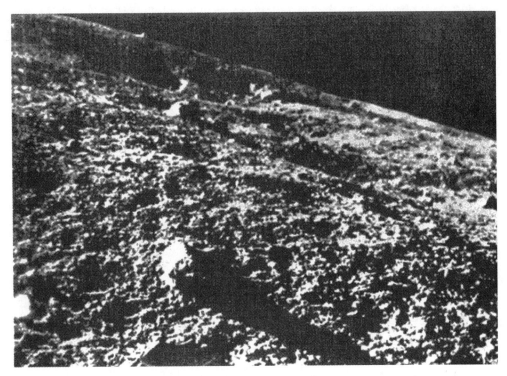

图 12-3　月球 9 号拍摄的第一张月球表面照片（NASA 图片）

### 12.1.3　月球 13 号探测器总述

月球 13 号于 1966 年 12 月 21 日发射，于 12 月 24 日在月球上软着陆。

月球 13 号的着陆舱与月球 9 号的着陆舱相似，只是多配置了第二台照相机以获得立体图像，并且携带了新增的科学实验设备。月球 13 号着陆舱的重量为 150 kg，比月亮 9 号的着陆舱重约 51 kg。

这些相机装置在探测器顶部的两个圆柱体物体中。着陆舱有两个可展开的吊杆，长 1.5 m。一根吊杆的末端安装了土壤贯入仪，另一根吊杆上安装了反向散射辐射密度计。

贯入仪由一个圆柱体夹具组成，该夹具容纳了一个直径约为 3.5 cm 的轴、一个圆锥形的尖端以及一个小型炸药包。点燃后的炸药给轴 5~7 kg 的推力，持续 0.6~1.0 s。测量轴在月球土壤中的穿透深度，并用于评估土壤的力学性能。

辐射密度计组件包括 1 个铯-137 的伽马射线源和 3 个辐射探测器，辐射探测器测量了月球表面的反向散射伽马射线，这种反向散射的数据传输到地球上，用来评估土壤的成分。

位于着陆舱内的三轴加速表组件测量了着陆时的减速率。这些读数与贯入仪数据被用来确定月球表面的力学性能。

月球 13 号探测器的实验器材还包括一个红外辐射计,该仪器在着陆舱上有 4 个辐射计传感器,以测量月球表面的热传导情况。舱内还有一个辐射探测器,安装在舱顶附近。

因月球 13 号探测器上的一台相机发生故障,所以没有获得立体图片。但另一台相机拍摄到了较好的图片。在不同的太阳角度下,共拍摄了 5 张着陆区周围月球表面的全景图。

在那个开创性的年代,航天器在月球上软着陆是很困难的,苏联发射的 13 个航天器中只有 2 个成功软着陆。该项目返回了有史以来第一张从月球表面拍摄的照片,并发回了有关月球土壤特性的信息。

## 12.2　月球轨道航天器任务

月球轨道器计划由俄罗斯 OKB-1 发起,随后在 1965 年移交给拉沃契金设计局。

1966 年 3 月至 1968 年 4 月,苏联发射了 5 个航天器,任务都是绕月飞行,其中 4 个成功完成任务,它们分别被命名为月球 10 号、月球 11 号、月球 12 号和月球 14 号。这 4 个航天器均在拜科努尔航天发射场由闪电号运载火箭发射。

用于月球 11 号、月球 12 号和月球 14 号的航天器基本相同,由一个单一的轨道飞行器组成。月球 10 号则不同,它用类似于月球 9 号和月球 13 号的主舱进入月球轨道,然后将一个巨大的仪器舱弹射到轨道上。

### 12.2.1　月球 10 号探测器

月球 10 号探测器由一个主舱和一个仪器舱组成,如图 12-4 所示。

仪器舱放置在主舱的光滑圆柱体之上,该仪器舱大致呈圆柱形,直径为 0.75 m,长度为 1.5 m,重 245 kg。仪器舱内有 7 种科学仪器:伽马射线光谱仪、三轴磁强计、微陨石探测器、检测电离辐射的气体放电式计数器、X 射线探测器、测量月球红外辐射的传感器,以及带电粒子探测器。还配备有用于实验和通信系统的电池,没有配备相机。

月球 10 号于 1966 年 4 月 3 日进入月球轨道,仪器舱在进入月球轨道后不久就与主舱分离。月球轨道的周长为 349 km,远月点为 1 015 km,与赤道的倾角为 71.9°。月球 10 号仪器舱运行了 56 天,在电池耗尽前完成了 460 次绕月飞行,探测器共完成了 219 次传输,将科学信息传送给地球。

传送到地球的数据证明,月球没有磁场,也没有大气层。测量出的宇宙辐射数据表明,每秒每平方厘米有 5 个粒子。月球表面的伽马射线光谱仪的测量结果表明月表存在玄武岩成分。追踪月球轨道上探测器后,有一个重要发现,月球上的质量瘤区域导致月球引力场发生了变化。

图 12-4　月球 10 号轨道飞行器停置在支架上（来自 NASA 数据库）

## 12.2.2　月球 11 号、月球 12 号和月球 14 号探测器

月球 11 号、12 号和 14 号探测器基本相同。探测器的图片如图 12-5 所示。探测器的下部为 E-6 主舱。用于科学任务的设备配备在探测器的锥形部分，位于主舱上方。

月球 11 号于 1966 年 8 月 24 日发射，于 1966 年 8 月 28 日进入 160 km×1 200 km（经查证，应为 163.5 km×1 193.6 km）、倾角 27°的绕月轨道。到 1966 年 10 月 1 日电池耗尽时，月球 11 号已绕月球飞行 277 圈，向地面传输了 137 次数据。该探测器装备了一套与月球 10 号类似的设备，用于测量月球的伽马射线和 X 射线暴露情况、微陨石流和太阳带电粒子。该探测器装备了 2 台相机，但由于航天器姿态控制系统的问题，没有传回可用的照片。

月球12号于1966年10月22日发射,于10月25日进入100 km×1 740 km、倾角10°的绕月轨道。到1967年1月19日电量耗尽时,月球12号已经绕月球602圈,并向地球传输了302次数据。探测器上的科学测量设备与月球10号装备的设备相似。

月球12号探测器装备了2台相机,一台是500 mm焦距的镜头,另一台是200 mm焦距的镜头,各传回了40张照片。照片是用25.4 mm宽的胶片拍摄的。胶片经过显影和干燥处理,然后扫描以产生模拟视频信号,可以以每张照片1 100行或550行进行扫描。

图12-5 月球11号轨道飞行器(NASA图片)

1—姿态控制供气管;2—成像系统;3—热控制系统散热器;4—热红外辐射仪;5—仪表舱;6—电池;

7—姿态控制系统传感器;8—天线;9—姿态控制系统电子设备;10—调姿发动机;11—制动火箭外壳

月球14号于1968年4月7日发射,于4月10日进入270 km×160 km(经查,应为160 km×870 km)、倾角42°的绕月轨道。月球14号装备的仪器和相机与月球12号上的类似。与探测器的通信一直持续到1968年7月4日。

轨道器拍摄的照片中只有少数几张已经发表。一些图片显示了月表的详细状况。探测器8号(Zond-8)后来拍摄的照片质量更好。

## 12.3　月球样本返回任务

俄罗斯开发了一系列独特的探测器，探测器在月表着陆后收集土壤样本并将样本运回地球。这些探测器由 OKB 拉沃奇金开发和管理。

在 1969 年 6 月至 1976 年 8 月期间，共发射了 10 个采样航天器。其中 3 个航天器成功地将月球样本送回了地球。成功的航天器分别为月球 16 号探测器、月球 20 号探测器和月球 24 号探测器。所有的发射都是由质子-8K82K 运载火箭完成。

采样航天器的发射摘要见表 12-2。

表 12-2　采样航天器的发射摘要

| 发射日期 | 名称 | 结果 |
| --- | --- | --- |
| 1969 年 6 月 | — | 电气故障阻止了 Block D 的点火，没有到达地球轨道 |
| 1969 年 7 月 | 月球 15 号 | 在登月过程中坠毁 |
| 1969 年 9 月 | | Block D 发生故障，航天器在地球轨道上搁浅 |
| 1970 年 2 月 | | 质子 K 号第二级在到达地球轨道前关闭 |
| 1970 年 9 月 | 月球 16 号 | 任务成功，106 g 土壤返回地球 |
| 1971 年 9 月 | 月球 18 号 | 燃料耗尽，着陆时坠毁 |
| 1972 年 2 月 | 月球 20 号 | 任务成功，50 g 土壤返回地球 |
| 1975 年 10 月 | — | Block D 失败，航天器未到达地球轨道 |
| 1975 年 11 月 | 月球 23 号 | 着陆时倾覆 |
| 1976 年 8 月 | 月球 24 号 | 任务成功，170 g 土壤返回地球 |

在 1969 年 7 月发射阿波罗 11 号的 3 天前，苏联发射了月球 15 号。这是苏联想赶在阿波罗 11 号送回月球土壤样本之前的一次尝试。月球 15 号探测器的信号在离轨燃烧开始后 4 min 停止，据推测该探测器已经在月球上坠毁。

月球 23 号探测器一落地便倾倒。美国月球勘测轨道飞行器 2012 年发布的高分辨率图像显示，月球 23 号探测器侧卧在月面上。

图 12-6 为月球 16 号探测器的示意图。航天器由下降段和上升段组成。上升器从下降器发射并携带月壤样本向地球行进。整个探测器高约 4 m，重 5 750 kg。

上升段由位于图中的水平圆柱体上方的结构组成。包括图中所示的球形油箱。上升器顶部的球形结构，是用来装载月壤样本的返回舱。返回舱直径 50 cm，重约 39 kg。上升器的总重量为 520 kg。上升器由一台 KRD-61 火箭发动机推动，产生 1.9 t 的推力。

下降段装有推进剂罐，并附着陆支架。下降器包含一台 11D417 火箭发动机，用于使航天器减速脱离月球轨道，并在下降到月球表面期间降低其速度。该发动机可在 750～1 929 kg 的推力范围内调节。

图 12-6 月球 16 号航天器（NASA 图片）

下降器上还装有辐射传感器、温度传感器、着陆雷达和通信设备。图 12-6 中没有显示 4 个大的圆柱形推进剂罐，这些推进剂罐连接在下降段，但在着陆前被丢弃。这些罐中的推进剂曾被用来建立绕月轨道并修改轨道。

在月球上软着陆后，下降段上的钻头穿透月球表面，获取岩心样本。图 12-6 中左侧的附件即钻头。采集岩心样本后，机械臂向上转动，将样本放置在返回舱内。然后，返回舱被密封，以保存样本。图 12-7 是莫斯科航天博物馆展出的月球 16 号探测器模型的照片。

### 12.3.1 月球样本返回操作

月球 16 号探测器于 1970 年 9 月 17 日进入月球上方 111 km 的近圆形轨道。为了观测月球重力的变化，积累了几天的轨道特性数据。9 月 20 日，下降发动机点火，进入近月点约 15 km 的椭圆轨道。发动机再次点火，开始下降到表面，并继续点火，以减缓航天器着陆时产生的冲击。

在下降过程中，着陆雷达向控制系统提供高度和高度变化率数据。下降发动机在 20 m 的高度被切断，调姿发动机控制飞船下降到离地面 2 m 左右时被切断，飞船自由落体到地面。当调姿发动机被切断时，速度已经减慢到大约 2.4 m/s。

月球 16 号探测器于 1970 年 9 月 20 日降落在"丰富海"（丰饶之海）。在月球坐标系中，着陆点位于南纬 0.518°、东经 56.364°。

着陆后不久，探测器将钻头组件部署到月球表面。在钻了大约 35 mm 时，钻头击中了一些硬物，导致无法进一步钻。接着收回带有岩心样本的钻具组件，以将样本放入返回舱中，并密封该舱。

图 12 - 7　莫斯科航天博物馆中的月球 16 号探测器模型（图片由别姆波夫发布于维基百科，见彩插）

上升段于 1970 年 9 月 21 日从下降段向地球发射。返回舱包含一个隔热屏，用于进入大气层。在太空舱被隔热罩减速后，降落伞被打开，以进一步减缓太空舱的速度，以便着陆保护。9 月 24 日，返回舱完好无损地返回地球。月球表面的岩心样本重 105 g。岩心样本的主要成分为玄武岩。

### 12.3.2　月球 20 号探测器

月球 20 号探测器的结构与月球 16 号相同。月球 20 号探测器于 1972 年 2 月 14 日从拜科努尔航天发射场发射，并于 1972 年 2 月 21 日在月球的阿波罗尼奥斯高地软着陆。在月球坐标系下，着陆地点位于北纬 3.786°、东经 56.624° 的两座山峰之间的高原上。

钻头于着陆后不久展开。一台电视摄像机监视着钻探作业，并将钻探过程的画面传送到地球上。钻头一直钻到地表下 25 cm。2 月 21 日，将岩心样本存放在返回舱中。

上升段于 1972 年 2 月 22 日从月球发射,返回舱于 2 月 25 日返回地球。岩心样本包含 30 g 月壤。月壤主要成分为斜长岩。在所有月球样本中,该样本中氧化铝和氧化钙的比例最大。此外样本中还含有少量纯铁。

### 12.3.3 月球 24 号探测器

月球 24 号探测器与月球 16 号探测器类似,但它携带了一个新的钻机组件,带有一个新的展开臂,新的钻机能够获得深入月球土壤 2.5 m 的岩心样本。该钻机既能进行旋转钻进作业,又能进行冲击贯入作业,在钻孔时能够很好地保护地层。

该钻机于 8 月 18 日部署,钻入月球表面 2.25 m。岩心样本通过中空钻头中的 8 mm 直径通道,并转移到直径为 12 mm 的挠性管中,该挠性管可以保持分层。用岩心夹持器将该管卷成扁平螺旋状。钻探完成后,岩心夹持器被转移到上升段的返回舱。

8 月 19 日,上升段从月球发射升空。返回舱返回地球,并于 1976 年 8 月 22 日回收。岩心样本中有 170 g 物质,其成分主要是不同类型的玄武岩。

1976 年月球 24 号返回舱返回,标志着俄罗斯早期月球探测计划的结束。这个探测计划取得了许多第一,并深化了人们对月球的认识。但某种程度上,俄罗斯的努力在美国极为成功的阿波罗计划面前黯然失色。

按时间顺序,月球 24 号任务发生在上一次样本返回任务和月球车计划完成后的 4 年。接下来将介绍取得巨大成功的月球车计划。

## 12.4 月球车探月

苏联(俄罗斯)有雄心勃勃的载人登月计划,月球车的计划和设计是为了检查选定的地点,为载人着陆做准备。在俄语中,月球车这个名字被翻译为月球行走者。

月球车的大获成功证明了俄罗斯的航天工程非常优秀。该探测器由地面驱动,在月表活动期间进行了复杂的科学实验。

图 12-8 所示为莫斯科航天博物馆展出的月球车 1 号模型的照片。盖子打开,可以看到盖子内侧的太阳能电池。图 12-9 显示了盖子关闭时的视图。

月球车的开发始于 1963 年,由实验设计局 OKB-1 负责。月球车本身的设计被分包给 VNII Transmash 公司,该公司曾在第二次世界大战中为苏联军队设计和制造坦克。1965 年,该项目从 OKB-1 转移到 OKB 拉沃奇金设计局,以使 OKB-1 专注于载人登月计划。

月球车及其运载车由质子-8K82K/ Block D 运载火箭从拜科努尔航天发射场发射到月球。1969 年 2 月第一次发射失败,质子号爆炸。1970 年 11 月,搭载月球车 1 号的月球 17 号探测器成功发射,1973 年 1 月,搭载月球车 2 号的月球 21 号探测器成功发射。

图 12-8　莫斯科博物馆收藏的月球车 1 号模型（图片由彼得·莫罗斯维克发布于维基百科，见彩插）

图 12-9　关闭盖子的月球车 1 号（NASA 图片）

月球车由一艘在月球上软着陆的被称为"公交车"的航天器载到月球。"公交车"航天器的结构以及使用的零部件都与将采样航天器送往月球的航天器相似或相同。载有月球车的"公交车"航天器被送入绕月轨道,然后减速脱离轨道,受控在月球上软着陆。图 12 - 10 展示了位于"公交车"顶部的月球车 1 号航天器。

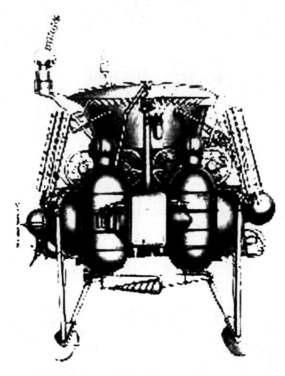

图 12 - 10　搭载月球车 1 号的"公交车"航天器(NASA 图片)

着陆后,从航天器上展开坡道,使月球车能够行驶到月球表面。坡道在图中处于向上折叠的位置。火星车的前后两侧都设有坡道,以防一侧的岩石或陨石坑阻碍出口。

月球 17 号探测器于 1970 年 11 月 15 日进入月球轨道。11 月 17 日,航天器启动火箭引擎,在雨海软着陆。在月球坐标系中,着陆点位于北纬 38.17°、西经 35.0°。

月球 21 号探测器于 1973 年 1 月 12 日进入月球轨道。1 月 15 日,探测器在勒芒尼尔陨石坑软着陆。这是个古老的火山口,有一边倒塌的火山壁充满了从静海延伸进来的熔岩。在月球坐标系中,着陆点位于北纬 25.999°、东经 30.408°。

## 12.5　月球车 1 号

月球车 1 号的主要结构是盆状的仪器舱。此舱有一个圆形的顶部,直径为 2.15 m。隔室的顶部由气密盖密封,该气密盖为隔室热控制的一部分。内盖上还附有一个可打开和关闭的活动盖。

仪表舱的结构是由一种坚固、重量轻的镁合金制成的。月球车 1 号到仪器舱顶部的高度约为 1.3 m，重 756 kg。

一个活动盖安装在舱的顶部。盖子的底部装满了太阳能电池。当盖子打开并大致朝向太阳时，产生充足的电力以保持电池充电。电池动力被用来操作和推动月球车。盖子可以从关闭位置到 180°的选定角度固定。

在月球日（约 14 个地球日）期间，探测器盖打开，探测器在月球表面移动并进行各种测量。在月球日结束时，月球车停止移动。这样当盖子打开时，升起的太阳会照亮太阳能电池。月夜到来时，盖子合上，等待度过相当于 14 个地球日的寒冷夜晚。设备在夜间通过钋-210 放射性同位素热源和氮气循环系统保持温度。

隔热良好的仪器舱包含一个在月球日运行的冷却系统和一个在月球夜晚运行的加温系统。冷却系统利用的是位于仪器舱顶部的高效散热器。这种特殊的表面对太阳光的热吸收系数很低，同时又是一个很好的散热器。

密封的仪器舱充满了地球大气压下的氮气。风机不断地使氮气在电子元件周围循环，并穿过位于舱顶部的散热器，热量在此被辐射到空间。

月夜期间，盖子是关闭的，以尽量减少辐射。打开管道，使循环氮气通过加热器系统，该加热器系统从钋-210 同位素源获得热量。

仪器舱包含接收器和发射器，用于与地球通信，以及远程控制设备，以驱动探测器和管理来自地球的实验。它还包括两个热控制系统、实验用电子装置、电池和电源转换器。

月球车有 8 个轮子，每边 4 个。车轮直径为 510 mm。它们由围绕 3 个环形成的金属丝网组成，3 个环由金属辐条从轮毂支撑。车轮宽 200 mm，周围有楔子，以提高牵引力。车轮（履带）之间的间距为 1.6 m。从前轮前面到后轮后面的距离是 2.2 m。扭杆用来支持 8 轮独立悬挂。

每个轮子都可以独立驱动和控制。每个车轮的轮毂包含一个电动机、齿轮系、制动器、温度传感器和车轮转数计数器。通过改变左右侧车轮的转速使车辆转向。正常的转弯半径约为 3 m，但是也可以通过命令车辆一侧的车轮向前移动而另一侧的车轮向后移动来原地转向。车辆有两种行驶速度：0.8 km/h 和 2.0 km/h。

月球车可以从地球上遥控驾驶。驾驶员利用电视摄像机的输入信号和遥测数据来控制月球车。两台电视摄像机指向前方，位于仪器舱前方。摄像机盖着盖子，但可以从月球车悬挂镜头的图像中识别出来。另外两台电视摄像机安装在仪器舱的两侧。

月球车上的其他设备包括一个高增益天线及其定位装置，位于仪器舱的前方和上方。它是一个螺旋型天线，具有窄波束宽度和相对高的增益，以便在地面上为宽带电视传输足够的信噪比。安装在仪器舱上方和侧面的锥形天线具有宽波束和低增益，负责处理月球车和地球之间的低带宽通信。

### 12.5.1　月球车 1 号搭载的实验

月球车是载人月球探测计划的探路者。为此，确定月壤的性质就显得非常重要。这些特性包括承载强度和牵引性能。

（1）土壤钻探实验

借助土壤钻探仪测定土壤硬度，向锥形尖端探针施加力，并测量钻入度。探针是直径为 5 cm 的轴，具有顶角为 60°的圆锥形尖端。

月球车 1 号对各种地形类型的硬度测试结果已发表，数据具体表现为以千克为单位的垂直载荷下以毫米为单位的穿透力。例如，在 16 kg 的垂直载荷下，不同部位的穿透力从 30～80 mm 不等。月球车 1 号进行了大约 500 次钻探测试。

月球车第 9 个轮子没有驱动装置，且能在月表自由转动，被用来测量行驶距离。通过计算第 9 个轮子和另外 8 个轮子的旋转次数的比率，可以得知另外 8 个轮子的行驶里程。

（2）RIFMA 光谱仪

通过 RIFMA 光谱仪测定土壤的化学成分，其中 RIFMA 代表伦琴等离子荧光分析法。

在月球车的照片中，光谱仪装在位于前轮之间的盒子里。它向月表发射高能 X 射线，电离风化层中的原子。然后，原子外层的电子移动到下一个轨道的空点，这样做就舍弃了辐射带来的能量。次级辐射的离散线光谱识别了一个特定的原子。月球车 1 号在月球表面的 25 个不同位置进行了化学分析。

（3）X 射线望远镜

月球车上安装了一个对 X 射线辐射敏感的望远镜，当探测器位于平坦的月表时，它便会指向当地的天顶。引力波长约为 1.0～6.0 Å。该望远镜有两个通道，每个通道的视野为 3.5°。望远镜的每个通道都有一个简单的 X 射线光子计数器。一个通道具有阻挡 1.0～6.0 Å 波段辐射的滤光器。另一个频道是未过滤的。具有滤波器的通道产生背景测量。从未过滤通道中的计数中减去该计数，以获得特定波段中的光子计数。

（4）激光后向反射器

激光后向反射器阵列安装在月球车的前顶部。这些反射器的特性是将大范围内的激光能量反射回光源。它被地面激光器用来精确测量从地球到月球上某个特定点的距离。

## 12.6 月球车 2 号

月球车 2 号与月球车 1 号相似，但有一些改进和增配。这些变化使月球车 2 号的重量增加到 840 kg（1 852 lb）。图 12 - 11 展示了在德国法兰克福机场举办的俄罗斯航天展览中展出的月球车 2 号模型的照片。

月球车 2 号配备了第三台电视摄像机，以帮助地球上的操作员导航。增加的摄像头位于月球车前方，与行人的视线齐平。它是在照片右上方有方形光圈的装置。

此外还增加了一个新的实验仪器，以测量月球白天和夜晚的天空亮度。这个实验使用了一个双通道天体光度计，一个通道对可见光敏感，另一个通道对紫外光敏感。可见光通道的视场为 12.5°，紫外光通道的视场为 17.4°。当月球车在水平地形上时，仪器指向当地天顶。一个主要的发现是，在可见光下，白天的天空比预期的要亮 20 倍。从这些发现中推断出月球周围有一群尘埃粒子。

图 12-11　法兰克福机场的月球车 2 号模型（图片由匿名用户发布于维基百科，见彩插）

月球车 2 号的实验中增加了一个磁力计。它被固定在仪器舱前部的一个可延伸的吊杆上。将它放在一个长长的吊杆上，可最大限度地减少来自月球车的磁干扰。吊杆未连接到照片中的模型。

其他的实验基本上与月球车 1 号的相同。

## 12.7　驱动月球车

月球车从地球远程控制。地勤人员有 5 位：指挥员、驾驶员、导航员、天线操作员和工程师。驾驶员使用来自电视屏幕的输入、遥测数据和来自其他团队成员的输入来控制月球车。指挥员指导驾驶员使用两种前进速度中的哪一种，以及何时停车和启动。他还指示应遵循的原则。导航员不断更新车辆上的导航数据，规划行驶路线。

月球车上的电视摄像机为地面操作人员提供了态势感知。月球车 1 号在车辆前方有两台电视摄像机，提供行驶方向的立体图像。这些摄像机的帧速率在 3~20 帧/s 之间变化，这取决于车辆速度和穿越的地形类型。第三个摄像头位于月球车正面，高度大约与行人的视线齐平。此外，月球车两侧各有两台电视摄像机。两侧各有一个照相机提供 180°地平面和 30°垂直面的全景。另一台摄像机的安装使其能够在垂直面上扫描。摄像机的一个功能是同时对地球和太阳成像，这使得地面操作员能够确定车辆的航向。月球车的方向陀螺仪在非更新时间段负责追踪月球车的行驶方向。

除了传输到地球的图片外，遥测数据还包括实验数据、飞行器的姿态角和航向、每个车轮的 RPM 和温度以及每个车轮驱动电机的电流。

## 12.8 月球车任务概述

月球车 1 号运行了 11 个月球昼夜周期（322 个地球日）。它在 11 个月球日共行驶了 10.5 km，共传回了大约 20 000 张电视照片和 206 张全景照片，进行了 500 次土壤渗透试验和 25 次月壤化学分析。

月球车 2 号运行了 4 个月球昼夜周期（大约 113 个地球日），在 5 个月球日期间行驶了 37 km。在月球的第 5 天，它经过一个陨石坑的侧面时，太阳能电池被泥土覆盖，它的运行因而中断。泥土落在散热器上，导致机器过热而停止工作。月球车 2 号传回了约 80 000 张电视照片，并制作了 86 张全景照片。它还对月球土壤进行了数百次土壤钻探测试和化学分析。

美国月球勘测轨道飞行器拍摄下了月球车在月壤上留下的清晰轨迹。对月球勘测轨道飞行器拍摄的照片的分析表明，月球车 2 号的实际行驶里程为 39.16 km，而不是报道的 37 km。

俄罗斯科学家鲁西安·库兹明曾作为一名年轻的行星学家参加过月球车计划，他于 2010 年访问了月球车科学运营中心。他分析了月球车在月球上运行时拍摄的电视照片。在美国访问期间，他观看了月球勘测轨道飞行器拍摄的月球车照片及其在月球上的独特轨迹。他给工作人员写了一封怀旧的"感谢"信，并附上了一张由月球车 2 号拍摄的月球月脊区域的照片，如图 12-12 所示。

图 12-12 月球车 2 号拍摄的月球月脊区域图片（NASA/GSFC/ASU 图片）

# 参 考 文 献

［1］ Elshafie Ahmed. Subsurface Planetary Investigation Techniques and their role for Assessing Subsurface Planetary Composition，University of Arkansas dissertation，2012.

［2］ Harvey Brian. Soviet and Russian Lunar Exploration，Praxis Publishing，Chichester，UK，2007.

［3］ Kassel，Simon，Lunokhod - 1 Soviet Lunar Surface Vehicle，ARPA report R - 802，Rand. Corporation，September 1971.

［4］ NASA - NSSDCA - Spacecraft - Details，Luna 17/Lunokhod 1，NSSDCA/COSPAR ID：1970 - 095A.

［5］ NASA - NSSDCA - Spacecraft - Details，Luna 21/Lunokhod 2，NSSDCA/COSPAR ID：1973 - 001A.

［6］ Severny A B，Terez E I，Zvereva A M. The Measurements of Sky Brightness on Lunokhod - 2，Paper presented at Conference on Interactions of the Interplanetary Plasma with the Modern and Ancient Moon，September 1974.

# 第 13 章　俄罗斯载人绕月飞行

苏联（俄罗斯）在 1958 年至 1973 年间进行了 6 次不同的无人月球探测计划。这些项目有成功，也有失败。本书的前两章已经描述了那些无人月球探测项目。

尼基塔·赫鲁晓夫领导下的苏联领导层不愿投入载人登月所需的大量资源。肯尼迪总统早在 1961 年就在美国提出了这一目标。直到 1963 年秋天，苏联才宣布进行不着陆的载人绕月飞行。

阿波罗计划在美国的进展是公开的事情，通过把第一个人送上月球而获得的声望是诱人的。苏联领导人改变了主意，决定参加 1964 年 8 月的登月竞赛。促成这一决定的压力也来自俄罗斯工程师和科学家。

苏联设计局之间有相当大的竞争，特别是由谢尔盖·科罗廖夫领导的 OKB-1，由弗拉基米尔·切洛梅领导的 OKB-52，由米哈伊尔·扬格尔领导的 OKB-586，由瓦伦丁·格卢什科领导的 OKB-456。他们都在争夺载人航天计划的主导权。科罗廖夫和格卢什科之间的关系尤其紧张。

OKB-1、OKB-52 和 OKB-586 设计局都单独提交了载人登月任务的建议书，包括飞越月球和登月。1964 年 8 月 3 日，共产党中央委员会和理事会会议根据这些建议采取行动，制定了一个为期 5 年的空间计划。阿西夫·西迪奇在 2004 年 5 月的《航天飞行》中报告了关于载人登月飞行的指令要点，概述如下。

载人绕月飞行——项目管理和硬件开发将由弗拉基米尔·切洛梅领导的 OKB-52 负责，将于 1965 年使用 U2500 运载火箭进行第一次绕月飞行。

载人登月——项目管理和硬件开发将由谢尔盖·科罗廖夫领导的 OKB-1 负责。第一次载人登月将在 1967 年进行，使用 N1 运载火箭。

授予切洛梅飞越月球的使命是出于高层的政治考虑。

N1 大型运载火箭已经由科罗廖夫在 OKB-1 推了几年，但资金没有到位，进展缓慢。苏联领导人决定发展登月计划，将 N1 的开发提升到了高度优先的地位。

苏联决定以两条不同的路径接近月球，解决了 OKB 设计局领导人之间的竞争，但这削弱了苏联为登月所做的努力。美国把精力集中在载人登月上，而把绕月飞行当作附带任务。

事后看来，苏联几乎没有机会在载人登月的竞赛中击败美国。直到 1964 年 8 月，苏联领导层才做出载人登月的决定。相比之下，到 1962 年年底，阿波罗使命的基本细节已经制定出来，开发阿波罗飞船硬件的主要承包商也已经选定。此外，美国有一个强有力的中央机构负责航天活动，即 NASA，这是苏联所缺乏的。

苏联设计局于 1966 年重组并更名。OKB-1 成为 TsKBEM，OKB-52 成为 TsKMB。

为避免混淆，本章将使用原始名称。

## 13.1　苏联首次载人航天

我们暂时离题一下，谈谈早期的苏联载人航天飞行。1959 年 2 月，20 名航天员被选入苏联载人航天计划，1960 年建立航天员训练中心。

为了与美国航天计划竞争，在美国第一次载人水星号亚轨道飞行发射之前，苏联做出了重大努力，将第一名航天员送入环绕地球的轨道。苏联的首次载人飞行被搁置，直到连续两次成功将狗送入太空。最后，在 1961 年 4 月 12 日，用月球-8K72 运载火箭发射东方号飞船，送尤里·加加林中尉进入了地球轨道。

在加加林计划的绕地球一周后，反推火箭发动机点火，东方号返回舱重返地球大气层。在 7 000 m 的高空，返回舱抛弃舱门，弹出弹射座椅和穿着航天服的加加林。当加加林从弹射座椅上分离并通过他的个人降落伞降落到地面时，弹射座椅已经通过降落伞下降到大约 4 000 m。这种着陆方式似乎比美国航天员在返回舱内着陆的方式更冒险，但后者需要水上着陆。

加加林因其开创性的飞行而受到全世界的赞誉。1961 年 5 月 5 日，艾伦·谢泼德乘坐美国水星号飞船进行了第一次亚轨道飞行。约翰·格伦于 1962 年 2 月成为第一位乘坐水星号飞船绕地球轨道飞行的美国航天员。

## 13.2　绕月飞船

苏联计划进行一系列载人绕月飞行，作为载人登月的前奏。这些飞行的轨道是从地球发射飞越月球后再返回地球附近，这些任务只需要飞越月球，而不需要进入绕月轨道。

苏联领导层于 1964 年 8 月将绕月使命指派给 OKB-52 的负责人弗拉基米尔·切洛梅。UR-500 是 OKB-52 研制的发射军用有效载荷的运载火箭。带有上面级的 UR-500 后来被称为质子-K 运载火箭。1963 年，OKB-52 开始设计一艘名为 LK-1 的载人航天器，用于绕月飞行。

1964 年，赫鲁晓夫下台，新的苏联领导层重新评估了航天计划。谢尔盖·科罗廖夫极力游说使用 7K-OK 航天器的改装版来进行绕月飞行，而不是让切洛梅开发他的 LK-1 航天器。

7K-OK 航天器是联盟号航天器的扩展版本，当时正在开发联盟号的地球轨道交会对接操作和出舱活动测试。该航天器也是载人月球登陆计划航天器的基础。新的苏联领导层站在科罗廖夫一边，OKB-52 开发 LK-1 航天器的计划被取消。OKB-1 设计局以 7K-OK 航天器为基础衍生设计的载人绕月航天器被命名为 L1。

科罗廖夫还极力要求由自己来管理绕月计划，并指出由一个设计局负责两个月球计划具有技术和成本优势。科罗廖夫再次获胜，1965 年 10 月，由 OKB-52 设计局负责的绕月计划转交给 OKB-1 设计局负责。

　　科罗廖夫决定使用切洛梅的质子运载火箭进行绕月计划，并增加了 Block D 上面级。Block D 由 OKB-1 开发，用于载人着陆计划。

　　不幸的是，新的质子-K 运载火箭一直存在问题，导致几次发射失败。10 次无人驾驶绕月飞行尝试任务中，其中 2 次完全成功，1 次接近成功。在 7 次不成功的飞行中，有 5 次涉及质子号的问题。

　　航天计划的领导人已经颁布法令，在航天员进行绕月飞行之前，必须进行 4 次成功的无人飞行。这个标准始终没有达到，航天员也从未尝试过绕月飞行。

### 13.2.1　L1 飞船

　　1966 年 11 月，联盟号飞船首次在地球轨道上搭载航天员，而执行绕月飞行任务的 L1 号飞船便是基于该飞船设计的。NASA-RP-1357 中给出的 L1 飞船的草图，如图 13-1 所示。

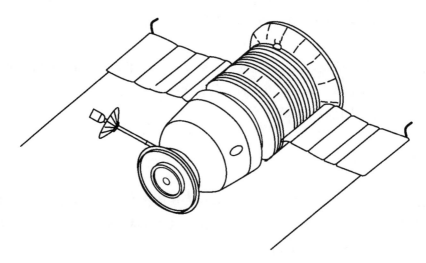

图 13-1　L1 飞船草图（NASA 制图）

　　L1 前部的舱室由两名航天员设计。图中侧面的附属物是太阳能电池板。图中显示，展开时它们略微弯曲。L1 的后续型号的草图显示了打开的太阳能电池板。一根高增益的通信天线从侧面伸了出来。舱前部的圆盘形附件是用于连接发射逃生系统的适配器。在进入月球轨道前被丢弃。

　　飞船的长度约为 4.9 m，太阳能电池板区域的直径约为 2.7 m。飞船的重量因构造而异。最成功的 L1 航天器，被命名为探测器 7 号（Zond-7），重量为 5 979 kg。

　　飞船的前部被称为返回舱。它包含乘员舱和一个隔热罩，用于在重返地球大气层时提供保护。乘员舱的可居住容积约为 3.5 m³。在任务完成后，返回舱在重返地球大气层之前与仪器和服务舱分离。

　　飞船的尾部，包括太阳能电池板，被称为仪器和服务舱。它包含主火箭发动机、推进剂，以及电力、通信和生命保障系统。它也有小型推进器来操纵飞船。

主火箭发动机是 KTDU-53 型，产生 425 kg 的推力。发动机的燃料是偏二甲肼，氧化剂是硝酸。燃料和氧化剂在接触时点燃。为 270 s 的燃烧时间需提供足够的推进剂。

图 13-2 为苏联拍摄的 L1 组装到运载火箭的过程。L1 飞船是图片右前方的物体。带有整流罩的银色物体是 Block D 级，Block D 级后面的白色结构是运载火箭的一部分。

图 13-2　将 L1 飞船组装到运载火箭（图片由苏联 RKA 发布于维基百科，见彩插）

L1 的制导系统包括一台数字计算机、一个三轴陀螺仪平台和一系列光学传感器。光学传感器由两个星体追踪器、一个地球传感器和一个太阳传感器组成。太阳跟踪器和地球跟踪器足以校准中段修正，但星体追踪器也很必要，用来调整陀螺仪平台，使航天器准确对准再入大气层。

L1 是第一个使用数字计算机的苏联航天器。这台计算机被称为氩-11S，由电子机械科学研究所（NIEM）开发。它是一个字长为 14 bit 的定点机，命令字长为 17 bit。随机存取存储器（RAM）容量为 128 个 14 bit，只读存储器（ROM）容量为 4 096 个 17 bit。

添加时间为 30 μs,倍增时间为 160 μs。计算机的尺寸是 305 mm×305 mm×550 mm,重达 34 kg,耗电 75 W。

　　拍摄月表是 L1 飞船的一项重要任务。探测器 7 号上的相机使用 300 mm 焦距透镜,照片拍摄在 5.6 cm×5.6 cm 大小的胶片上。使用了全色和彩色胶片。全色胶片是高质量的黑白胶片。探测器 8 号使用的是一台 400 mm 焦距透镜的相机,拍摄的照片是 13 cm×18 cm 的全色胶片。探测器 8 号拍摄的照片是拍摄月球最好的照片之一。

　　L1 飞船上的其他仪器包括测量太阳风的离子阱和测量微流星体通量、宇宙射线和磁场的传感器。

### 13.2.2　L1 硬件制造和飞行

　　L1 飞船建造了 3 个原型试验模型和 12 个飞行模型。第一个原型机 1P 用于地面测试。接下来的两个原型,2P 和 3P,被用于在地球轨道上进行测试,主要是为了验证 Block D 级的发动机运行情况。

　　在 1967 年 3 月至 1970 年 10 月期间,共发射了 9 次 L1 飞船的飞行模型,目的是绕月飞行。这些飞行使用的运载火箭是载有 Block D 第四级的质子-K。表 13-1 汇总了 9 次飞行的结果。

　　1969 年,苏联领导层开始质疑继续载人绕月计划的必要性。1968 年 12 月阿波罗 8 号将 3 名航天员送入月球轨道,1969 年 7 月阿波罗 11 号将 2 名航天员送上月球。载人绕月飞行在美国的成就面前黯然失色。

　　1969 年 8 月成功进行探测器 7 号无人绕月飞行后,苏联领导人取消了进一步的载人绕月飞行工作。他们允许再进行一次无人驾驶飞行。探测器 8 号的成功飞行是最后一次绕月飞行任务。探测器 8 号传回了一些有史以来拍摄的月球最好的照片。

表 13-1　L1 环月飞船飞行

| 发射日期 | 名称 | 成果 |
| --- | --- | --- |
| 1967 年 9 月 | — | 质子号第一阶段的 6 台发动机中的 1 台出现故障,飞船被毁 |
| 1967 年 11 月 | — | 第二阶段失败,飞船没有进入地球轨道 |
| 1968 年 3 月 | 探测器 4 号 | 在远离月球的方向上成功试飞,以弹道进入大气层并被摧毁 |
| 1968 年 4 月 | — | 二级发动机过早关闭,飞船没有进入地球轨道 |
| 1968 年 9 月 | 探测器 5 号 | 成功绕月并拍摄背面,返回舱在海上回收之前进行了高 g 弹道进入 |
| 1968 年 11 月 | 探测器 6 号 | 绕月飞行,但降落伞在回收过程中被抛弃,返回舱坠毁 |
| 1969 年 1 月 | — | 质子-K 火箭的第三级过早熄火,因此没有到达地球轨道 |
| 1969 年 8 月 | 探测器 7 号 | 成功绕月并拍摄月背,在地球上被收回 |
| 1970 年 10 月 | 探测器 8 号 | 成功绕月并拍摄月背,在地球上被收回 |

# 参 考 文 献

[ 1 ]  Hardesty Von，Eisman，Gene. Epic Rivalry - The Inside Story of the Soviet and American Space Race，National Geographic，Washington，DC，2007.

[ 2 ]  Harvey Brian. Soviet and Russian Lunar Exploration，Praxis Publishing，Chichester，UK.

[ 3 ]  Johnson Nicholas L. The Soviet Reach for the Moon，Cosmos Books，River Vale，NJ，1995.

[ 4 ]  Siddiqi Asif A. A Secrete Uncovered，Spaceflight，Vol 46 May 2004.

[ 5 ]  Siddiqi Asif A. Challenge to Apollo：The Soviet Union and the Space Race，NASA History Series，NASA SP - 2000 - 4408，published by aIc Books.

[ 6 ]  Zak Anatoly. 7K - L1：Soyuz for Circumlunar Mission，russianspaceweb. com.

# 第 14 章　俄罗斯载人登月计划

苏联内部的航天器开发主要是俄罗斯的努力。俄罗斯是苏联内部的主要实体，是在1921 年成立苏联的核心国家，并在 1991 年苏联解体后收拾残局。

苏联工程师和科学家大力推动载人登月计划。最终，苏联领导人意识到载人登月计划的潜在好处，于是将其确定为优先事项并提供了资金。然而，载人登月是一项艰巨的任务，就像美国为使阿波罗计划成功而花费大量技术人才和财力那样。苏联的现有硬件无力完成载人登月任务。

当时苏联和美国之间存在相当大的竞争，这种竞争扩展到了近地航天成就和月球探索领域。在与美国的"太空竞赛"期间，苏联航天计划的高层管理人员任命有些混乱。直到几年后，苏联航天计划中的政治阴谋和管理不善问题才暴露出来。

与大多数雄心勃勃的技术项目一样，苏联载人登月计划也有失败和成功。最后，由于他们计划用来将航天员送上月球的 N1 大型助推器连续 4 次发射失败，苏联退出了载人月球竞赛。美国阿波罗计划的压倒性成功可能也促成了苏联的退出。

在阿波罗硬件开发过程中，苏联被视为载人登月竞赛的强大竞争对手。苏联计划的保密性加强了这种猜测。在努力钻研了阿波罗技术问题一整天后，作者回忆起与格鲁曼公司的同事共进晚餐时的哲学讨论。我清楚地记得我们达成了一项共识，即美国将赢得这场竞赛，这不一定是因为我们有更好的硬件，而是因为我们的社会是一个开放的社会，可在全国范围内公开讨论技术细节、成功和失败。

## 14.1　俄罗斯载人登月航天器

1964 年 8 月，以谢尔盖·科罗廖夫为首的 OKB‑1 接到苏联共产党中央委员会的指示，要求他们开发载人登月航天器系统。该计划将使用当时由 OKB‑1 开发的 N1 重型运载火箭。

与美国一样，苏联的科学家们也考虑了数种载人登月的方法。1964 年之前受到青睐的一种方法是，在地球上进行两次或多次发射，将航天器分批送往地球轨道。航天器最终将在地球轨道上完成组装并被派往月球。N1 火箭的初始设计采用了这种多次发射方法。

1965 年的最终构造是使用单个重型发射器将两个相连的航天器和一个 Block D 太空拖船发送到月球。其中一艘航天器是一个单人驾驶的小型飞船。另一艘较大的航天器为两名航天员提供容身之处，并停留在月球轨道上。飞船将与较大的航天器分离并降落在月球上。航天员探索月球后，着陆飞船将从月球上发射，与在轨飞船会合对接。这些与 3 年前阿波罗计划选择的方式相似。

N1 运载火箭的研制是载人登月计划中最艰巨的任务。N1 火箭的能力将直接影响轨道器和着陆器的设计。最终，正是大型且复杂的 N1 发射器的不可靠性，注定了苏联载人登月计划的失败。

谢尔盖·科罗廖夫的 N1 运载火箭必须推进到最大动力才能将月球轨道器/航天器送入地球轨道。完工设计稿中表明，第一级能提供大约 4 620 t 的推力。N1 在当时的所有助推器中具有最高的升空推力。

## 14.2 L3 登月航天器组合体

整个登月航天器组合体被称为 L3。它由一个推力为 41 t 的 Block G 级、一个具有 8.5 t 推力的可重启发动机的 Block D 级、月球轨道航天器和月球着陆器组成。

月球轨道航天器被称为鲁尼·轨道·考瑞特（Lunniy Orbitalny Korabl，LOK）。英文翻译是"月球轨道船"（Lunar Orbital Ship）。LOK 执行的功能类似于阿波罗指令服务舱。LOK 是对联盟号 7K 航天器的设计改造，它的某些部分类似于用于绕月飞行的 L1 航天器。

登月飞船被称为鲁尼·考瑞特（Lunniy Korabl，LK）。英文翻译是"月船"（Lunar Ship）。尽管 LK 只搭载一名航天员，但它执行的功能类似于阿波罗的登月舱。

Block G 级本质上是 N1 运载火箭的第四级。这一级在地球轨道上发射，以将航天器组件置于地月转移轨道。到达地月转移轨道后，这一级被抛弃。

将被送往月球的组件包括 Block D 级、月球轨道船和月船。Block D 级执行了航向校正点火、月球轨道进入点火、月球轨道修正点火，以及月船从月球轨道动力下降初始部分点火。

### 14.2.1 LOK 月球轨道航天器

LOK 月球轨道航天器是对已获成功的苏联联盟号载人飞船的改造。LOK 航天器的示意图如图 14-1 所示。

该航天器长 10 m，主直径为 2.9 m。LOK 在发射质量为 9.85 t。

图中前面的球形部分是两名航天员的居住舱。居住舱由一个半径为 1.09 m 的前半球、一个 0.2 m 的过渡区和一个半径为 1.14 m 的后半球组成。居住舱后面的结构包含供乘员使用的返回舱，其中包括一个隔热罩。返回舱将与航天器分离，并用于在返回地球后重新进入大气层。

航天员从居住舱到返回舱有一个舱口。居住舱的侧面包含另一个舱口，以允许航天员舱外活动期间往返于 LK 登月航天器。带有 Block D 级的 LK 安装在图 14-1 右侧 LOK 的向外展开部分。

居住舱前部的控制面板和手动控制装置允许航天员在着陆器从月球表面返回与 LK 交会对接时控制航天器。

居住舱前面有一个航天器定向组件。它包含 4 组推进器和 6 个装有四氧化二氮

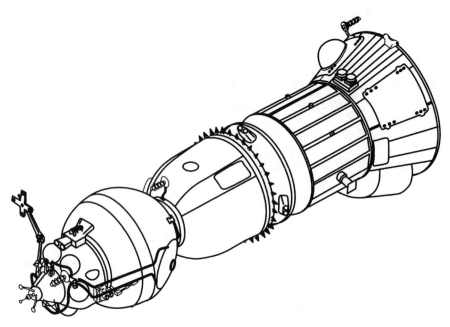

图 14-1 LOK 月球轨道航天器 (NASA 图片)

（$N_2O_4$）和偏二甲肼（UDMH）的小型球形罐。这些推进剂在推进器里接触时被点燃。定向组件负责航天器的姿态控制和与 LK 对接的精细控制。

交会系统使用基于射频的系统引导 LK 与 LOK 航天器交会。航天员使用激光光学系统进行近距离引导，以手动将 LOK 定位到与 LK 对接的位置。文献中关于无线电交会系统或近距离激光系统的信息很少。瑞典航天研究员斯文·格兰已经确定，LOK 上的几根天线和 LK 上的天线可能是射频交会系统的一部分。

对接系统被称为"康塔克特"（Kontakt），是一个相对简单的系统，不像阿波罗号要求的那样对两艘航天器进行精确对接。"康塔克特"系统包括位于 LK 顶部的直径约 1 m 的扁平圆形蜂窝结构。蜂窝结构由 108 个六边形开口组成。在 LK 返回 LOK 月球轨道器后，将 LK 前面的一组 3 个探针插入任何六边形开口中，然后将 3 个探针向外移动以将 LK 锁定到 LOK。航天员随后打开 LK 的舱门，返回 LOK 的居住舱。

LOK 的制导系统由尼古莱·皮柳金领导的 NII AP（自动与仪器制造科学研究所）开发。由于开发时间的限制，LOK 和 LK 的第一个模型使用了模拟制导系统。后来的版本使用了基于 NII AP 开发的 S-530 数字计算机的数字系统。陀螺仪平台则是 NII-994 现有的设计。

LOK 有两台火箭发动机。其中一台发动机，带有两个燃烧室和两个喷嘴，总推力为 417 kg，用于月球轨道机动和返回地球期间的航向修正。更大的一台发动机，有两个燃烧室和两个喷嘴，总推力为 3 388 kg，用于让航天器在执行完月球轨道任务时进入跨地轨道。

发动机的推进剂是偏二甲肼（UMDH）和四氧化二氮（$N_2O_4$）的自燃组合。推进剂被装在一个分为两个腔室的球形罐中。总共携带了 3 t 的推进剂。

LOK 航天器的电力由氢氧燃料电池提供，辅以电池。燃料电池产生的水供乘员使用。共有 4 个燃料电池，每个电池可以在 27 V 电压下提供 1.5 kW 的功率。

共建造了 7 个 LOK 轨道航天器。其中 1 个在 1972 年 11 月作为第 4 枚 N1 运载火箭的有效载荷发射。有效载荷包括 LK 的模型。N1 在发射后不久就爆炸了。其他 LOK 航天器都发射失败。

### 14.2.2　LK 月球探测

图 14-2 所示为伦敦科学博物馆展出的 LK 工程模型的照片。可能出于展示目的，所示模型已涂成金色。其他博物馆的着陆器大多是天然铝色。

图 14-3 所示为来自 NASA 报告 RP1357 的 LK 飞船图纸。图中所示为飞船右侧。图中左侧的斜面结构为照片中的凹窗区域。

飞船高度为 5.2 m，包括火箭发动机和燃料在内的重量为 5.6 t。作为参考，装满燃料的阿波罗登月舱重达 33 200 lb，高 23 ft。

LK 由着陆器（Lunnyi Posadochnyi Agegat，LPA）和上升器（Lunnyi Vzletnyi Apparat，LVA）组成。

上升段包含一个加压乘员舱，该舱呈半球形，占地约 2.3 m×3.0 m。照片中半球形结构为乘员舱。弯曲的乘员舱的可居住体积约为 4 m³。乘员舱与圆柱形仪表舱相连。

乘员舱内的呼吸大气是标准的氮氧混合地球大气。压力保持在 0.74 个大气压。航天器设计者担心使用阿波罗 LM 中使用的纯氧会引发火灾。

乘员舱的顶部安有一个姿态控制组件。该组件有 2 个 40 kg 的推进器来控制俯仰，2 个 40 kg 的推进器来控制偏航，还有 4 个 10 kg 的推进器来控制滚转。推进器由制导和控制系统指挥。在姿态控制组件顶部可以看到的圆形金属板是对接系统的一部分。

着陆器包含 4 个可折叠支架和一个可压紧的蜂窝结构，用于支撑上升段。着陆支架的最大伸展长度为 5.4 m。与阿波罗下降段不同，着陆级不包含发动机。火箭发动机安装在上升段，它通过下降段点火以减慢航天器着陆。它还从月球表面上升提供了推力。

发动机总成称为 Block E，包括一台带有单个燃烧室的 11D411 型主发动机和一台带有两个燃烧室的 11D412 型备用发动机。主发动机的喷管位于飞船的中央，备用发动机的两个喷管分别位于主发动机喷管的两侧。4 个调姿发动机位于主发动机和备用发动机喷嘴周围。

主发动机的最大推力为 2 t。带有两个燃烧室的备用发动机的总推力为 2 t。主发动机可在 0.8～1.1 t 范围内调节推力。发动机燃烧偏二甲肼（UMDH）和四氧化二氮（$N_2O_4$）的自燃混合物。

两种发动机都在着陆和起飞期间使用。如果起飞后两台发动机都正常运行，则备用发动机关闭。可节流发动机是开发中最具挑战性的项目之一。地球轨道着陆器的 3 个原型模型的飞行测试侧重于发动机性能。阿波罗计划还发现登月舱中的节流下降引擎非常具有挑战性。

图 14-2 伦敦科学博物馆的 LK 飞船模型(图片由安德鲁·格雷发布于维基百科,见彩插)

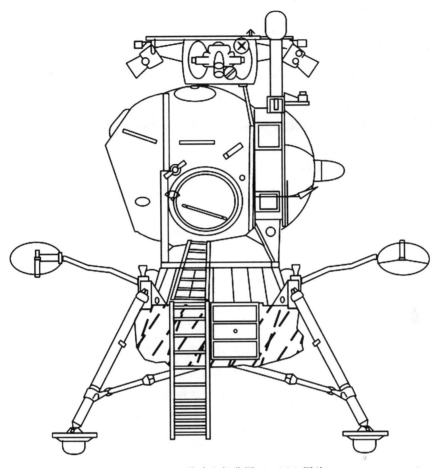

图 14 - 3　LK 月球飞船草图（NASA 图片）

着陆级装有两个高增益抛物面天线，用于通信和传输电视数据。它还包含一组电池和 4 个水箱，用作航天器汽化冷却装置的一部分。一个有趣的特点是燃烧固体燃料的小型火箭发动机，这些发动机朝上并安装在每个着陆支架的顶部。这些火箭将在着陆时点火，并用于将航天器牢牢固定在月球表面，以最大限度地减小弹跳或翻倒的可能。

LK 能够使用其制导和控制系统进行自动或手动控制着陆。它提供了一套仪器和一个手动控制器，以允许航天员进行手动着陆。当航天器接近与月球轨道器对接时，航天员还可以操纵航天器。

制导和控制系统基于模拟的早期模型。该数字系统可用时，计划为以后的模型配备带有 S - 530 数字电脑的数字系统。三轴陀螺仪平台提供姿态信息。着陆雷达提供相对于月球表面的速度和距离信息。

着陆雷达，被称为"普兰塔"（Planta），由一个三波束多普勒速度传感器组成，天线波束呈放射状展开，雷达还配备了一个雷达高度计，并在速度传感器波束的中心有一个天线波束。雷达高度计需要在 3 000 m 的高度获取月表信息。据推测，速度传感器在大约相同的高度开始跟踪。Block D 级的关闭和抛弃情况以及 LK 发动机的点火情况是从着陆雷达的高度数据中得出的。

### 14.2.3　着陆顺序

着陆程序与阿波罗相似。一名航天员将在 LK 中下降到月球表面并进行探索,而另一名航天员将在 LOK 中留在月球轨道上。着陆顺序如下:

1) 穿着航天服的航天员打开 LOK 居住舱的舱门,然后出舱走到 LK,之后打开舱门进入太空舱。

2) 在航天员检查 LK 和 Block D 级后,LK 与 LOK 分离。

3) Block D 级发动机点火,使 LK 离开月球轨道并下降到月球表面。之后继续运行以减慢航天器的速度。

4) 根据着陆雷达的测量,在月表以上约 2 km 的高度,Block D 级关闭并与 LK 分离。此时,航天器的速度已降至约 100 m/s。

5) LK 火箭发动机点火,制导系统控制发动机推力和姿态控制推进器,实现软着陆。

6) 在着陆时,向上点火的固体火箭发动机被点燃以将航天器牢牢地固定在表面并防止弹跳或倾覆。

总体计划是航天员在第一次飞行中需在月球花费大约 4 h,在以后的飞行中则最多花费 48 h。在第一次飞行的登陆阶段,航天员将离开乘员舱并通过梯子下降到地面。他将探索、收集样本、部署科学仪器、拍照和操作电视摄像机。月表任务结束后,航天员返回乘员舱。

在进行交会对接的适当时间,点燃火箭发动机,LK 的上升段将从地面发射并与 LOK 会合。对接后,航天员从 LK 出舱回到 LOK 的居住舱。抛弃 LK,点燃 LOK 的火箭发动机,将 LOK 航天器与两名航天员送入跨轨道上。

### 14.2.4　LK 的研制与测试

LK 计划的综合管理由谢尔盖·科罗廖夫的 OKB-1 设计局保留,但详细设计和开发被分配给由米哈伊尔·杨格尔领导的设计局 OKB-586。LK 航天器的重量是一个关键问题,反映了 N1 运载火箭的运载能力。减轻重量这一目标持续推动着 LK 的开发。

LK 有 3 个简化版,称为 T2K,用于评估地球轨道上的航天器。特别强调了 Block E 推进系统的运行。3 个 T2K 测试模型发射到地球轨道,都表现良好。T2K1 号于 1970 年 11 月以"宇宙"379 为名发射。一系列可节流发动机的燃烧被用来模拟任务的下降和上升部分。还制作了一系列精细燃烧来模拟交会对接。

T2K2 号于 1971 年 2 月以"宇宙"398 为名发射。其发动机与"宇宙"379 的发动机为同一系列,并且所有系统都运行良好。T2K3 号于 1971 年 8 月以"宇宙"434 为名发射。同样,所有系统都表现良好。备用引擎被测试以模拟从月球升空。

经过 T2K 飞行测试和地面测试,LK 被认为已准备好进行载人飞行。不幸的是,由于 N1 运载火箭的开发问题,LK 从未有机会将航天员带到月球表面。

至少有 5 个 LK 飞行模型被保存下来，存放在俄罗斯的博物馆和其他机构中。此外，还有一些工程单元和模型对外展出。

## 14.3　N1 运载火箭的开发

正如阿波罗计划依靠土星 5 号将非常重的阿波罗飞船从地球上载起并送上月球一样，苏联载人登月计划也是依靠 N1 运载火箭来完成同样的重载。

《挑战阿波罗：苏联和太空竞赛，1945—1974》和布莱恩·哈维的《苏联和俄罗斯月球探索》两本书描述了新兴技术、管理不善的问题和阻碍苏联载人探月计划发展的政治问题。下面给出的关于 N1 运载火箭开发的一些材料来自这些书籍。

1960 年 2 月，OKB-1 局长谢尔盖·科罗廖夫和他的工作人员制定了新的重型运载火箭的目标，该运载火箭将服务于以下项目：

1）与低地球轨道防御相关的活动；

2）全球天基通信和天气预报卫星；

3）探索月球和内行星。

OKB-1 为新型重型运载火箭定义的参数见表 14-1。

表 14-1　新型重型运载火箭的参数

| 推进器 | 时间段/年 | 到近地轨道的有效载荷/t | 到月球的有效载荷/t |
| --- | --- | --- | --- |
| N1 | 1960—1962 | 40～50 | 10～20 |
| N2 | 1961—1964 | 60～80 | 20～40 |

苏联的航天计划由军方控制。因此，洲际弹道导弹（ICBM）和侦察卫星的开发得以继续进行，而供载人探月等非国防项目使用的资金却有限。OKB-1 制定的雄心勃勃的计划被搁置。

由于资金有限，OKB-1 的 N1 运载火箭开发进展缓慢。N1 旨在成为适合各种任务的运载火箭，包括前往火星的任务。它不像土星 5 号那样为登月任务量身定做。

俄罗斯工程师意识到使用液氢和液氧作为 N1 上面级推进剂的比冲优势，但液氢-液氧发动机仍在开发中。为 N1 的前三个阶段选择的推进剂是液氧和煤油。结果，尽管 N1 的第一级总推力比阿波罗土星 5 号的第一级大，但 N1 可以向月球发射的重量明显小于土星 5 号。土星 5 号使用液态氢和液态氧作为第二和第三级的推进剂。

N1 的首席设计师和 OKB-1 的负责人谢尔盖·科罗廖夫与苏联最重要的火箭发动机设计师瓦伦丁·格卢什科之间存在着强烈敌意。格卢什科是 OKB-456 设计局的负责人。他们未解决的分歧严重阻碍了 N1 的成功开发。

格卢什科坚持认为，N1 的最佳推进剂是四氧化二氮（$N_2O_4$）和偏二甲肼（UDMH）的自燃组合，他拒绝使用液氧和煤油作为 N1 推进剂。发动机设计落到了由尼古拉·库兹涅佐夫领导的经验较少的 OKB-276 设计局上。结果成功研制出了质量优异的发动机 NK-33，但它产生的推力仅有 154 t。

N1 火箭最初的设计包含 24 台发动机,能够将大约 75 t 的重量送入地球轨道。当时的计划是将月球飞船的两个或更多部分送入地球轨道,组装各部分,然后启程前往月球。在 1965 年决定通过一次发射将航天器送入地球轨道后,N1 火箭增加了 6 台发动机,使总数达到 30 台。此外,还增加了推进剂的量并在发射前冷却推进剂。轨道也将改变,以将发射方位角更改为 51.6°,并将轨道从 300 km 降低到 220 km。

N1 火箭的最终构型包含 30 台 NK-33 发动机,总起飞推力为 4 620 t。相比之下,阿波罗土星 5 号运载火箭装有 5 台 680 t 的 F-1 发动机,总升空推力为 3 400 t。

科罗廖夫乐观分析预测,借助强大的运载火箭,地球轨道发射能力可达 95 t。这对 L3 航天器组件的重量提出了严格限制。后来,当液氢-液氧发动机可用于上面级时,可以将更重的有效载荷送入轨道。随着 L3 航天器组件详细设计的推进,要部署的初始设计没有余量,也无法适应不可避免的重量增长。这让该计划难以支撑,但 N1 计划还是继续进行了。

N1 的发展和整个苏联航天计划在 1966 年 1 月谢尔盖·科罗廖夫去世时遭遇了挫折。阿西夫·西迪奇在《挑战阿波罗》中写道:"科罗廖夫的死结束了一个人对苏联导弹和航天计划长达 20 年的空前统治……没有(其他)人拥有管理设计局、与苏联政客打交道、与其他首席设计师进行交易以及向在该公司工作的数千名员工灌输航天探索愿景的专业知识。"他的影响力反映了他超凡脱俗的个性。

科罗廖夫的副手瓦西里·米申被任命为 OKB-1 的负责人。从多方面来看,米申是一位有能力的工程师,但他没有科罗廖夫所拥有的动力、魅力和高层关系。值得称赞的是,他接手的项目充满了技术问题和不切实际的计划表,但他努力使这些项目取得成功。

随着 N1 运载火箭发展,现今哈萨克斯坦共和国秋拉塔姆镇附近的拜科努尔航天发射场建造了一个发射场。新的发射场包括两个发射台、装配大楼和一个运输车,该运输车在轨道上将 N1 从装配大楼运送到发射台。工作人员组装了 N1 的部分可操作模型,并用模型进行了几次试运行,以证明发射设备和程序良好。

最终组装时,N1 运载火箭体积巨大。与 L3 绕月和登月航天器的有效载荷垂直停放,航天器高 105 m。加满推进剂后,它重达 2 788 t。没有有效载荷的 N1 运载火箭高度超过 60 m。

图 14-4 给出了 N1 火箭在拜科努尔航天发射场发射台上的照片。这张照片展示了第二个发射台上的 N1 火箭模型。

N1 运载火箭由 Block A 第一级、Block B 第二级和 Block V 第三级组成。在照片中可以很容易地看到由格子隔开的三个级。L3 航天器组件将安装在第三级的顶部。照片中的有效载荷很可能是 L1 航天器和 LK 的模型。

Block A 第一级高 30 m,底部直径为 16.8 m。它包含 30 台 NK-33 发动机和两个大型球形推进罐。其中直径为 10.5 m 的罐子用来装煤油,另一个直径为 12.8 m 的罐子用来装液氧。图 14-5 是 N1 在水平位置的照片,显示了 30 台发动机在 Block A 级的位置。这张照片归功于苏联航天局的亚历克斯·潘琴科。

图 14 - 4　发射台上的 N1 重型运载火箭（NASA 照片，见彩插）

　　称为 KORD（Kontrol Roboti Dvigvaeli）的发动机管理系统监控 30 台发动机的运行。如果有发动机性能不佳，它会关闭故障发动机并关闭其正对面性能良好的发动机以平衡推力。例如，如果在早期飞行期间出现错误轨迹，它将根据命令关闭所有发动机。

　　Block B 第二级安装在 Block A 级上方的格子上，高 20.5 m，底部直径为 10.3 m。它包含 8 台推力为 179 t 的 NK - 43 发动机、一个直径为 7.0 m 的球形煤油罐和一个直径为 8.5 m 的球形液氧罐。

　　Block V 第三级安装在 Block B 级顶部的格子上，高 11.5 m，底部直径为 7.6 m。它包含 4 台推力为 41 t 的 NK - 39 发动机、一个直径为 4.9 m 的球形煤油罐和一个直径为 5.9 m 的球形液氧罐。

图 14-5　N1 运载火箭 Block A 级放置发动机的照片（苏联航天局照片，见彩插）

L3 航天器组件安装在 N1 火箭的第三级顶部。L3 组件包括一个具有 41 t 推力的 Block G 级、一个配备有可重启发动机并有 8.5 t 推力的 Block D 级、LOK 月球轨道飞行器和 LK 月球着陆航天器。

在绕月计划中与 L1 一起使用的 Block D 级是一艘重负荷太空拖船。它长 5.5 m，直径 4 m。具有 8.5 t 推力的可重启发动机燃烧煤油和液氧。推进器还包括一组用于精细控制的推进器，使用四氧化二氮（$N_2O_4$）和偏二甲肼（UDMH）自燃推进剂。

### 14.3.1　N1 运载火箭试射

#### 14.3.1.1　第一次发射

第一枚 N1 运载火箭于 1968 年 5 月组装完毕并从装配大楼运到发射台。N1 的第一个飞行模型携带了一个经改进的 L1 飞船而不是登月 L3 航天器，用于绕月飞行。飞行计划要求 Block D 级和 L1 太空舱绕月球运行 2 或 3 天，然后将 L1 太空舱送回地球。

在发射台上对 N1 系统进行的测试中发现了几个问题，于是其被带回装配大楼进行进一步测试。1969 年 2 月，人们认为 N1 已准备就绪，将其移回发射台。

发射于 1969 年 2 月 21 日进行。30 台发动机中的 2 台在升空后关闭。发射 69 s 后，所有其他发动机都关闭了。该航天器只到达了 14 km 的高度，然后又掉回了地面。飞行后调查显示，向监视系统的 KORD 发动机发送的虚假信号导致其中 2 台发动机被关闭。后来，一根测量燃油压力的管道破裂，将煤油喷入发烫的发动机区域并着火了。大火烧毁了与 KORD 捆绑在一起的电力电缆绝缘层。作为回应，KORD 关闭了 28 台正在运行的发动机。

正如以往，苏联近 20 年没有公布第一次 N1 火箭发射失败的消息。火箭坠落地点距离发射场仅约 50 km，因此美国侦察卫星没有观测到这场灾难。

#### 14.3.1.2　第二次发射

针对第一次发射遇到的问题，工程师对 N1 系统进行了几次升级，准备进行第二次发射。第二次发射计划向绕月轨道发射改进的 L1 航天器。N1 于 1969 年 6 月被运送到发射场。

第二次发射于 1969 年 7 月 3 日进行。当航天器上升到大约 200 m，所有发动机都按计划关闭时，仍有 1 台发动机还在运行，航天器向一侧倾斜落回发射区并爆炸。据说这次爆炸是世界上有史以来最大的非核爆炸。

飞行后调查显示，1 台发动机的液氧泵发生内部爆炸，爆炸切断了通往其他发动机的燃料和氧气管线，导致大火。KORD 发动机诊断系统随后关闭所有发动机，只留下 1 台运行。在整个航天器坠落到发射台之前，运行中的发动机导致航天器倾斜到一边。

发射台的巨大破坏被美国侦察卫星拍摄下来。它标志着美苏太空竞赛的终结。

#### 14.3.1.3　第三次发射

将近两年后，苏联 N1 项目的负责人认为发射器的可靠性已经提高到可以尝试第三次发射的程度。那时苏联在太空竞赛中已经输给了美国,改进计划可能会推进得更加慎重。

第三次发射于 1971 年 6 月 27 日进行。有效载荷包括 LOK 轨道器和 LK 的大型模型。所有发动机在发射时似乎都正常点火,但飞行器在起飞几秒钟后开始绕其纵轴滚动。即使有 6 台调姿发动机的全推力来抵消滚动,滚动仍在继续。不受控制的滚动导致上层在起飞后 48 s 脱离了第三级。起飞 50 s 后,横滚角增加到 200°,KORD 系统收到来自陀螺仪的紧急命令,并关闭了发动机。

对故障的调查显示,由于设计人员误判了烟火式启动设备排气管的影响,火箭失去了控制。这些管子不对称地位于 30 台发动机上。N1 底部的两个发动机环导致在助推器后面形成两个气压区。起动机排气管的不对称定位在气压区的边界上产生了高扭矩旋转力。在前两次发射中未发现此问题的原因是,外环路中的发动机并未全部点燃,并留下一个缺口来消除下降区的影响。

### 14.3.1.4 第四次发射

在连续三次发射失败后,有人要求终止 N1 项目。然而,工程师们相信他们已经接近成功,项目继续进行。他们对助推器构造进行了更改,用新的液体推进剂调姿发动机取代调姿推进器。此外,飞行控制将由新的机载 S-530 数字计算机执行。那时,新设计的经改进的发动机已经上市,但工程师决定继续使用现有发动机再进行一次飞行任务。

第四次发射于 1972 年 11 月 23 日进行。有效载荷是 LOK 月球轨道器和 LK 的模型。发动机正常点火,所有系统看起来都正常,直到发射后 106 s,助推器尾部的爆炸破坏了氧气罐,助推器爆炸。

对故障原因的调查存在争议,但最终确定其中一台发动机爆炸导致后舱损坏,并导致大规模爆炸摧毁了火箭。

## 14.3.2 后续

使用新设计的发动机和对助推器的其他改进后组装了第五枚 N1 运载火箭。有效载荷是 LOK 和 LK 的操作版本。飞行计划是绕月球运行,进行机动,然后在不登陆月球的情况下返回地球。

1972 年 12 月,美国在成功完成了 6 次登月后关闭了阿波罗计划,并在随后的飞行中进行了远距离探索任务。结果,苏联领导人开始质疑继续努力飞往月球的必要性。

最后,随着 1974 年 5 月苏联航天计划的大规模重组,瓦西里·米申被免去首席设计局 OKB-1 的负责人一职。他为自己领导的载人绕月计划和载人登月计划的失败而遭受指责。1966 年谢尔盖·科罗廖夫去世后,瓦西里成为 OKB-1 的领导者。科罗廖夫出色地领导了 OKB-1,并在他去世前开始了绕月和载人着陆计划。在瓦西里被解雇几年后出版的一本书中,写了一句有说服力的句子:"我们,科罗廖夫的继任者,竭尽所能,但这还不够。"

　　与科罗廖夫发生激烈冲突的瓦伦丁·格卢什科接替了米申担任 OKB-1 的负责人。格卢什科于 1974 年 5 月停止了 N1 计划的所有工作。自从他与科罗廖夫就发动机问题发生争执后，他就厌恶起了 N1 运载火箭。格卢什科被提拔为共产党中央委员，这给了他很大的影响力。当 N1 的工作暂停时，载人登月计划实际上终止了。N1 于 1976 年 3 月正式取消。

　　苏联航天员登月的太空霸权梦想就此结束。

# 参 考 文 献

［1］ Grahn Sven. The Kontakt Rendezvous and Docking System，http：//www. svengrahn. pp.

［2］ Harvey Brian. Soviet and Russian Lunar Exploration，Praxis Publishing，Chichester，UK，2007.

［3］ Lindroos Marcus. The Soviet Manned Lunar Program，https：//fas. org/sp/eprint/lindroos _ moon1. htm.

［4］ LK（Russian manned lunar lander），http：//astronautix. com.

［5］ NASA‐NSSDCA‐Spacecraft‐Details，Cosmos 434，NSSDCA/COSPAR ID：1971‐069A.

［6］ Soyuz 7K‐LOK（Russian manned lunar orbiter），http：//astronautix. com.

［7］ Zak Anatoly. LK Lunar Module for the L3 Project，LOK Spacecraft，L3 System russianspaceweb. com.

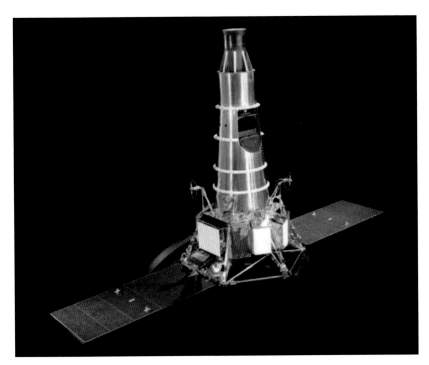

图 2-1 徘徊者号"模块 3"系列探测器模型（NASA 照片，P5）

图 2-2 位于华盛顿的 NASA 总部（NASA 照片，P7）

图 2-3　1965 年 2 月，徘徊者 8 号发射（NASA 照片，P11）

图 2-6 徘徊者号"模块 3"探测器 6 台相机的镜头视图（NASA 照片，P15）

图 3-1 月球轨道探测器的工程模型（NASA 照片，P23）

图 3-2 阿特拉斯/阿金纳 D 发射月球轨道探测器 4 号 (P27)

图 4-1 勘测者探测器工程模型 (NASA 照片，P44)

图 4-4　1966 年 5 月勘测者 1 号发射（NASA 照片，P48）

图 4 - 10　海滩上的勘测者号工程模型（NASA 照片，P55）

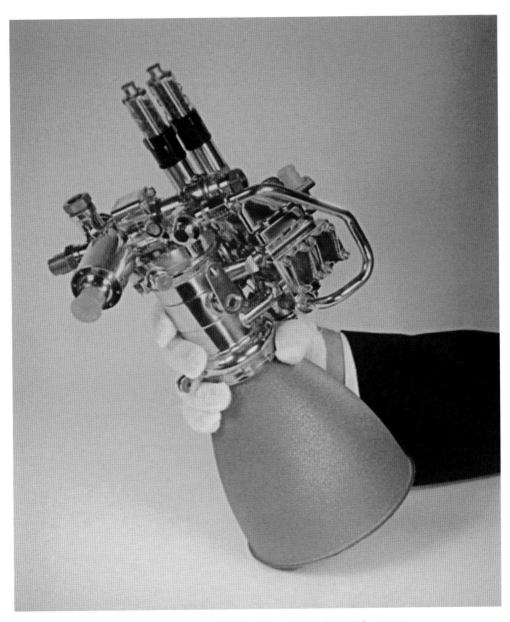

图 4 - 12　勘测者号姿控发动机（齐柯尔公司照片，P57）

图 4 - 16　雷达高度计和多普勒速度传感器组件（图片由作者提供，P65）

图 4 - 19　勘测者号雷达高度计和多普勒速度传感器使用的积木式模块（图片由作者提供，P71）

图 5-1　阿波罗 17 号登月舱和月球车（NASA 照片，P81）

图 5-2　阿波罗 15 号发射（NASA 照片，P84）

图 5-4　1962 年 9 月，肯尼迪在莱斯大学推广阿波罗计划（P89）

图 5-6　在米丘德工厂，安装在 S-1C 级的发动机（NASA 照片，P94）

图 5 - 7　土星 5 号运载火箭第二级的发动机末端（作者拍摄的照片，P95）

图 5 - 8　土星 5 号运载火箭第三级的发动机末端（作者拍摄的照片，P97）

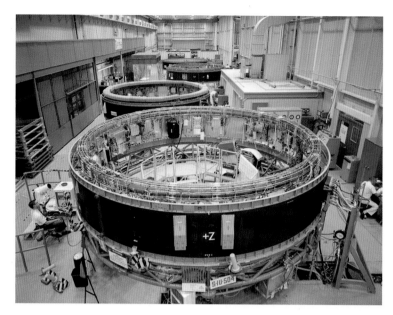

图 5-9　组装时的仪器舱（NASA 照片，P98）

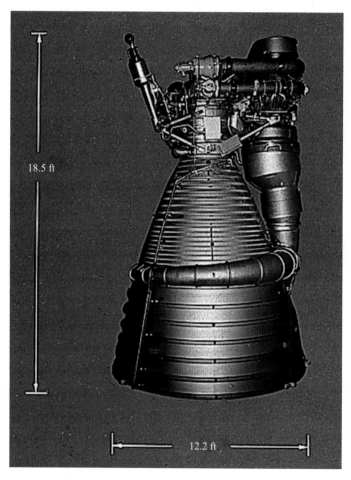

图 5-10　F-1 发动机照片（NASA 照片，P99）

图 5-12　阿波罗 8 号航天员在月球轨道上拍摄的地球照片（NASA 照片，P104）

图 5-13　阿波罗 11 号离开垂直装配大楼前往发射台（NASA 照片，P107）

图 5 - 14　没有装货的履带式运输车（NASA 照片，P107）

图 5 - 15　阿波罗 11 号被运送到发射台（NASA 照片，P108）

图 5 - 16　紧靠阿波罗 11 号指令舱侧舱门的洁净室（P110）

图 5-17 阿波罗 11 号离开地球（NASA 照片由作者裁剪，P111）

图 5 - 18　与指令服务舱分离后的登月舱（作者裁剪的 NASA 照片，以消除杂散光条纹，P114）

图 5 - 20　站在登月舱脚垫上的奥尔德林（NASA 照片，P118）

图 5 - 21　阿波罗 11 号着陆腿上的铭牌（NASA 照片，P119）

图 5 - 22　奥尔德林从登月舱上取下 EASEP（NASA 照片，P120）

图 5 - 23　奥尔德林站在放置好的实验包旁边（NASA 照片，P121）

图 5 - 24　阿波罗 11 号返回指令服务舱的上升阶段（NASA 照片，P123）

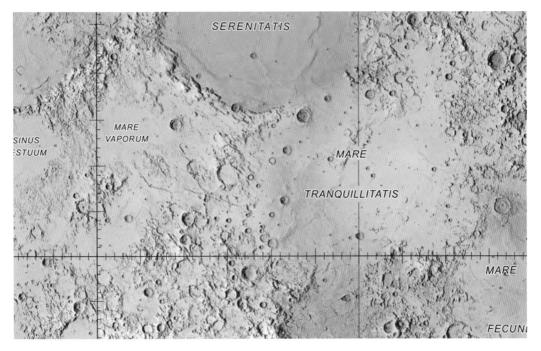

图 5 - 25　阿波罗 11 号着陆点附近的月球地形图（摘编自 USGS 图片，P124）

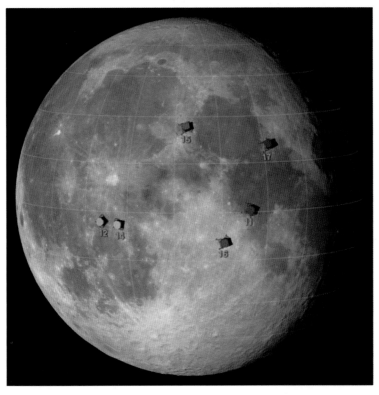

图 5 - 26　阿波罗在月球一侧上着陆的位置（NASA 图片，P125）

图 6-1　阿波罗 15 号指令服务舱绕月飞行照片（NASA 照片，P127）

图 6-2　阿波罗 9 号任务拍摄的指令舱（作者提供的照片，P128）

图 6-3 指令舱"模块 1"（NASA 照片，P129）

图 6-6 阿波罗 17 号指令舱窗口和对接机构（NASA 照片，P133）

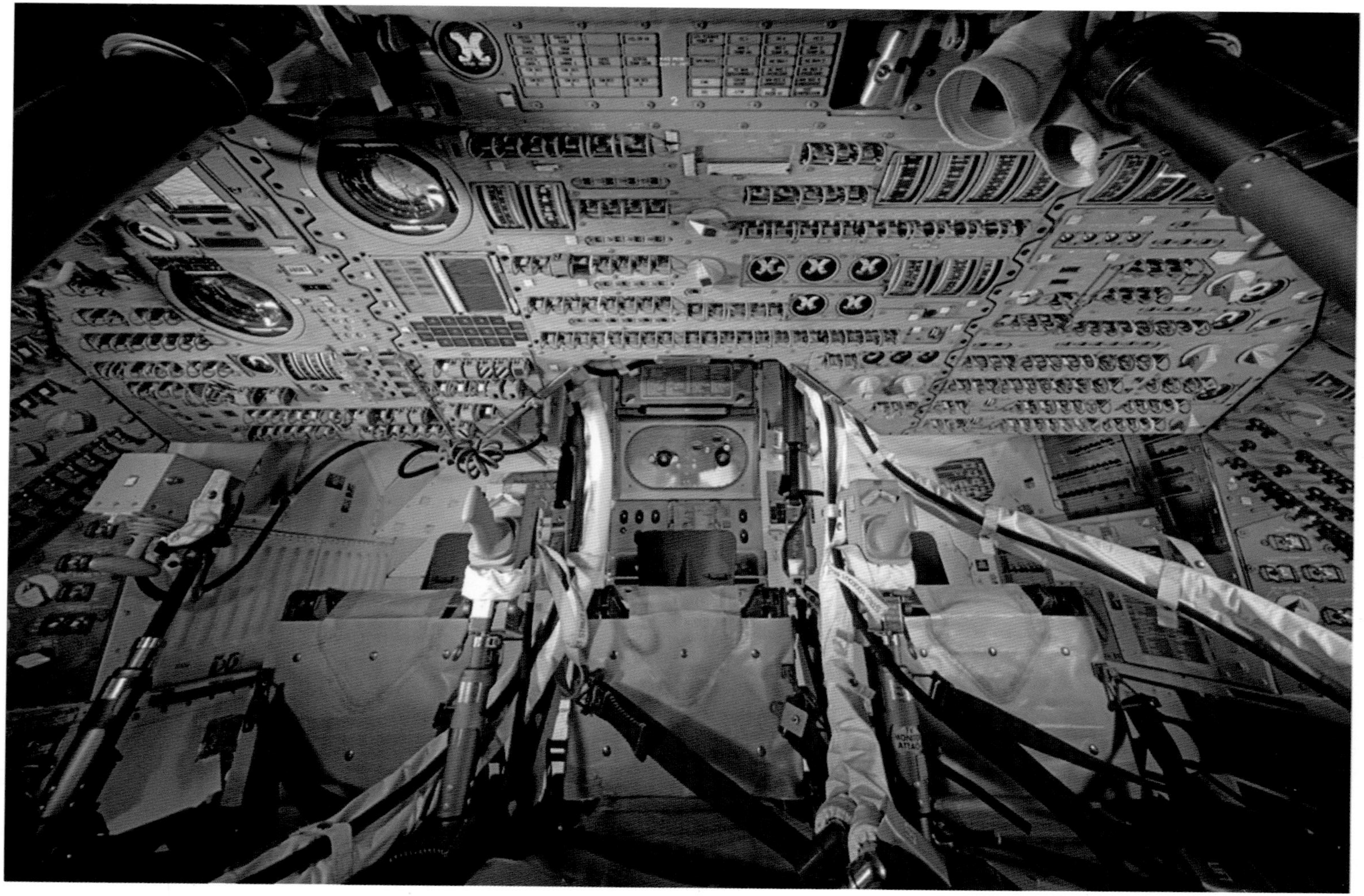

图 6 - 7　阿波罗 11 号指令舱的内部结构照片（NASA 照片，P134）

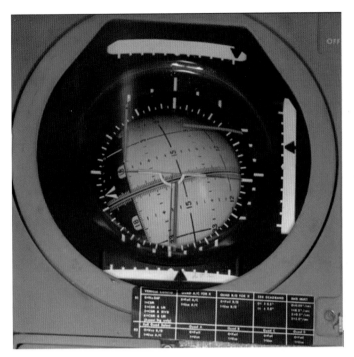

图 6-8　阿波罗 15 号指令舱的飞行指挥姿态指示器（作者裁剪的 NASA 图片，P135）

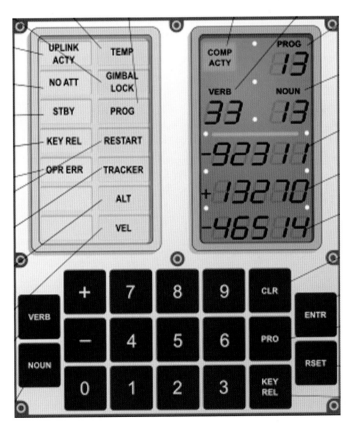

图 6-12　阿波罗 DSKY 单元（NASA 图片，P141）

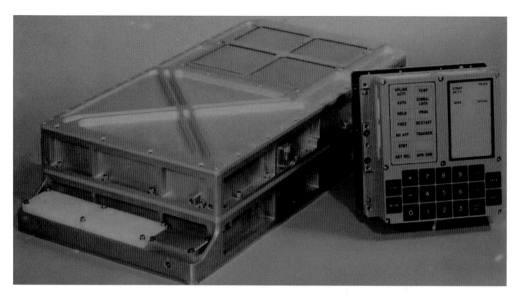

图 6 - 14　阿波罗导航计算机与 DSKY 照片（NASA 图片，P143）

图 6 - 17　阿波罗 17 号搭载的惯性测量单元（NASA 照片，P150）

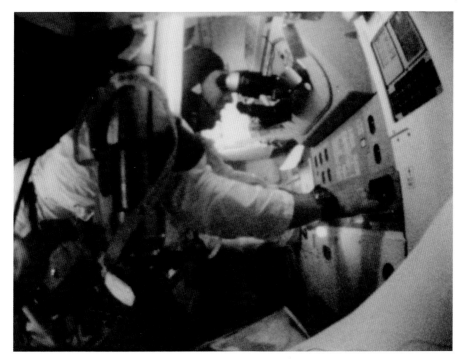

图 6-19　航天员吉姆·洛威尔在阿波罗 8 号任务中通过望远镜向外观看（NASA 照片，P153）

图 6-20　旋转和平移控制器近距离视图（NASA 照片，作者裁剪，P155）

图 6 - 24　阿波罗 14 号指令舱正在靠主降落伞下降（P168）

图 6 - 25　着陆后的阿波罗指令舱漂浮在海上（P169）

图 7 - 1　绕月轨道上的阿波罗 15 号指令和服务舱（NASA 照片，P172）

图 7 - 4　阿波罗 15 号指挥和服务舱的反应控制发动机（作者提供的 NASA 图像，P176）

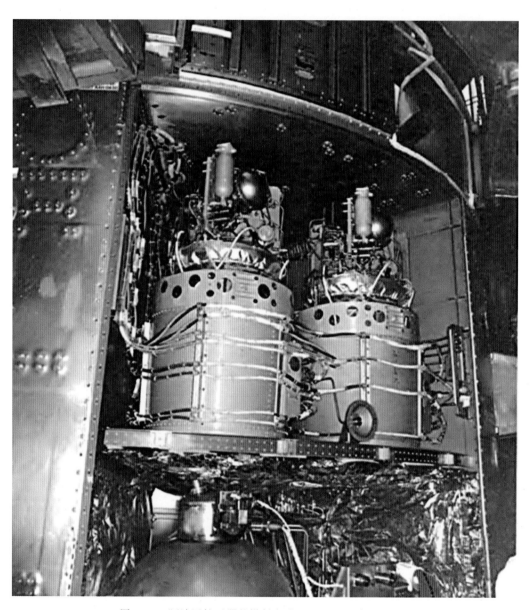

图 7 - 5　阿波罗航天器的燃料电池（NASA 照片，P178）

图 8-1　降落在宁静海基地的阿波罗 11 号登月舱 "老鹰号"（P184）

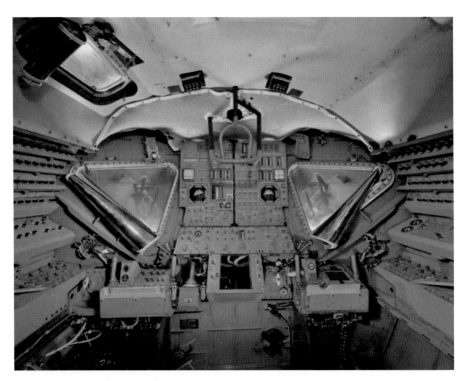

图 8-3　登月舱 2 号内部（NASA 照片，P190）

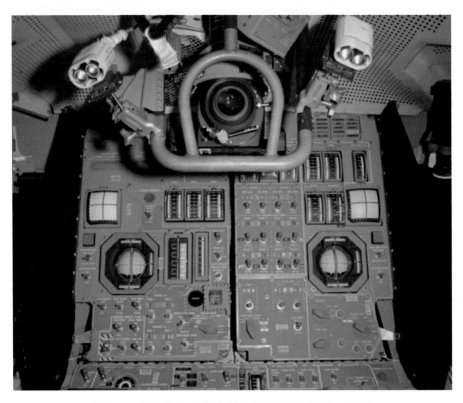

图 8-4　登月舱 10 号仪表板内部（NASA 照片，P190）

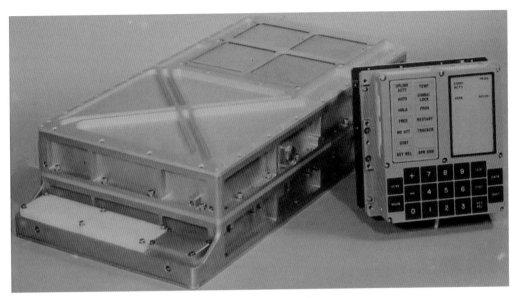

图 8-11 阿波罗计算机和 DSKY（NASA 摄制，P199）

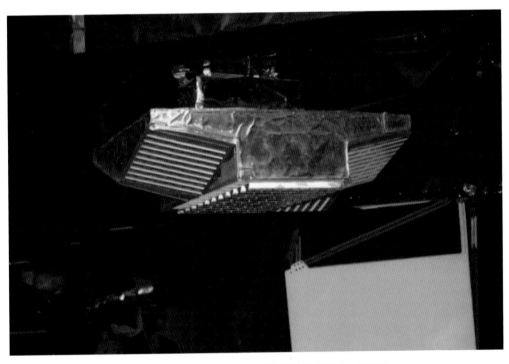

图 8-22 安装在 LM-2 下降段的天线组件（P214）

图 8-25　阿波罗 14 号登月舱反应控制系统推进器（NASA 照片，由作者裁切，P221）

图 8-27　阿波罗 16 号任务期间 ALSEP 项目部署（NASA 照片，P228）

图 9-1　巴兹·奥尔德林身着 EMU 站在月球上（NASA 照片，P231）

图 9-5 巴兹·奥尔德林穿着 PLSS 走下 "老鹰号" 登月舱 （NASA 照片，作者裁剪，P235）

图 10-1 阿波罗 15 号登月时的月球车 （NASA 图片，P240）

图 10-3　有金属丝网结构和人字形钛片的月球车车轮（NASA 照片，P243）

图 10-4　塞尔南在金牛座-利特罗高地着陆点驾驶月球车（NASA 照片，P244）

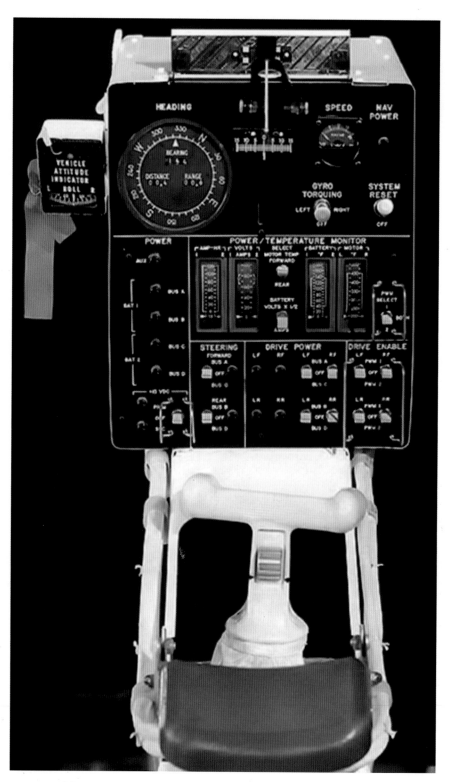

图 10-5　月球车控制显示模块和手控器（NASA 图片，P245）

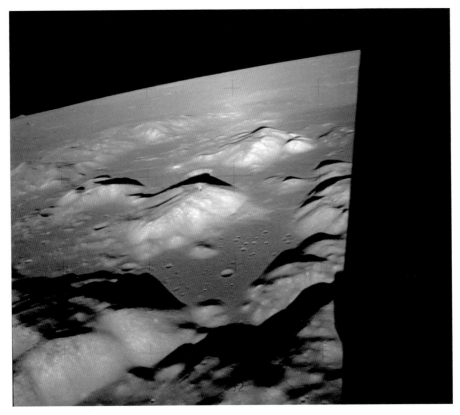

图 10 - 9　阿波罗 17 号着陆点（NASA 图片，P251）

图 10 - 10　尤金·塞尔南，指令长（P252）

图 10 - 11　罗纳德·埃万斯，指令服务舱驾驶员（P253）

图 10 - 12　哈里森·施密特，登月舱驾驶员（P253）

图 10 - 13　塞尔南在阿波罗 17 号登月舱附近驾驶 LRV（P254）

图 10 - 14　哈里森·施密特正在考察月球上的巨石，月球车在前面显眼的位置（NASA 照片，P255）

图 10 - 15　月岩 74255 的位置（NASA 照片，P255）

图 10 - 16　月球物质研究实验中拍摄的 74255，14 号岩石照片（P256）

图 10-18　阿波罗 17 号登月舱下降级永久留在了月球上（NASA 图片，P257）

图 11-1　苏联东方号火箭（图片由谢尔盖·阿瑟耶夫上传至维基百科，P261）

图 11-2　俄罗斯质子-K 运载火箭（NASA 图片，P263）

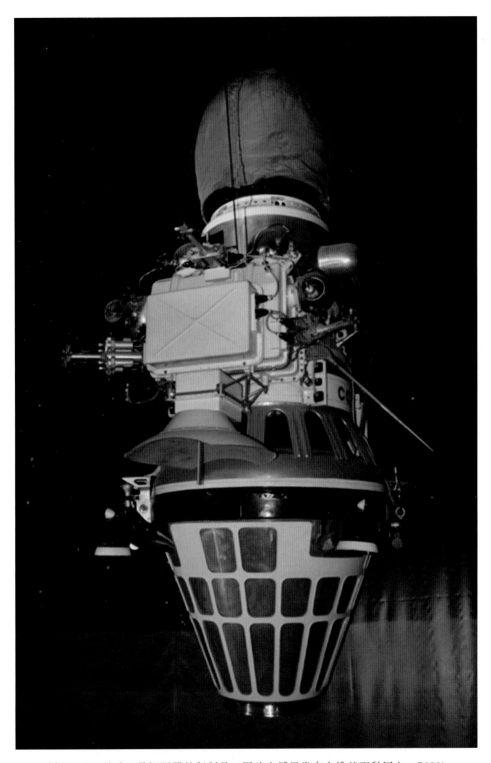

图 12-1　月球 9 号探测器的复制品（图片由派恩发布在维基百科网上，P272）

图 12 - 7　莫斯科航天博物馆中的月球 16 号探测器模型（图片由别姆波夫发布于维基百科，P281）

图 12 - 8　莫斯科博物馆收藏的月球车 1 号模型（图片由彼得·莫罗斯维克发布于维基百科，P283）

图 12-11 法兰克福机场的月球车 2 号模型（图片由匿名用户发布于维基百科，P287）

图 13-2 将 L1 飞船组装到运载火箭（图片由苏联 RKA 发布于维基百科，P293）

图 14-2　伦敦科学博物馆的 LK 飞船模型（图片由安德鲁·格雷发布于维基百科，P300）

图 14-4　发射台上的 N1 重型运载火箭（NASA 照片集，P305）

图 14-5　N1 运载火箭 Block A 级放置发动机的照片 (苏联航天局照片，P306)